SCHÄFFER
POESCHEL

Verne Harnish
Nikolai Ladanyi

Wachstum durch Führung

Die 10 entscheidenden Management-Prinzipien

2012
Schäffer-Poeschel Verlag Stuttgart

Die Autoren

Verne Harnish: Unternehmensberater; Gründer und Inhaber des Beratungsunternehmens Gazelles Inc., Ashburn/Virginia (USA); Gründer der Entrepreneurs' Organization (EO); langjähriger Leiter der Weiterbildungsprogramme »Birthing of Giants« und »Advanced Business« am Massachusetts Institute of Technology (MIT); Kolumnist, Redner und Sachbuchautor.

Nikolai Ladanyi: Unternehmer, Coach, Trainer und Unternehmensberater mit Sitz in Großkarolinenfeld bei Rosenheim; Deutschland-Partner von Gazelles Inc.; Begleitung von Veränderungsprozessen und Strategieentwicklungsprojekten, insbesondere bei jungen, schnell wachsenden Unternehmen.

MIX
Papier aus verantwortungsvollen Quellen
FSC® C006701
www.fsc.org

Gedruckt auf chlorfrei gebleichtem, säurefreiem und alterungsbeständigem Papier

Bibliografische Information der Deutschen Nationalbibliothek
Die Deutsche Nationalbibliothek verzeichnet diese Publikation in der Deutschen Nationalbibliografie; detaillierte bibliografische Daten sind im Internet über http://dnb.d-nb.de abrufbar.

ISBN 978-3-7910-3186-6

Übersetzung und Adaption: Nikolai Ladanyi
Einbandgestaltung: Melanie Frasch
Satz: Dörr + Schiller GmbH, Stuttgart
Druck und Bindung: CPI – Ebner & Spiegel, Ulm

Printed in Germany
September 2012

Schäffer-Poeschel Verlag Stuttgart
Ein Tochterunternehmen der Verlagsgruppe Handelsblatt

Inhalt

Widmung

Ich danke meinem Freund Verne Harnish für seine uneingeschränkte Unterstützung und sein Vertrauen, die Rockefeller Habits in den deutschsprachigen Kulturkreis zu übertragen.

Ich danke meinen Freunden Barbara Küchler und Gerhard Klein, die mein Auge dahingehend geschult haben, dass nicht der Inhalt von Worten und Taten entscheidend ist, sondern der Gehalt.

Ich danke meinen Eltern, und insbesondere meinem Vater, der mich lehrte, dass Bildung, Weiterbildung und Lernen das höchste Gut darstellt, und der niemals Ausgaben für Bildung und Lernen gescheut hat.

Doch vor allem möchte ich meiner Frau Mia danken, die mir stetig hilft, der zu werden der ich bin, und mir in all den Jahren nicht nur mein treuster Begleiter war, sondern auch mein wichtigster Ansprechpartner und Prüfstein meiner Gedanken ist.

Widmen möchte ich dieses Buch meinen Kindern – die mich immer wieder an das Wesentliche im Leben erinnern: stets ehrlich zu meinen, was man sagt.

Nikolai Ladanyi

Vorwort von Nikolai Ladanyi

Die folgenden Seiten beinhalten die Übertragung von Verne Harnishs Buch »Mastering the Rockefeller Habits« ins Deutsche. Bei der Übertragung habe ich versucht, mich so nah wie möglich an Verne Harnishs Originaltext zu bewegen. Dieser ist allerdings mit zahlreichen Beispielen aus dem US-Kulturkreis gespickt, die nicht ohne Weiteres auf europäische Verhältnisse übertragbar sind. Deshalb habe ich die Beispiele und Werkzeuge dergestalt modifiziert, dass sie auch in unserem Kulturkreis anschlussfähig sind und auch hierzulande ihre bisweilen erstaunliche Wirksamkeit entfalten können.

Mit dieser kulturellen Anpassung geht einher, dass wir das so genannte »integrale Wachstumsmodell« als konzeptionellen Rahmen einführen. Bei dem integralen Wachstumsmodell handelt es sich um ein theoretisch fundiertes, in der Praxis erprobtes Modell der Persönlichkeits- und Organisationsentwicklung, das von Barbara Küchler und Gerhard Klein entwickelt wurde. Das integrale Wachstumsmodell hilft uns, die vorgestellten Praxistools in einen größeren Rahmen zu stellen. Es hilft uns vor allem aber auch, das Phänomen Wachstum und die ihm zugrunde liegenden Wirkungskräfte und Zusammenhänge besser zu verstehen.

Die 10 entscheidenden Management-Prinzipien, die Verne Harnish und ich Ihnen in diesem Buch vorstellen, sind für Sie als Manager und Führungskraft das Rüstzeug, mit dem Sie Ihre Gedanken, Entscheidungen und Taten jeden Tag aufs Neue voll und ganz auf Wachstum fokussieren. Beinahe idealtypisch lassen sich diese Management-Prinzipien bei John D. Rockefeller (1839–1937) beobachten, dem unbestrittenen »Tycoon« der amerikanischen Ölindustrie Ende des 19. und Anfang des 20. Jahrhunderts. Aus diesem Grund hat Verne Harnish für die amerikanische Originalausgabe auch den Titel »Mastering the Rockefeller Habits« gewählt. Für die deutsche Ausgabe haben wir uns für einen neutraleren Titel entschieden. Denn wenn wir auf den folgenden Seiten immer wieder von den »Rockefeller-Prinzipien« sprechen, geht es uns nicht darum, John D. Rockefeller als Person in den Mittelpunkt zu stellen. Vielmehr möchten wir die Handlungs- und Entscheidungsprinzipien darstellen, mit denen es dieser Mann vor über 100 Jahren geschafft hatte, die Standard Oil Company aufzubauen und zu leiten, ein unglaublich erfolgreiches Unternehmen, das zeitweise bis zu 60.000 Mitarbeiter beschäftigte und Rockefeller zum reichsten Mann der damaligen Welt machte – und das alles ohne Computer, Smartphones oder komplexe ERP-Systeme.

Wir sind uns sehr wohl bewusst, dass Rockefeller außerhalb der USA eher als negatives Beispiel eines hyper-kapitalistischen Geschäftsverhaltens angesehen wird. Besonders kritisch werden jene Manöver Rockefellers bewertet, die ihm bzw. seinem Unternehmen eine marktbeherrschende, monopolistische Position verschafften. Doch zum Glück gibt es in Europa mittlerweile ein gut funktionierendes gesetzliches Regelwerk und ein solides kulturelles Wertegerüst, welches derartige Auswüchse wenn auch nicht ganz zu verhindern, so doch abzumildern weiß.

Was uns an Rockefeller fasziniert, ist seine Fähigkeit, sein riesiges Unternehmen mit wenigen einfachen Prinzipien zu leiten. Die heutigen Rahmenbedingungen in Europa erlauben es uns, Rockefellers Leistung als eine *unternehmerische* Leistung zu würdigen und sie als Best Practice anzusehen, aus der wir viel lernen können – und wenn man eines von Rockefeller lernen kann, ist es, wie man einem Unternehmen zu Wachstum verhilft. Lassen Sie uns also gemeinsam auf den Wachstumszug aufspringen und die 10 entscheidenden Management-Prinzipien beleuchten, die auch Ihr Unternehmen durchstarten lassen!

Rosenheim, im Frühjahr 2012
Nikolai Ladanyi

Vorwort von Verne Harnish und Nikolai Ladanyi

Oft schreiben Wirtschaftsautoren ein theoretisches Buch und hören dann von ihren Lesern die Frage: »... aber wie setzen wir das in die Praxis um?« Wir haben einen anderen Weg gewählt und möchten hier ein durch und durch praxisnahes Handbuch schreiben. Denn aus unserer langjährigen Beratungspraxis wissen wir: Unternehmer, Entrepreneurs, Vorstände und Geschäftsführer wollen einfache, praxistaugliche und sofort einsatzbereite Werkzeuge, die ihnen helfen, ihr Unternehmen in die gewünschte Richtung voranzutreiben.

Wir haben bewusst den Begriff »Werkzeug« gewählt und greifen damit einen Gedanken von Buckminster Fuller (1895–1983), dem bekannten Change-Management-Experten, auf:

»Wenn Du Menschen eine neue Art des Denkens beibringen willst, versuche nicht, sie etwas zu lehren. Zeige ihnen lieber Werkzeuge, die zu dieser neuen Art des Denkens führen, indem sie diese Werkzeuge benutzen«.[1]

Die Werkzeuge, die wir Ihnen im Folgenden vorstellen, haben genau diesen Effekt: Indem Sie sie benutzen, werden sie eine äußerst positive Wirkung auf Ihr Unternehmen ausüben.

Wenn wir im Verlauf des Buches von »Werkzeugen« sprechen, so verstehen wir darunter das breite Spektrum an »Taten«, mit denen Sie als Führungskraft dafür sorgen, dass Ihr Unternehmen, Ihr Bereich oder Ihre Abteilung »läuft«. Bei diesen Taten kann es sich um Instrumente handeln, die Sie neu einführen, aber auch um Prozesse, die Sie modellieren und neu definieren, oder um Übungen, Trainings sowie Interventionen am System »Unternehmen«.

Alle Werkzeuge, die wir vorstellen, sind praxiserprobt und -bewährt. Wir wissen aus erster Hand, dass sie funktionieren, denn wir wenden sie selber als Geschäftsführer und Gesellschafter erfolgreich an – und wir haben sie bereits weltweit bei Tausenden von Unternehmen erfolgreich eingesetzt. Alle Werkzeuge, die wir Ihnen vorstellen, werden sich auch für Sie lohnen.

Durch das ganze Buch hindurch wollen wir uns auf das Wesentliche konzentrieren. Das ist unser Versprechen an Sie. Wir haben das Material so strukturiert, dass Sie es rasch überfliegen und die für Sie wichtigen Impulse und Ideen sofort identifizieren können. Alle Kapitel sind in kurze übersichtliche Abschnitte mit zahlreichen Zwischenüberschriften gegliedert. Sobald Sie etwas anspricht, ermöglichen zahlreiche Arbeitsblätter und Checklisten eine rasche und pragmatische Umsetzung der Management-Prinzipien in die Management-Praxis. Wenn Sie dann diese sofort anwendbaren Werkzeuge noch im Kontext des integralen Wachstumsmodells sehen und gezielt einsetzen, werden Sie eine bislang ungekannte Qualität bei Ihren Entscheidungen und Taten erreichen.

1 Fuller R. B./Kuromiya, K. (1982). Critical Path.

Wenn Ihnen Stil und Inhalt unseres Buches zusagen, schicken wir Ihnen gerne unseren wöchentlichen Newsletter zu. Darin finden Sie weitere praktische Erfolgsrezepte für Wachstumsunternehmer – Erfolgsrezepte, die wir von Entrepreneurs und Unternehmern wie Ihnen aufgreifen. Unser wöchentlicher Newsletter startet immer mit einer kurzen Überschrift, die in ein bis zwei Sätzen die wichtigsten Inhalte zusammenfasst, gefolgt von einer detaillierten Darstellung, die Ihnen einen tieferen Einblick in das Thema bietet. Bei Interesse senden Sie einfach eine Mail an:

- news@integralpartners.de mit dem Betreff »wöchentliche Mail«

Rosenheim/Ashburn, im Frühjahr 2012
Verne Harnish/Nikolai Ladanyi

Einführung

Dieses Kapitel gibt einen Überblick über die 10 Management-Prinzipien und das sich daraus ergebende Führungssystem. Wenn Ihr Zeitbudget beschränkt ist und Sie nur ein einziges Kapitel dieses Buches lesen können - lesen Sie dieses.

Welches sind die grundlegenden Treiber im Unternehmen, die alles, aber auch wirklich alles im Unternehmen mitprägen? Welche Faktoren sind heute noch genauso gültig wie vor 100 Jahren, wenn es darum geht, ein solides Unternehmen aufzubauen? Lassen Sie uns die Antwort an einem Beispiel veranschaulichen und damit die grundlegenden Konzepte dieses Buches beleuchten.

In einem Gespräch mit Tom Meredith, dem ehemaligen Geschäftsführer von Dell Computer, kamen wir zum Schluss, dass für den Aufbau eines erfolgreichen Unternehmens eigentlich dieselben Grundsätze gelten wie für die Kindererziehung. Tom erzählte, wie seine Frau ihn vor langer Zeit einmal zu einem Erziehungsseminar geschleppt hatte. Nur widerwillig begleitete er sie dorthin. Doch die Prinzipien, die in der Veranstaltung vermittelt wurden, erwiesen sich dann als derart relevant für Tom Merediths beruflichen Kontext, dass er in der darauf folgenden Woche einen Großteil seiner Führungskräfte zu dem gleichen Seminar schickte.

Jeder, der selber Kinder hat, wird diese Grundsätze sofort wiedererkennen. Sie lauten:

1. Bestimmen Sie eine Hand voll Regeln, die für Orientierung sorgen.
2. Wiederholen Sie sich oft.
3. Handeln Sie immer konform mit und widerspruchsfrei zu diesen Regeln. (Aus diesem Grund empfiehlt es sich auch, lieber weniger als mehr Regeln aufzustellen.)

Vor einiger Zeit fiel uns John D. Rockefellers Autobiografie »Titan«[2] in die Hände – aus unserer Sicht eine Pflichtlektüre für alle, die ein Unternehmen aufbauen wollen. Rockefeller erläutert in diesem Buch unter anderem seine Führungs- und Managementgrundsätze. Diese stimmen erstaunlicherweise weit gehend mit den Prinzipien überein, die Tom Meredith in dem oben erwähnten Erziehungsseminar vermittelt wurden – Rockefeller verwendet nur andere Worte dafür. Diese verblüffende Erkenntnis bewog uns, die »Rockefeller-Prinzipien« zu entwickeln und das Beratungsunternehmen Gazelles Inc. aufzubauen.

Die Rockefeller-Prinzipien

Die Rockefeller-Prinzipien lassen sich wie folgt auf den Punkt bringen:

1. **Orientierung durch Prioritäten:** Durch klare und einfache Prioritäten geben Sie allen Mitarbeitern Orientierung. Überlegen Sie: Hat Ihr Unternehmen die wich-

2 Chernow, R. (2000). John D. Rockefeller. Die Karriere des Wirtschafts-Titanen.

tigsten fünf Prioritäten bzw. Schlüsselthemen sowohl für das kommende Jahr als auch für das laufende Quartal erarbeitet und konkretisiert? Haben Sie die wichtigste Priorität noch zusätzlich mit einem geeigneten Leitmotiv oder Motto unterlegt? Hat jeder Mitarbeiter Ihres Unternehmens seine eigenen persönlichen Ziele und Prioritäten mit denen des Unternehmens abgeglichen?

2. **Zahlen, Daten, Fakten:** Überprüfen Sie die strategische Ausrichtung Ihres Unternehmens durch Zahlen, Daten und Fakten. Überlegen Sie: Generiert Ihr Unternehmen auf einer täglichen und wöchentlichen Basis ausreichend sinnvolles Informations- und Zahlenmaterial? Lässt sich daraus die Richtung ableiten, in die sich Ihr Unternehmen und der Markt bewegen? Dient jedem Mitarbeiter in Ihrem Unternehmen wenigstens eine Kennzahl als Richtlinie für sein tägliches und wöchentliches Handeln?
3. **Rhythmus:** Hat Ihr Unternehmen einen effektiven Meeting-Rhythmus entwickelt? Einen Meeting-Rhythmus, der es Ihnen erlaubt, allen Mitarbeitern Ihre Vision und Ihr Ziel effektiv zu vermitteln? Einen Meeting-Rhythmus, mit dem sie individuelle Verantwortlichkeiten an eben dieser Vision und diesen Zielen ausrichten können? Werden Ihre Meetings straff geführt? Stellen Ihre Meetings einen echten Mehrwert dar?

Laut Rockefeller ist es zudem entscheidend, dass Sie Ihr zentrales Markenversprechen formulieren und den so genannten »X-Faktor« identifizieren.

1. **Markenversprechen**: Das Geheimnis eines erfolgreichen Markenversprechens liegt darin, dass das »Wie« beantwortet wird und nicht nur das »Was«. Also nicht bloß: *Was* ist unser Markenversprechen? Sondern: *Wie* stellen wir sicher, dass keine Idee verwirklicht, keine Entscheidung getroffen und keine Aktion ausgeführt wird, die nicht unmittelbar einen positiven Einfluss auf das Markenversprechen hat? Sobald Sie Ihr Markenversprechen gefunden und formuliert haben, sollten Sie die gesamte Strategie, alle Ideen, Entscheidungen und Handlungen in Ihrem Unternehmen auf dieses Markenversprechen ausrichten.
2. **X-Faktor**: Identifizieren Sie den kritischen Engpass in Ihrem Geschäftsmodell, in Ihrer Branche oder Wertschöpfungskette und versuchen Sie nach Möglichkeit, genau diesen Engpass zu kontrollieren.

Rockefellers Erfolg in der Ölbranche ist in großem Maße darauf zurückzuführen, dass er die Logistikkosten weitaus besser im Griff hatte als seine Mitbewerber. Die Logistikkosten stellten damals für seine Branche den »X-Faktor« dar. Folglich richtete Rockefeller all seine Entscheidungen darauf aus, die Logistikkosten zu reduzieren. Die Logistikkosten waren der Treiber für weit reichende Entscheidungen wie zum Beispiel Rockefellers intensives Engagement im Transport- und Eisenbahngeschäft. Doch auch scheinbar weniger bedeutende Maßnahmen, wie etwa die Produktion eigener Eichenfässer, entsprangen diesem Gedanken. Während seine Mitbewerber das schwere Frischholz in weit entfernte Sägewerke transportierten, schuf Rockefeller eine eigene Eichenfassproduktion mitten in den Eichenwäldern. Die Fässer wurden vor Ort aus leichterem, bereits abgelagertem Holz produziert und konnten im zweiten Schritt weitaus günstiger zu den Raffinerien transportiert werden.

Wohin steuert Ihr Unternehmen?

Wir möchten an dieser Stelle einen weiteren Gedanken aufgreifen: Steve Kerr, Leiter der Führungskräfteentwicklung von General Electric in Crotonville, stellte uns einmal in einem Gespräch die drei aus seiner Sicht zentralen Erfolgsfaktoren von GE dar:

1. **Keine mittelfristige Planung:** Es müssen lediglich zwei Punkte definiert werden:
   a. Wo wollen wir in den nächsten 10–15 Jahren stehen?
   b. Was müssen wir in den nächsten 90 Tagen tun, um uns den unter a) definierten langfristigen Zielen anzunähern?
2. **Einfacher als einfach:** Wenn Ihre Strategien, Pläne, Entscheidungen, Systeme usw. kompliziert erscheinen, sind sie höchstwahrscheinlich falsch.
3. **Informationen aus erster Hand:** Die besten Informationen stammen aus erster Hand. Dies ist auch der Grund, warum sich das Topmanagement von General Electric einmal monatlich in Crotonville trifft, um sich mit Führungskräften und Kunden aus der gesamten Welt auszutauschen. So erhält das Topmanagement eine direkte Rückmeldung darüber, was tatsächlich am Markt los ist. Und damit schließt sich der Kreis zurück zum ersten und zweiten Punkt oben.

Nach unseren Informationen setzte auch Jack Welsh während der ganzen 20 Jahre, die er als Vorstandsvorsitzender von General Electric waltete, einige wenige Top-Prioritäten, die er so gut wie nie veränderte. Wichtig waren ihm unter anderem

- ein Personalrekrutierungsprozess, der bestmöglich gewährleistete, dass die richtigen Leute eingestellt wurden;
- eine Personalentwicklung, die sicherstellte, dass die Führungskräfte immer so gut wie möglich weitergebildet wurden.

Gleiches gilt für viele andere bekannte Unternehmer. Bill Gates verfolgte über 20 Jahre hinweg die gleiche Grundvision: »Einen Computer auf jedem Schreibtisch und in jedem Haushalt«. Als dieses Idealbild immer mehr der Realität entsprach, sahen sich Gates und Ballmer nach 20 Jahren zum ersten Mal gezwungen, ihr Leitbild zu überarbeiten. Es hieß nun neu: »Wir möchten Menschen und Unternehmen weltweit ermöglichen, ihr volles Potenzial auszuschöpfen.« Diese neue Vision klingt zwar nicht sehr aufregend, erweist sich aber als äußerst hilfreiche langfristige Leitlinie für Microsoft.

Noch einmal: Die zwei wichtigsten Entscheidungen, die eine gute Führungskraft fällen muss, sind folgende:

- Was ist unsere langfristige Vision? Wo möchten wir in 10–15 Jahren stehen?
- Welches sind die wenigen Top-Prioritäten, die wir im nächsten Quartal verfolgen müssen, um uns dieser Vision ein Stück anzunähern?

Dieses Pendeln zwischen kurz- und langfristiger Orientierung verleiht einem Unternehmen die richtige Dynamik und Ausgewogenheit, die es braucht, um herausragende Ziele zu erreichen. Beides ist entscheidend: Sowohl der stabile langfristige Pol, der sich so gut wie nie verändert, als auch der dynamische kurzfristige Pol, der sich dem aktuellen Umfeld und den veränderten Marktgegebenheiten immer wieder flexibel anpasst.

Wenn Sie über die folgenden Fragen nachdenken, erkennen Sie sehr schnell, ob Sie mit Ihrem Unternehmen in eine sinnvolle Richtung steuern:

1. **Bietet Ihr Unternehmen/Ihr Angebot wirklich einen wesentlichen und entscheidenden Mehrwert für bestehende und zukünftige Zielgruppen?**
2. **Unterscheidet und grenzt sich Ihr Unternehmen/Ihr Angebot von Mitbewerbern hinreichend ab?**
3. **Verfügen Sie über die nötigen Fähigkeiten und Kompetenzen, um Ihre Ziele bestmöglich umzusetzen?**

Die Antwort auf diese drei Fragen zeigt Ihnen, ob hinter dem für Ihr Unternehmen beabsichtigten Kurs tatsächlich eine belastbare Strategie steht oder nicht. Viele Firmen unternehmen beispielsweise Dinge, die sie zwar von den Mitbewerbern abgrenzen, die aber für die Zielgruppe leider nicht entscheidend sind. Sie bieten zum Beispiel hohe Qualität an, obwohl die Zielgruppe eigentlich vor allem Schnelligkeit wünscht. Andere Unternehmen wiederum machen exakt das, was die Zielgruppe will – genauso wie alle anderen im Markt auch. Schließlich gibt es auch noch jene Unternehmen, deren Strategie alle relevanten Chancen und Risiken, alle Stärken und Schwächen im Detail berücksichtigt. Bloß: Sie schaffen es nicht, ihre Strategie umzusetzen – weil ihnen schlichtweg die Fähigkeiten dazu fehlen.

Deshalb: Behalten Sie bei allem, was Sie entscheiden oder tun, die oben genannten drei Leitfragen im Hinterkopf.

Wachstum durch Führung

Ziel dieses Buches ist es, Ihnen eine Reihe von einfachen, praxisnahen und aufeinander aufbauenden Werkzeugen an die Hand zu geben, die Ihrem Unternehmen zu schnellem und gleichzeitig solidem Wachstum verhelfen. Alle diese Werkzeuge lassen sich mit den Rockefeller-Prinzipien verbinden, wie wir sie eingangs skizziert haben.

1. **Orientierung durch Prioritäten:** Sie werden im Laufe dieses Buches eine Reihe einfacher Grundsätze für Ihr Unternehmen entwickeln, die über einen sehr langen Zeitraum Bestand haben werden. Sie werden zum Beispiel Antworten auf so zentrale Fragen finden wie: Wofür stehen wir? Warum gibt es uns? Was ist das »verwegene Ziel«, das wir in zehn Jahren erreichen wollen? Andererseits werden Sie eine klare Liste von Regeln und Aktivitäten erstellen, die sich jedes Quartal, ja sogar jede Woche verändern können. Diese bezeichnen wir als Ihre »Top-5-Prioritäten«. Die wichtigste unter den Top-5-Prioritäten nennen wir »absolute Top-1-Priorität«. Beachten Sie auch hier: Entscheidend ist es, stets die Balance zwischen langfristigem und kurzfristigem Handeln zu behalten.
2. **Zahlen, Daten, Fakten:** Sie können nur überprüfen, ob Sie auf dem richtigen Weg sind, wenn Sie sich mittels Kennzahlen Rückmeldung vom Markt einholen. In jeder Branche gibt es Schlüssel-Kennzahlen, die widerspiegeln, ob Sie sich

langfristig in die richtige Richtung bewegen. Solche Schlüssel-Kennzahlen bezeichnen wir als »clevere Kennzahlen« – diese werden Sie noch im Detail kennen lernen. Andererseits gibt es auch Kennzahlen, die Ihnen haargenau Rückmeldung darüber geben, ob Sie einen ganz bestimmten Weg, den Sie mit Ihrem Unternehmen zurücklegen möchten, tatsächlich richtig gehen oder nicht. Diese nennen wir »entscheidende Kennzahlen«.
Beachten Sie auch hier, dass die Balance zwischen langfristigem und kurzfristigem Handeln ausschlaggebend ist. Grundsätzlich gilt: Beschaffen Sie sich die Informationen aus erster Hand! In diesem Sinne ermahnen auch wir unsere Teams immer wieder: »Don't assume, ask«. Sprich: Nicht bloß annehmen oder vermuten – fragen!

3. **Rhythmus:** Erst wenn Ihre Mitarbeiter Sie mit Ihrer Vision zu hänseln beginnen, sind Sie sicher, dass Ihre Kernbotschaften im Unternehmen angekommen sind. Eine gut organisierte Kette von täglichen, wöchentlichen, monatlichen, quartalsweisen und jährlichen Meetings bündeln alle Kräfte Ihres Unternehmens. Ein straffer Meeting-Rhythmus stellt zudem sicher, dass sich alle Mitarbeiter auf ein gemeinsames Ziel ausrichten und Sie außerdem auch klare Verantwortlichkeiten zuordnen können. Dabei ergänzen sich die Agenden der verschiedenen Meetings, um in der Gesamtheit eine gute Balance zwischen langfristigem und kurzfristigem Handeln zu bieten.

Aufbau des Buches

Wenn Sie sich auf dieses Buch einlassen, werden Sie einen hohen Grad an strategischer Klarheit erhalten. Sie werden zudem Werkzeuge kennen lernen, mit denen Sie Ihre Mitarbeiter hervorragend auf dasselbe Ziel und dieselbe Strategie ausrichten und auch die operative Umsetzung konsequent verfolgen können.

Dabei sind alle Werkzeuge, die wir Ihnen vorstellen, einfach, praktikabel und sofort anwendbar.

Den Rahmen setzen	**Das 1. Prinzip:** Wachstum verstehen Je besser Sie verstehen, welche Hindernisse Ihnen auf Ihrem Wachstumspfad entgegen kommen, umso stärker können Sie sich darauf einstellen. Hier erfahren Sie, wie Ihre eigenen Wachstumsphasen besser erkennen und Hindernisse vorhersehen.
	Das 2. Prinzip: Mit den Richtigen das Richtige richtig tun Sie erhalten einfache praktische Werkzeuge, die Ihnen helfen, die richtigen Mitarbeiter zu finden und zu entscheiden, was das Richtige ist, an dem Sie arbeiten sollen.
Orientierung durch Prioritäten	Orientierung durch klare und einfache Prioritäten **Das 3. Prinzip:** Die gesamte Strategie auf einem Blatt Das Anwenden des kompakten Strategieplans hilft Ihnen, Ihre langfristigen und kurzfristigen Ziele, ihre quantitativen Ziele und Prioritäten auf einem einzigen Blatt Papier klar zu erarbeiten. Diese können Sie dann recht einfach im Unternehmen verbreiten und damit allen Mitarbeitern effektiv eine Orientierung geben.

	Das 4. Prinzip: Orientierung durch »Core Values« Durch das Anwenden der Core Values können Sie die Hand voll Regeln, die Sie für sich erarbeitet haben, einfach und praxisnah weitergeben. **Das 5. Prinzip:** Ausrichtung und Fokus Durch das Anwenden der Top-5-Regel und die Bestimmung Ihrer absoluten Top-Priorität erreichen Sie operative Ausrichtung und Fokussierung. **Das 6. Prinzip:** Engagement und Motivation durch das Quartalsmotto Mit Hilfe eines Quartalsmottos oder Quartalsleitmotivs können Sie für jedes Quartal ein bestimmtes Thema spielerisch aufgreifen und verbessern.
Zahlen, Daten, Fakten	**Das 7. Prinzip:** Mitarbeiterfeedback effektiv nutzen Das Anwenden der strukturierten Mitarbeiter- und Kunden-Rückmeldung hilft Ihnen zu erkennen, ob Sie mit Ihren Top-5-Prioritäten noch richtig liegen und ob Ihr Handeln auf Ihre Top-5-Prioritäten abgestimmt ist. Am Ende dieses Kapitels zeigen wir Ihnen eine Übersicht über eine Reihe von pfiffigen und kritischen Kennzahlen.
Rhythmus	**Das 8. Prinzip:** Fokussierte Meetings Wir haben eine einfache und detaillierte Agenda erarbeitet, um Ihre Abfolge aus täglichen und wöchentlichen Meetings höchst lebhaft und effektiv zu halten. Die jeweiligen Anwendungsbeispiele haben wir Ihnen am Ende Kapitels beigefügt. Wenn Sie uns nicht glauben, dass diese Meetingkette absolut erfolgskritisch ist, stöbern Sie einfach durch die Vielzahl an Referenzen unserer Anwender.
X Faktor – das Markenversprechen	**Das 9. Prinzip:** Mut zum Markenversprechen – der X-Faktor Durch unser Markenversprechen-Werkzeug erhalten Sie eine einfache Formel, wie Sie den Engpass in Ihrem Markt identifizieren und Ihre Strategie so anpassen können, dass Sie den Markt beherrschen.
Die Synthese	**Das 10. Prinzip:** Integral führen Hier zeigen wir Ihnen, wie der kompakte Strategieplan dabei hilft, in allen Wachstumsphasen Ihres Unternehmens die einzelnen Werkzeuge bestmöglich zu dosieren, ohne die anderen Werkzeuge dabei außer Acht zu lassen.

Wir möchten noch einen Hinweis zur Aktualität und Auswahl der Fallbeispiele anschließen: Lassen Sie sich nicht von der Vielzahl von amerikanischen Beispielen im Buch abschrecken. Bei der Auswahl der Beispielunternehmen haben wir uns vor allem danach gerichtet, 1) dass wir das Unternehmen selbst begleitet haben und es dadurch sehr umfassend kennen und 2) dass möglichst gerade in diesem Fall, besonders klar der entscheidende Punkt vermittelt wird, auf den es uns beispielhaft ankommt.

Sollten Sie beim Lesen Gedanken haben wie »ja, ja bei den Amerikanern mag das vielleicht so sein, aber bei uns ist das ganz anders ....« oder »Mensch, das ist ja ein altes Beispiel, heute hat sich vieles verändert«, so empfehlen wir Ihnen, zu überprüfen, ob Sie sich nicht voreilig in eine ablehnende Haltung begeben. Dabei sind es erfahrungsgemäß gerade die Punkte, bei denen wir Widerstand erspüren oder gar direkt auf Ablehnung gehen, die besonders relevant für uns sein können.

Dies ist eine zutiefst menschliche Reaktion: Wenn einer etwas sagt, womit er im Grunde einen wunden Punkt bei uns getroffen hat, lehnen wir ihn lieber erst einmal ab, um selbst nichts verändern und um uns selber nicht in Frage stellen zu müssen. Denn das ist bequemer.

Wirksamkeit durch anschlussfähige Managementtools

Die wesentlichen Treiber dauerhafter Wettbewerbsfähigkeit und nachhaltigen Wachstums verändern sich aktuell schneller und tief greifender als jemals zuvor. Während das 20. Jahrhundert von der knappen Ressource Kapital und enormen Effizienzsteigerungen in der Produktion geprägt war, stellt im 21. Jahrhundert das Humankapital die erfolgsentscheidende Ressource dar. Während die Erkenntnisse der Betriebswirtschafts- und Managementlehre des 20. Jahrhunderts eine Verfünfzigfachung der Produktivität bei der Güterproduktion bewirkten,[3] warten wir bislang vergeblich auf ähnliche Erfolgsmeldungen für den Bereich der Wissens- und Ideenproduktion. Die Vielschichtigkeit, mit der das Thema »Management« heutzutage neu erschlossen werden muss, wirkt bisweilen sperrig und widersprüchlich – und zu verlockend erscheint es vielen Managern, weiterhin die alten Methoden zu verwenden.

Fakt bleibt jedoch: Um nachhaltig wettbewerbsfähig zu bleiben und weiter zu wachsen, besteht die neue Herausforderung des Managements darin, aus der Fülle an verfügbaren Managementtools diejenigen auszuwählen, die für das Unternehmens in seiner spezifischen aktuellen Situation *anschlussfähig* sind. Führungskräfte sollten sich stets bewusst sein, dass neue Managementtools nicht per se gleich gut für alle Unternehmen und deren individuelle Anforderungen geeignet sind. So erscheinen jedes Jahr Tausende von Managementbüchern (2010 waren es ca. 11.000 Stück weltweit). Viele davon lesen sich gut und bieten scheinbar einen Mehrwert zum bisherigen Kenntnisstand. Doch die Frage bleibt: Wie lassen sich die in diesen Büchern dargestellten neuen Forschungsergebnisse und Best-Practice-Erfahrungen auf die jeweiligen unternehmensindividuellen Umstände und Herausforderungen zielsicher adaptieren?

Ein Beispiel: Mit der Einführung von Management by Objectives (MbO; Führen über Zielvereinbarungen) wird in der Regel das grundsätzlich erstrebenswerte Ziel verfolgt, über größere Eigenverantwortung bislang brach liegende Mitarbeiterpotenziale zu aktivieren. In einem Unternehmen mit einer gewachsenen Top-Down-Kultur, in dem die Mitarbeiter es gewohnt sind, detaillierte Anweisungen zu erhalten, kann dieses neue Führungsinstrument jedoch eine enorme Verunsicherung bei den Mitarbeitern auslösen – und verheerende Auswirkungen auf die Unternehmensleistung mit sich bringen. Damit Management by Objectives seine Wirkung entfalten kann, müssen die Mitarbeiter gewisse Fähigkeiten und Fertigkeiten für eigenverantwortliches Handeln und Selbstmanagement mitbringen. Entsprechende Kompetenzen müssen somit zunächst aufgebaut und eingeübt werden, bevor MbO anschlussfähig wird und unternehmensweit eingeführt werden kann.

Unternehmen werden auch heute häufig noch mit einem Führungsverständnis geführt, das dem Geist des 20. Jahrhunderts entspringt, einem Geist, dem es um Effizienz- und Produktionsoptimierung geht – und *nicht* darum, kreative Menschen zu Spitzenleistungen zu führen. Wenn in einer solchen Ausgangslage neue Instrumente eingeführt werden, die den Fokus auf eigenverantwortliches Handeln, Engagement und Begeisterung bei der Arbeit setzen, erweisen sich diese bisweilen als

3 Vgl. Drucker, F. (1999). Management im 21. Jahrhundert.

nicht anschlussfähig an die gewachsene Unternehmenskultur – mit dem Ergebnis, dass sich die Mitarbeiter überfordert fühlen. Studien dokumentieren eingehend die Ergebnisse dieses Handelns: Lediglich 13 % der Mitarbeiter fühlen sich emotional an ihr Unternehmen gebunden.[4] Und lediglich 20 %–50 % ihres tatsächlich verfügbaren Potenzials bringen Mitarbeiter nach ihrer eigenen Einschätzung in ihre Arbeit ein.[5]

Auf den Punkt gebracht bedeutet das: Führungskräfte erzeugen durch nicht-anschlussfähiges Führen unbewusst Blockaden bei ihren Mitarbeitern. Es ist nur eine Frage der Zeit, bis diese Blockaden zu einer spürbaren Reduzierung von Kreativität und Engagement führen. Die Folgen davon sind schlechter Service und schlechte Qualität, etwas später dann auch rückläufige Umsätze und Gewinne – obwohl genau das Gegenteil erreicht werden sollte.

Anschlussfähigkeit hat viel mit »verstehen« zu tun. Um anschlussfähig führen zu können, sollten Sie die folgenden zwei Aspekte beachten:

- Sie sollten eine genügend breite Auswahl an praktischen Interventionen und Werkzeugen beherrschen, aus der Sie schöpfen können. Die 10 entscheidenden Management-Prinzipien, die Sie in diesem Buch kennen lernen, bieten Ihnen einen ausreichenden Fundus dafür.
- Ob Ihr Führungsverhalten und die von Ihnen verwendeten Führungstools in Ihrem Unternehmen anschlussfähig sind, hängt stark davon ab, dass Sie als Führungskraft erkennen, auf welcher Entwicklungsstufe sich das Unternehmen und die Mitarbeiter gerade befinden. Sie sollten deshalb ein Verständnis dafür entwickeln, welche Haltung, welche Denk- und Handlungsweisen, Weltanschauungen und Wahrnehmungsmuster den einzelnen Mitarbeiter und sein Verhalten prägen. Wir bezeichnen die Summe dieser Faktoren auch als die »Phase«, in der sich ein Mensch und/oder ein Unternehmen bewegt. Das integrale Wachstumsmodell liefert uns hierfür einen anschaulichen Rahmen, da es sehr plastisch darstellt, wie ein Unternehmen auf seinem Wachstumspfad eine bestimmte Abfolge von Phasen durchlebt.

Mit anderen Worten: Das richtige Werkzeug zum richtigen Zeitpunkt eingesetzt erweist sich als anschlussfähig und entfaltet seine volle Wirksamkeit.

---

4 Vgl. http://eu.gallup.com/Berlin/118645/Gallup-Engagement-Index.aspx, 12.03.2011.
5 Vgl. Wiseman, L./McKeown G. (2010). Multipliers, S. 11.

1. Das erste Prinzip: Wachstum verstehen

Was CEOs von erfolgreich wachsenden Unternehmen bereits wissen und was Sie wissen sollten.

Management Summary

Drei Wachstumsbarrieren stellen sich den meisten wachsenden Unternehmen in den Weg:

1. die mangelhafte Fähigkeit der Geschäftsleitung zu professioneller Führung - eine zentrale Voraussetzung, um effektiv delegieren und vorausschauen zu können;
2. die mangelhafte Fähigkeit, das Unternehmen effizient zu organisieren - eine zentrale Voraussetzung, um die steigende Komplexität zu meistern, die mit dem Wachstum zwangsläufig einhergeht;
3. die mangelhafte Fähigkeit, in schwierigen Marktdynamiken zu navigieren - ein Faktum, dem Wachstumsunternehmen zwangsläufig begegnen, sobald sie in größeren Märkten ankommen.

In diesem Kapitel möchten wir Ihnen zeigen, wie Sie mithilfe der Rockefeller-Prinzipien und des integralen Wachstumsmodells diese drei Barrieren erfolgreich überwinden und gleichzeitig für mehr Spaß und Engagement in Ihrem Unternehmen sorgen.

1.1 Operatives Wachstum als Herausforderung

»Müsste ich eigentlich nicht umso mehr Geld verdienen und umso mehr Spaß bei der Arbeit haben, je größer die Firma wird?«, wunderte sich Mitte der 1990er-Jahre Alan Rudy, desillusionierter CEO und Gründer von Express-Med, einem Versandhandel für medizinisches Zubehör aus New Albany, Ohio. »Ich war so wütend«, erinnert sich Alan Rudy. »Das erste Mal seit zehn Jahren hatte ich ein langes Ski-Wochenende mit meinem Vater und meinen zwei Brüdern geplant, musste es jedoch in letzter Minute absagen, da meine Firma mich brauchte.« Um die Dinge weiter zu verschlimmern, kam im selben Jahr am Ende des 1. Quartals sein kaufmännischer Leiter zu ihm und präsentierte ihm einen Quartalsgewinn von $ 300.000 – nur um ihm zwei Tage später zu beichten, dass es sich tatsächlich nicht um einen Gewinn, sondern um einen Verlust von $ 350.000 handelte. Heute kann Alan Rudy darüber lachen. »Für einige Stunden dachte ich, es handele sich um einen Aprilscherz. Ich habe die ganze Zeit versucht, die Sache locker zu sehen, am Ende war es jedoch leider wahr.« Um dem Ganzen noch eins drauf zu setzen, prügelten sich einige Mitarbeiter auf dem Parkplatz, worauf einer der beiden Streithähne die Reifen des anderen aufstach – nur wegen einer unbedachten Äußerung, die während der Arbeit gemacht wurde. Heute sagt Rudy: »Der Stress war ein bisschen zu viel.« Dennoch schaffte es Rudy damals, die Entwicklung binnen nur zweier Jahre zu drehen, und sein Unternehmen in ein Umsatzwachstum von heute über 100 $ Millionen zu führen. Und so Rudy: »Es macht wieder Spaß und wir verdienen Geld.«

Express-Med ist Teil einer Elite: In den Vereinigten Staaten schaffen nur 4 % aller Unternehmen den Sprung von einem kleinen zu einem Wachstumsunternehmen. David Burch, Gründer von Cognetics und offizieller Herausgeber der Statistiken zu Wachstumsunternehmen, nennt diese 4 % sehr treffend »Gazellen«. Bei diesen Gazellen handelt es sich um Unternehmen, die in vier aufeinander folgenden Jahren mindestens 20 % Wachstum aufweisen. Gazellen sind keine großen, alten »Dinosaurier-Unternehmen«, die Mitarbeiter abbauen und Kosten reduzieren. Es handelt sich bei ihnen auch nicht mehr um »kleine Mäuse«, die zu klein sind, um eine relevante Zahl neuer Stellen aufzubauen. Die nordamerikanischen Gazellen – die alle als Mäuse begannen – bewirken heute mehr als zwei Drittel des Wirtschaftswachstums des Kontinents und sind im Grunde genommen allein für die Schaffung von Arbeitsplätzen verantwortlich. In Europa und Deutschland ist die Situation durchaus mit den US-amerikanischen Verhältnissen vergleichbar.

Wie die Statistik zeigt, ist es jedoch überhaupt nicht einfach, eine Gazelle zu werden. Unabdingbare Voraussetzung ist ein Unternehmer, der es versteht, über einen langen Zeitraum durch eine Vielzahl von meist lebensbedrohlichen Herausforderungen zu navigieren. Gleichzeitig sind wir heutzutage besser informiert denn je. Im Grunde sind die meisten Wachstumsbarrieren bekannt – und auch die Werkzeuge und Methoden, mit denen diese Barrieren gemeistert werden können. Um das Wachstum von Unternehmen in jeder Entwicklungsphase nicht nur angenehm, sondern auch profitabel zu gestalten, muss man eigentlich bloß die richtigen Werkzeuge und Methoden kennen und richtig einsetzen.

Niemand hat diese Lektion besser gelernt als Molly Bolanos. 1987 hatte Bolanos die Idee, Mostly Muffins, ein kleines Bäckerei- und Lieferunternehmen zu gründen, um die Büros in Seattle mit Muffins zu versorgen. Sie war damals 21 Jahre alt und hatte gerade ihren Universitätsabschluss in BWL in der Tasche. Die Idee mit Mostly Muffins war für Bolanos eine Art Fallstudie, um zu sehen, ob sie mit ihren Ersparnissen ein Unternehmen gründen könnte. Das Start-up brauchte vier Jahre, um eine Million Dollar einzunehmen. Dann kam der Coffee-Shop-Boom ...

Heute verkauft Mostly Muffins täglich 50.000–60.000 Muffins bei Starbucks, in Flugzeugen, an Bahnhöfen, Autoraststätten und seit Kurzem auch in Supermärkten und Lebensmittelläden. Das Unternehmen überschreitet mittlerweile die $ 10 Millionen Umsatz. Während des gewaltigen Wachstums hat es das Unternehmen geschafft, die Bruttogewinnspanne um 6 % zu erhöhen, den Cashflow zu verdoppeln und drei Mal mehr Gewinn als der Industriedurchschnitt zu erwirtschaften. Das alles schaffte Molly Bolanos, indem sie sich lediglich an gewisse Managementprinzipien gehalten hat, welche wir Ihnen bereits angefangen haben zu erläutern. Und Molly Bolanos selbst entfaltet sich wunderbar als Geschäftsführerin und CEO. »Ich halte meine Augen immer für neue Möglichkeiten offen«, sagt sie und fügt mit einem Augenzwinkern an: »Ich denke, ein Umsatz von $ 30 Millionen wäre ein großer Erfolg für uns.«

1.2 Wachstumsbarrieren

Es gibt, wie schon erwähnt, ungefähr 28 Millionen Unternehmen in den USA, von denen nur 4 % die Grenze von $ 1 Millionen Umsatz überschreiten. Von diesen Unternehmen schafft es wiederum nur eines von 10 – oder anders gesagt: 0,4 % aller Unternehmen –, die $ 10 Millionen-Grenze zu knacken. Gerade einmal 17.000 US-Unternehmen – das entspricht 0,0006 % – kommen über die $ 50 Millionen hinaus. Mehr noch: Aus der riesigen Zahl von 28 Millionen Unternehmen sind es nur 2500 auserwählte Firmen, die einen höheren Umsatz als $ 500 Millionen erwirtschaften. Und weltweit gibt es nicht mehr als 500 Unternehmen, die höhere Umsätze generieren als $ 11 Milliarden.

In Deutschland ist das Muster ähnlich. Es gab 2010 ungefähr 3,2 Millionen Unternehmen, von denen nur 10 % die Grenze von € 1 Millionen Umsatz überschritten. Von diesen Unternehmen schafften es auch wiederum wiederum nur eines von 10 – oder genau genommen 1,5 % aller Unternehmen –, die € 10 Millionen-Grenze zu knacken. Gerade einmal 9.000 deutsche Unternehmen – das entspricht 0,2 %-0,3 % – kommen über die € 50 Millionen hinaus.[6]

Der Selektionsprozess auf dem Wachstumspfad scheint rigoros zu sein. Der Grund dafür ist in so genannten Wachstumsbarrieren zu finden: Wenn Organisationen wachsen, durchleben sie eine Reihe von vorhersehbaren Entwicklungen, Veränderungen und Krisen.

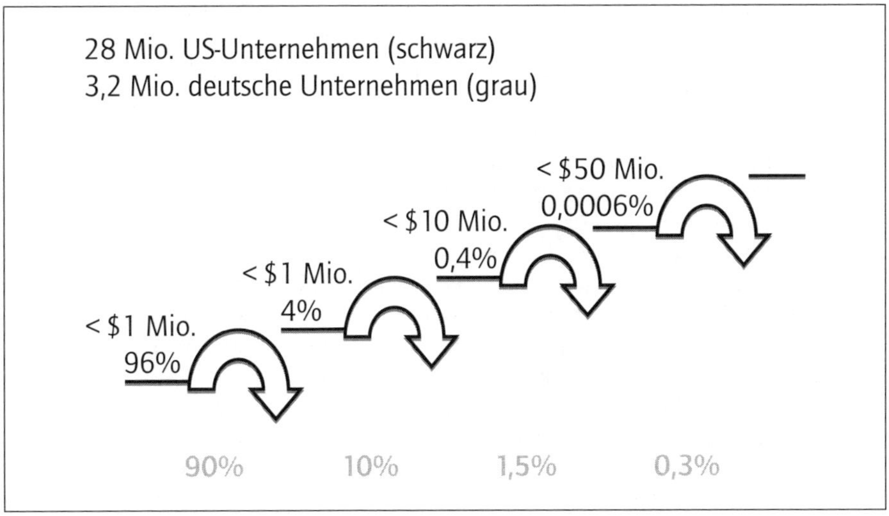

Abb. 1: Rigoroser Selektionsprozess auf dem Wachstumspfad

6 Quellen: Statistisches Bundesamt, IfM Bonn, Bundesfinanzministerium. – Die genaue Anzahl an Unternehmen variiert allerdings über die verschiedenen Quellen. Wir beziehen uns hier auf gerundete Durchschnittswerte.

Lassen Sie uns die drei wichtigsten Wachstumsbarrieren nochmals genauer ansehen:

- mangelhafte Führung,
- mangelhafte Organisation und
- komplexe Marktdynamik.

1.2.1 Mangelhafte Führung

Die Art und Weise, wie das Führungsteam miteinander umgeht, bestimmt auch, wie im gesamten Unternehmen miteinander umgegangen und zusammen gearbeitet wird. Die Richtung, die die Geschäftsführung einschlägt, ist gleichzeitig auch die Richtung für das ganze Unternehmen. Was auch immer die spezifischen Stärken eines Unternehmens sind – sie lassen sich fast immer auf die Geschlossenheit des Führungsteams zurückführen sowie auf Vertrauen, Kompetenz, Disziplin, Linientreue und gegenseitigen Respekt. Das Gleiche gilt mit umgekehrten Vorzeichen auch für die Schwächen des Unternehmens.

Die beiden wichtigsten Fähigkeiten von Führungskräften sind unserer Erfahrung nach, die Richtung angeben, also Vorhersagen treffen zu können – und zu delegieren.

1. Die Fähigkeit, die Richtung angeben zu können, beinhaltet zwei Facetten: Zum einen die Fähigkeit, für sich und das Unternehmen eine starke Vision zu entwickeln, zum anderen die Fähigkeit, Marktbewegungen zu antizipieren. Führungskräfte müssen dabei den Markt nicht Jahre im Voraus vorhersehen können. Ein minimaler Vorsprung gegenüber der Konkurrenz reicht aus. Eine weitere sehr wichtige Fähigkeit besteht darin, Umsätze und Ergebnisse möglichst genau einzuschätzen und antizipieren zu können. Aus der Perspektive des Marktes und der Anleger stellen Umsatz und Ergebnis den ultimativen Maßstab für die meisten Geschäftsführungen dar.
2. Wenn wir die zweite wichtige Fähigkeit – die Fähigkeit zu delegieren – anschauen, versteht man, wieso die meisten Firmen weniger als 10 Mitarbeiter beschäftigen. Es ist eine der schwierigsten Führungsaufgaben überhaupt, Mitarbeiter zu finden, welche die Probleme auf dieselbe Art und Weise oder sogar besser als man selbst lösen können. Dies ist aber unbedingt notwendig, wenn man Wachstum für das Unternehmen erreichen möchte. Die mangelhafte Fähigkeit, Aufgaben und Verantwortung an die Mitarbeiter zu delegieren, ist der wichtigste Grund dafür, dass die meisten Unternehmer alleine oder nur mit einer Hand voll Mitarbeitern arbeiten wollen. Um eine Größe von 10 und mehr Mitarbeitern zu erreichen, muss der Gründer anfangen, jene Arbeitsbereiche, in denen er nicht effektiv genug ist, abzugeben. Wenn das Unternehmen eine Mitarbeiterzahl von 50 erreicht hat, kann die größte fachliche Stärke des CEOs zur größten strategischen Schwäche des Unternehmens werden. Ab 50 Mitarbeitern geht es vor allem darum, neue Managementebenen – das Top- und Middle Management – einzuziehen. Der Erfolg des Unternehmens hängt maßgeblich davon ab, wie gut es dem Gründer und/oder Geschäftsführer des Unternehmens

gelingt, die neuen Managementebenen zu etablieren, und wie gut es wiederum den neuen Managern gelingt, die oben dargestellten Fähigkeiten (Richtung vorgeben und delegieren) zu entwickeln.

Erfolgreiches Delegieren ist nur möglich, wenn Sie die richtigen Mitarbeiter einstellen. Sie sollten stets im Hinterkopf behalten, dass ein sehr guter Mitarbeiter drei »nur« gute ersetzen kann. Mit den richtigen Mitarbeitern im Boot beschränkt sich angemessenes Delegieren im Grunde auf einen simplen »4-Punkte-Plan«,

- der zeigt, was konkret zu tun ist,
- der die Leistung misst,
- der Feedback bietet und
- der zum richtigen Zeitpunkt angemessene Anerkennung und Wertschätzung liefert.

1.2.2 Mangelhafte Organisation

Wenn ein Unternehmen wächst, wird es immer komplexer. Mathematisch gesehen steigt die Komplexität, wenn man von sich von zwei Produkten, Standorten oder Mitarbeitern auf vier Produkte, Standorte oder Mitarbeiter vergrößert, um den Faktor 12. Dies ist ein Naturgesetz: Die Amöbe kann mit nur einer Zelle alles machen. Sobald die Anzahl der Zellen steigt, fängt der Organismus an, Subsysteme zu entwickeln – Subsysteme für die Nahrungsaufnahme, Ausscheidung, Zirkulation, Fortpflanzung. Dasselbe Prinzip gilt auch für Unternehmen. Steigende Komplexität führt zu Stress, Missverständnissen, Produktionsfehlern, schlechtem Kundenservice und höheren allgemeinen Kosten. Kurz: Ab einer gewissen Größe sind neue Strukturen erforderlich.

Um nicht unterzugehen, muss ein wachsendes Unternehmen eine angemessene Organisation implementieren. Wenn ein Unternehmen von 2 auf 10 Mitarbeiter wächst, braucht man eine leistungsfähige Telefonanlage, ein einfaches Firmennetzwerk und muss ganz allgemein die Arbeitsabläufe besser und effizienter strukturieren. Sobald man 50 Mitarbeiter beschäftigt, benötigt man größere Räumlichkeiten, zusätzliche Telefone und PCs sowie ein Buchhaltungssystem, das anzeigt, welchen Deckungsbeitrag die einzelnen Kunden, Projekte und Produkte bringen. Ab 50 Mitarbeitern (oder bei einem Umsatz zwischen € 10 Millionen und € 50 Millionen) muss generell die gesamte IT aktualisiert werden. Sobald das Unternehmen auch diese Schwelle überschritten hat, braucht es erneut organisatorische Anpassungen. Spätestens jetzt ist der Zeitpunkt gekommen, um alle Systeme unternehmensweit zu integrieren und ein leistungsfähiges ERP-System (z. B. SAP) zu installieren.

Im Zuge des Unternehmenswachstums kommt der Verbesserung der Organisationsstrukturen eine zunehmende Bedeutung zu. Am besten stellt man sich dazu drei verschiedene Organigramme vor. Das erste ist ein hierarchisches Standard-Organigramm, wie wir es alle kennen. Wir nennen es »Rechenschafts-Organigramm«. Das zweite Organigramm stellt die wichtigsten Arbeitsprozesse, die Kernprozesse des Unternehmens, dar. Das dritte Organigramm, die »Beinahe-Matrix«, stellt die Beziehung zwischen Zentralfunktionen und dezentralen Geschäftseinheiten, die ab einer bestimmten Unternehmensgröße zwangsläufig entstehen, dar.

Rechenschafts-Organigramm

Ein Unternehmen wird immer wieder Phasen durchleben, die durch dysfunktionale Kommunikation geprägt sind. Der Grund liegt meist in unklaren Zuständigkeiten. Wenn die Zuständigkeiten und Verantwortlichkeiten nicht klar definiert sind, funktioniert das Unternehmen nicht so, wie es sollte. Für jedes Projekt, jeden Posten in der Gewinn- und Verlustrechnung, jede Aufgabe und jeden Prozess muss genau ein einzelner Mitarbeiter verantwortlich sein – und dieser Mitarbeiter muss gegenüber seinem Vorgesetzten Rechenschaft ablegen. Diesem Grundsatz sollte strikt gefolgt werden – selbst wenn Hunderte von Mitarbeitern an ähnlichen Themen arbeiten, die mit derselben Verantwortlichkeit zusammen hängen.

Bei der Erstellung eines Rechenschafts-Organigramms sind zwei Regeln zu beachten:

- Als Erstes darf nirgends der Vermerk »noch zu bestimmen« zu finden sein. Selbst wenn bestimmte Aufgabenfelder noch nicht besetzt sind, sollte der Name der Person eingetragen werden, die dafür aktuell Rechenschaft ablegt. Verwenden Sie in solchen Fällen den Ausdruck »Interimsleiter« – und zwar solange, bis jemand gefunden wird, der die Stelle dauerhaft besetzt.
- Zweitens gibt es immer Mitarbeiter in einem Unternehmen, die keine anderen Mitarbeiter führen sollten, aber trotzdem z. B. aufgrund ihrer großen Fachkenntnis oder Erfahrung einen »Senior-Status« innehaben. In diesen Fällen sollten ausgewählte Positionen geschaffen werden, die außerhalb der Linienorganisation stehen.

Begriffsklärung: Lassen Sie uns kurz auf den Unterschied zwischen den englischen Begriffen »accountability« und »responsability« eingehen. »Accountability« leitet sich von dem Wort »count« ab, also »rechnen«, be/abrechnen oder »Rechenschaft« ablegen. Das Wort »Responsability« leitet sich von dem Wort »respond«, also »antworten/bearbeiten« ab.

Es können mehre Personen für eine Sache, ein Projekt, eine Aufgabe etc. verantwortlich bzw. zuständig sein, doch nur eine Person ist dafür »accountable«, legt also Rechenschaft ab. So gibt der Vorstand am Jahresende bezeichnenderweise einen *Rechenschafts*bericht ab. Darin berichtet er darüber, was er konkret erreicht hat. Gäbe er einen *Verantwortungs*bericht ab, würde er wohl über all die vielen Dinge berichten, die er im abgelaufenen Jahr angestoßen hat – ungeachtet der Resultate.

Oft sind wir gerade im Deutschen etwas unsauber in der Verwendung des Begriffs, ob wir Verantwortung im Sinne der »Accountability« meinen oder der »Responsability«. Achten Sie darauf, dass Sie auch Ihren Mitarbeitern klar mitteilen, ob sie sich um etwas »kümmern« sollen oder ob sie Ihnen gegenüber für etwas zur »Rechenschaft« gezogen werden.

Im Verlauf dieses Buches benutzen wir das Wort »Verantwortung« und »verantwortlich sein« im Sinne der »Accountability«, also jemand übernimmt für einen Sachverhalt Verantwortung und es wird von ihm erwartet, dass er die übernommene Verantwortung danach selber be/abrechnet und »Rechenschaft« ablegt.

People: Organisatorische Klarheit

1. Nennen Sie die Person, die für die jeweilige Position verantwortlich ist.
2. Welche Ziele/Indikatoren hat die einzelne Position?
3. Ordnen Sie jede Zeile der G&V oder Bilanz einer Position zu.
4. Monatliche Überprüfung bei Abweichungen: (a) Woher kommt die Abweichung?
   (b) Was sind die Maßnahmen?

Rolle / Position	Name	Ziele/Frühindikatoren (Key Performance Indicators)	Ergebnis/Kontrollindikatoren (G&V oder Bilanz)
Unternehmensleitung (CEO)			
Vertrieb & Marketing			
Vertrieb			
Marketing			
Produktion und Fertigstellung			
Produktion			
Forschung & Entwicklung			
Finanzen & Rechnungswesen			
Finanzierung			
Controlling			
HR/Lernen/Mitarbeiter			
Information Technology			
Kundenzufriedenheit			
Leiter Geschäftsbereiche			
______________			
______________			
______________			
______________			
______________			

Achten Sie auf: 1) Mehr als 1 Person in einer Position?; 2) Eine Person in mehr als 2 Positionen?; 3) Gibt es leere Positionen?; 4) Freudige Neueinstellungen?

Abb. 2: Rechenschafts-Organigramm

Kernprozess-Diagramme

Ein Rechenschafts-Organigramm kann nicht alle Interaktionen innerhalb der Organisation aufzeigen. Es würde zu unübersichtlich. Daher empfiehlt es sich, zusätzlich zum Rechenschafts-Organigramm weitere Diagramme zu erstellen, welche die wichtigsten Prozesse in der Organisation darstellen. In der Praxis hat sich eine Anzahl von vier bis neun solcher Kernprozess-Diagramme bewährt.

Kernprozesse stellen z. B. dar,

- wie Kunden akquiriert werden,
- wie ein Projekt das Unternehmen durchläuft,
- wie Mitarbeiter ausgewählt und geschult werden,
- wie die Rechnungsstellung abgewickelt und Zahlungen eingefordert werden.

Beispiel: Erstes Kundenakquisegespräch im Unternehmen PadPublisher 2012 in Abb. 3.

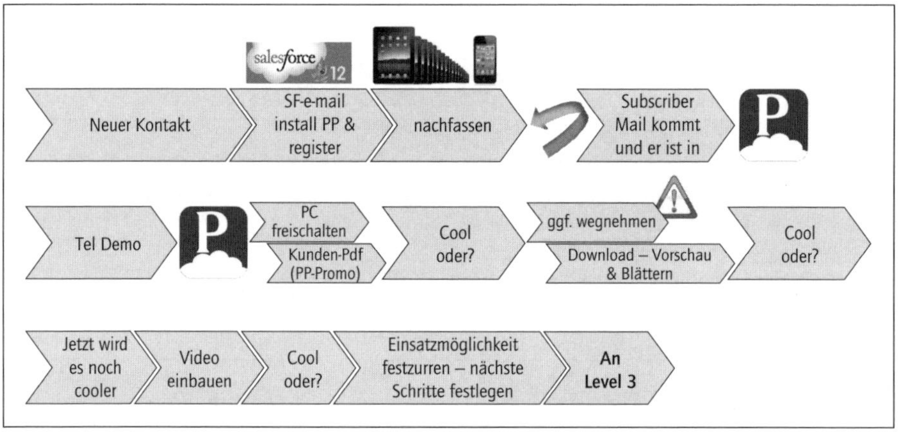

Abb. 3: Kernprozess-Diagramm

Es ist außerdem ratsam, sich einmal pro Quartal den kompliziertesten Prozess im Unternehmen herauszusuchen und diesem ebenfalls ein Diagramm zu widmen. Prozesse sind nämlich wie Garagen oder Schränke – manchmal muss man sie einfach aufräumen, da andernfalls alles durcheinander geriete und man nichts mehr fände.

Beinahe-Matrix

Dieses Organigramm hat die Aufgabe, die Beziehung zwischen den Zentralfunktionen und den dezentralen Geschäftseinheiten aufzuzeigen, die sich während des Unternehmenswachstums herausbilden. Die dezentralen Einheiten fangen nach geraumer Zeit an, sich wie separate Unternehmen innerhalb des Unternehmens zu verhalten. Solche Einheiten können um Produktlinien, Kundensegmente oder Standorte, aber auch als vollumfängliche Tochterunternehmen organisiert sein.

Oft entstehen Konflikte zwischen den Leitern der Zentralfunktionen des Unternehmens, wie z. B. dem Marketing-Vorstand, und den Leitern der dezentralen Einheiten, z. B. den Geschäftsführern der Ländergesellschaften oder Filialen, die häufig direkt Verkaufsmitarbeiter führen und im operativen Geschäft Umsatz generieren müssen. Die Kernfrage ist dabei meistens, wem die Verkaufsmitarbeiter Bericht erstatten sollen – der Zentrale oder dem Leiter ihrer Einheit?

Durch diese ständige Spannung entsteht typischerweise eine Pendelbewegung, in deren Verlauf Funktionen erst dezentralisiert, dann zentralisiert und anschließend wieder dezentralisiert werden. Diese ständigen Umorganisationen kosten eine Menge Energie. Wir bei Gazelles ziehen es deshalb vor, dass die Mitarbeiter ihren eigenen Bereichsleitern vor Ort Bericht erstatten und nicht dem Topmanagement in der Zentrale. Die Aufgaben der Leiter der zentralen Funktionsbereiche sehen wir eher im Coaching – und darin, Best Practices in das Unternehmen hineinzutragen. Beides sind komplexe Aufgaben, die viel Zeit und Expertise verlangen.

Wie auch immer Sie Ihr Unternehmen organisieren – in jedem Fall ist es wichtig, in unterschiedlichen Organigrammen zu denken und jemanden dafür verantwortlich zu machen, die Organigramme stets aktuell zu halten.

Im Beispiel in Abb. 4 haben wir die Rechenschaftsbetrachtung stark vereinfacht. Es empfiehlt sich in der Praxis mit einer differenzierten Betrachtung zu arbeiten.

Zentralfunktion	Level 1 Sales	Technische Einführung	Level 3 Sales	Legal	Key Account
Verantwortlicher Geschäftseinheiten					
Unternehmensleitung (CEO)					
Vertrieb & Marketing					
Produktion					
Finanzen & ReWe					
HR/Lernen/Mitarbeiter					
Information Technology					
Kundenzufriedenheit					
Geschäftsbereiche/Töchter					
____________					
____________					
____________					

Abb. 4: Beinahe-Matrix

1.2.3 Komplexe Marktdynamik

Der Markt kann einen gut oder »alt« aussehen lassen. Wenn Sie Glück haben, hilft Ihnen der Markt dabei, Fehler zu überdecken. Aber wenn das Glück Ihr Unternehmen verlässt, wird der Markt Sie bloßstellen und alle Schwächen offenbaren.

Zu oft mussten wir die folgenden Kardinalfehler beobachten:

- Unternehmen mit einem Umsatz von unter € 10 Millionen fokussieren sich stark auf den Markt. Dabei sollten sie sich stärker auf interne Angelegenheiten wie schlanke Prozesse und sinnvolle Organisationsstrukturen konzentrieren – Unternehmen, die sich frühzeitig auf Internes fokussieren, profitieren stark davon.
- Sobald der Umsatz die € 10-Millionen-Grenze überschreitet, werden Unternehmen gezwungen, ihre Aufmerksamkeit auf die Schaffung gesunder Organisationsstrukturen zu richten. Dabei sollten sie gerade jetzt die gesamte Aufmerksamkeit auf den Markt richten.

Holen Sie sich deshalb früh Hilfe von außen. Sorgen Sie dafür, dass externe Berater die internen Organisationsstrukturen auf Vordermann bringen, damit Sie und Ihr Führungsteam ihre Aufmerksamkeit voll auf den Markt richten können.

Schauen Sie sich noch einmal Abbildung 1 an und vergegenwärtigen Sie sich die Schlüsselkennzahlen (KPI – Key Performance Indicators) jeder unternehmerischen Tätigkeit – Umsatz, Rendite, Gewinn und Liquidität. Schnell werden Sie sehen: Es gibt viele wichtige Dinge, auf die Sie Ihr Augenmerk richten sollten. Zwischen der Unternehmensgründung und einem Umsatz von € 1–2 Millionen geht es nur um eines: Umsatz. All Ihre Aktivitäten sollten darauf abzielen, den Markt auf sich aufmerksam zu machen. Was die Liquidität betrifft, müssen Sie sich als Jungunternehmer meistens auf die »drei F« verlassen: Freunde, Familie und »Fools« (»Verrückte«).

Sobald Sie einen Umsatz von € 1–2 Million erreicht haben, drängen sich Liquiditätsaspekte massiv in den Vordergrund, die zuvor vielleicht noch etwas im Hintergrund standen. Da das Unternehmen normalerweise in dieser Phase schneller wächst als in irgendeiner anderen Phase, wird es ihm alsbald an Liquidität mangeln. Hinzu kommt noch, dass in dieser Phase das Unternehmen experimentieren muss, um die für sich geeignete Marktposition und den passenden strategischen Fokus zu finden. Solche Experimente können ziemlich teuer werden.

Sobald Ihr Unternehmen einen Umsatz von € 10 Millionen übersteigt, wird der interne und externe Druck zunehmen. Nach außen hin erscheint das Unternehmen jetzt auf dem Radar der Konkurrenten, die den neuen Mitbewerber als Gefahr sehen. Zudem fangen Kunden an, niedrigere Preise zu verlangen, da sie immer zahlreichere und größere Geschäfte mit Ihrem Unternehmen abschließen. Und zur selben Zeit steigt schließlich auch die interne Komplexität in Ihrem Unternehmen rasch an, was die Kosten schneller wachsen lässt als den Umsatz – alles Dinge, die an der Rendite des Unternehmens rütteln und sie verschlechtern. Sobald diese Situation eintritt, fehlt das Geld, um notwendige Investitionen in die Infrastruktur wie z. B. Buchhaltungssysteme oder in die Personalentwicklung zu tätigen. Eine Abwärtsspirale droht, noch bevor das Unternehmen die € 25-Millionen-Grenze überschritten hat.

Zu diesem Zeitpunkt ist es existenziell wichtig, dass Ihr Unternehmen im Markt seinen Wertbeitrag aufrecht erhält. Nutzen und Mehrwert Ihres Angebots müssen aus Kundensicht glasklar ersichtlich sein. Sie als Unternehmensleiter müssen Ihrerseits ganz genau wissen, welche Kundenbedürfnisse Sie tatsächlich befriedigen – nota bene: Kunden*bedürfnisse*, nicht *-wünsche*! Gleichzeitig sollte Ihr Unternehmen in dieser Phase die internen Prozesse weiter standardisieren und vereinfachen, um auf diese Weise Kosten zu reduzieren. Unternehmen, die diese Schwelle erfolgreich überschreiten und beide Herausforderungen meistern, schaffen es oft sogar, ihre Rendite zu verbessern.

Ab einem Umsatz von € 50 Millionen wird von einem Unternehmen ganz klar erwartet, dass es genügend Erfahrung und Professionalität mitbringt, um die Umsatzentwicklung und Rentabilität genau planen zu können. Gerade die genaue Planung der Rentabilität ist enorm wichtig, insbesondere solange das Unternehmen stark wächst – und zumal bereits kleine Abweichungen schon in die Millionenhöhe gehen können. Damit wird deutlich: Die wichtigste Fähigkeit eines Unternehmensleiters oder eines Führungsteams besteht darin, vorauszuschauen und vorherzusehen, wie sich die Dinge entwickeln werden. Die fundamentale Aufgabe besteht für ein Wachstumsunternehmens darin, den Unternehmenswert auf vorhersehbare und berechenbare Weise zu steigern – und zwar, indem es Spitzenprodukte und -services anbietet, welche die Kunden wirklich und nachhaltig zufrieden stellen. Außerdem sollten Wachstumsunternehmen eine Unternehmenskultur und ein Umfeld aufbauen, das Top-Talente anlockt, was wiederum positive Effekte auf Produktqualität und Rentabilität haben und sowohl Kunden als auch Gesellschafter des Unternehmens zufrieden stellen wird.

1.3 Der Wachstumspfad - befriedigend und steinig zugleich

1.3.1 Befriedigend

Wie bereits erwähnt kann der Markt einen gut oder auch »alt« aussehen lassen – das konnten wir alle in den letzten Jahren beobachten und/oder erfahren. Solange man sich innerhalb der Markttrends bewegt, wird man gewinnen. Versucht man jedoch gegen eine Marktbewegung anzukämpfen, wird es einen zerreißen. Für den Architekten Steve Smith von der Lawrence Group in St. Louis/USA war dieser Punkt nach ungefähr 6 Jahren erreicht. Smith war als Architekt auf die Planung und Konzeption von Rundfunkstationen spezialisiert. Als er von der Konsolidierung der Radiobranche erfasst wurde, wusste er, dass er schleunigst reagieren musste, allerdings anders als der Markt und anders als seine Mitbewerber. Bei seinen Mitbewerbern handelte es sich um Architekten, die ihren Beruf nicht als »Business« ansahen, sondern als Handwerk oder sogar als Kunst. »Die meisten Architekten beschäftigen sich damit, Gebäude zu entwerfen. Wir haben uns entschieden, Projektentwickler für Radiostationen zu werden. Das eigentliche Bauen delegieren wir.«

Mit diesem neuen beruflichen Selbstverständnis und den neuen Möglichkeiten des Internets gelang es Smith, ein Geschäftsmodell zu entwickeln, aus dem rasch ein landesweites Netzwerk von Architekten entstand. Heute ist die Lawrence Group bereits in fünf Regionen in Amerika vertreten sowie in China, hat die Anzahl Beschäftigter von 20 auf über 200 Mitarbeiter und den Umsatz von $ 1,6 Millionen mehr als verzehnfacht. Smith glaubt, dass 20 bis 30 Standorte realistisch sein könnten. Diese wachstumsorientierte Denkhaltung »differenziert uns massiv«, so Smith.

Smith ging noch einen Schritt weiter. Er machte seine persönlichen Prinzipien, Einstellungen und Überzeugungen (Core Values) im gesamten Unternehmen bekannt (vgl. auch das Kapitel »Das vierte Prinzip: Orientierung durch Core Values«). Er erkannte, dass dies sein gesamtes Team stärken würde, da er auf diesem Weg jedem Einzelnen vermitteln konnte, was ihm in seinem Unternehmen wichtig war. Die Mitarbeiter entschieden viel häufiger so, wie auch Smith entschieden hätte, und handelten auf eine Art und Weise, wie auch Smith gehandelt hätte. »Da alle Mitarbeiter eine ähnliche Haltung und ein gemeinsames Verständnis für ihre Arbeit an den Tag legten, wurde es für uns viel einfacher, mit der zunehmenden Komplexität umzugehen.« Die Unternehmenskultur schuf Orientierung. Die Mitarbeiter brachten sich im Unternehmen aktiver ein und entlasteten dadurch Smith als Geschäftsführer. So war es letztendlich kein Zufall mehr, dass die Lawrence Group zu einem der besten Arbeitsplätze in St. Louis gewählt wurde.

1.3.2 Steinig

Für Wachstumsunternehmen wird der Druck des Marktes mit zunehmender Unternehmensgröße immer stärker spürbar. Wenn Ihr Unternehmen an diesem Punkt angekommen ist, sollten Sie viel Energie darauf verwenden, Ihr Unternehmen ganz gezielt strategisch auszurichten. Bei einem Umsatz von ungefähr € 10 Millionen haben Geschäftsführer oft das Gefühl, sich verstärkt auf interne Themen konzentrieren zu müssen – doch genau das Gegenteil ist notwendig: Sie sollten jetzt ihren Fokus darauf richten, was im Markt passiert.

So betont beispielsweise Joe McKinney von McKinney Lumber, einem regionalen Bau- und Holzgroßhandel, immer wieder, dass Wachstumsentscheidungen auf echten Gelegenheiten im Markt beruhen müssen. Es reicht nicht aus, sich bei derartigen Entscheidungen allein auf eine gute, zu weiterem Wachstum fähige interne Organisationsstruktur zu stützen.

»Man muss sich erst einmal innerhalb seines eigenen Marktes erfolgreich behaupten können, ihn verstehen und in ihm zurechtkommen, bevor man versucht, die nächste Stufe zu erreichen. Wenn Sie stolpern, kann Ihr Sturz tödlich sein«, so McKinney. »Um das nächste Wachstumsniveau zu erreichen, muss man manchmal ganze Schluchten in einem Satz überspringen. In solchen Momenten gibt es keine zweite Chance. Man sollte sich aber vor dem Sprung gut überlegen, ob man wirklich springen möchte. Vielleicht sind die Tiger auf der jetzigen Seite nicht so böse wie die Löwen auf der anderen.«

Wir sagen es Ihnen gleich von Anfang an: Es ist oft entbehrungsreich und schmerzvoll, eine Wachstumsstrategie zu verfolgen und eine Gazelle zu werden. Manch erfolgreicher Geschäftsführer hat aus diesem Grund sein Unternehmen verkauft. So war auch Shannan Marty an diesem Punkt angekommen. Sie wollte ihre

Tracer Research Group, ein Unternehmen, welches sich auf Leckerkennung in Pipelines spezialisiert hat, verkaufen. Kurz vor dem Verkauf gelang ihr jedoch ein Aufsehen erregender technologischer Durchbruch, sodass sie sich nochmals anders entschloss. Auch Alan Rudy, dem Geschäftsführer von Express-Med, einem Versandhandel für medizinische Verbrauchsgüter, erging es ähnlich (vgl. Kap. 1) Im Jahr 1999 durchlebte das Unternehmen schwere Zeiten. Rudy war drauf und dran, Express-Med entweder zu verkaufen oder zu verkleinern. Nur dadurch, so dachte er, könnte er wieder mehr Spaß bei der Arbeit entwickeln.

1.3.3 Eigenständiges Wachstum

Schwere Zeiten bieten Unternehmern die Chance, sowohl sich selbst als Person als auch ihre Rolle im Unternehmen in neuem Licht zu betrachten. So verbesserte Molly Bolanos von Mostly Muffins in Krisenzeiten ihre Managementkompetenzen gezielt durch Training und Coaching. Dadurch gelang es ihr, ihre eigene Rolle neu zu betrachten und zu definieren. »Ich habe begriffen, dass meine beste Eigenschaft darin liegt, Beziehungen zu Menschen aufzubauen – und darin, zu verkaufen, wer wir sind und wo wir hingehen. Ich muss die Buchhaltung nicht mehr selbst machen und den Jahresabschluss nicht mehr selbst erstellen, da ich eine Organisationsstruktur geschaffen habe, die derartige Aufgaben für mich erledigt. Unser Potenzial erscheint mir jetzt beinahe grenzenlos. Wenn ich heute darüber nachdenke, wie ein Unternehmen am besten wächst, ist für mich die Schlüsselfrage: Wer muss *ich* als Unternehmer sein und was muss *ich* machen, um an mein Ziel zu kommen?«

Mit der Unterstützung eines Coachs kam Alan Rudy dahinter, dass es in seiner mittleren Führungsebene unklare Verantwortungsbereiche und zu viele verwirrende Anweisungen gab. Er zog sich etwas zurück und absolvierte ein Führungs- und Persönlichkeitsentwicklungstraining, um an seinem persönlichen Stil zu arbeiten. Gleichzeitig übergab er viele seiner täglichen Aufgaben an einen neu angestellten Prokuristen ab. Der Prokurist führte klare Strukturen, Prozesse und einen sinnvollen Meeting-Rhythmus ein. Alan Rudy konnte sich von nun an auf neue zukunftsorientierte Projekte und Akquisetätigkeiten konzentrieren. Diese Entwicklung war jedoch nur deshalb möglich geworden, weil sich Rudy den Raum, die Zeit und die Mittel genommen hatte, auch innerlich zu wachsen.

»Es ist absolut erstaunlich, wie sich durch diese Neuerungen das Unternehmen veränderte », sagt Rudy. »Heute habe ich Zeit, mir Gedanken zu machen und verschiedene Dinge auszuprobieren. Das ist mein wahres Talent – Menschen zuzuhören, was sie brauchen, mit Kunden und Konkurrenten zu reden und mein Geschäft entsprechend zu verändern. Wenn ich mich nur darauf fokussiere, was im Unternehmen passiert, kann ich das Unternehmen nicht voranbringen. Heute bin ich viel mehr der Geschäftsführer als jemals zuvor.«

Mittlerweile ist Rudys Unternehmen wieder bei einem jährlichen Umsatzwachstum von über 20 % angekommen. Er hat mit seinen Methoden eine Gazelle geschaffen, die Freude macht und solide Gewinne erwirtschaftet. Das alles liegt auch in Ihren Möglichkeiten, wenn Sie sich dazu entscheiden, den entscheidenden Sprung zu wagen.

1.4 Anschlussfähigkeit als Herausforderung: Das integrale Wachstumsmodell

Oben haben wir bereits auf die erstaunlichen Parallelen zwischen Führung und Unternehmenswachstum einerseits, Erziehung und menschlicher Entwicklung andererseits hingewiesen. Ein Ausspruch Goethes weist uns auf einen weiteren, in unserem Zusammenhang bedeutenden Sachverhalt hin:

»Es hört doch jeder nur, was er versteht.«[7]

1.4.1 Zum Zusammenhang von »Verstehen« und »Reife«

Um das integrale Wachstumsmodell einzuführen, möchten wir einen kurzen Exkurs in die individuelle Entwicklung eines Menschen wagen. Jeder weiß: Mit einem Baby oder Kleinkind muss man anders reden als mit einem 7-jährigen Kind, mit einem 15-jährigen Jugendlichen anders als mit einem 40 Jahre alten Erwachsenen – denn »verstehen« hängt mit »Reife« zusammen, also damit, welche Entwicklungsphasen ein Mensch bereits durchlaufen hat.

Das Wesen menschlicher Entwicklung wird von verschiedenen wissenschaftlichen Disziplinen erforscht. Dabei wird immer wieder eine natürliche Gesetzmäßigkeit sichtbar, wonach sich Entwicklung sinnvollerweise in aufeinander folgende Phasen untergliedern lässt.[8] Jede dieser Entwicklungsphasen beinhaltet eine Lernaufgabe, die es zu bewältigen gilt. Wird die Lernaufgabe »integriert«, sprich: gut gemeistert, stehen neue Kompetenzen, Fähigkeiten, Qualitäten und Ressourcen zur Verfügung. Der Mensch ist gewappnet für die nächste Phase.

Kommen wir nun zu Goethes Ausspruch zurück: *»Es hört doch jeder nur, was er versteht.«*

Mit anderen Worten: Was ein Mensch von dem, was er hört, versteht, hängt maßgeblich davon ab, in welcher Art und Weise er die einzelnen Entwicklungsphasen erlebt und/oder integriert hat und in welcher Entwicklungsphase er sich gerade befindet. Um als Absender einer Botschaft (z. B. als Führungskraft) beim Empfänger dieser Botschaft (z. B. bei einem Mitarbeiter) anschlussfähig zu sein, ist es wichtig, den Empfänger in »seiner« Reifephase abzuholen und die Botschaft passend zur jeweiligen Reifephase zu formulieren. Nur dann wird man verstanden werden.

1.4.2 Die Phasen der Unternehmensentwicklung

Das Prinzip, das wir eben für einzelne Individuen skizziert haben, gilt ähnlich auch für ganze Organisationen. Unternehmen machen bis zu ihrem »Erwachsen sein« viele Entwicklungen durch, die in typischen Phasen ablaufen. Jede Phase ist dabei

7 Goethe, J.W.v. (2006). Maximen und Reflexionen. Nachlass über Literatur und Leben. München.
8 In Anlehnung an das Integral-Cange-Modell: Küchler B./Klein G. (2012). Internetveröffentlichung. www.org-entwicklung.integral-change.com; www-fuehrung.integral-change.com (Abruf 2.7.2012).

gekennzeichnet durch ganz bestimmte Haltungen, Denk- und Handlungsweisen, sprich: durch eine individuelle Art und Weise, die Welt zu sehen und wahrzunehmen. Diese individuelle Art und Weise der Weltsicht und Wahrnehmung bezeichnen wir als eine bestimmte Phase. Wir sprechen davon, dass ein Unternehmen auf seinem Wachstumspfad in einer bestimmten Abfolge verschiedene solcher Phasen durchlebt.

Jede Phase beinhaltet eine Lernaufgabe, die es zu bewältigen gilt. Wird die Lernaufgabe integriert bzw. gut »gemeistert«, stehen dem Unternehmen neue Kompetenzen, Fähigkeiten, Qualitäten und Ressourcen zur Verfügung. Analog zur Entwicklung des Menschen wird auch bei Unternehmen die Gesetzmäßigkeit sichtbar, wonach sich der Entwicklungspfad in sieben aufeinander folgende Phasen, untergliedern lässt, die von ganz bestimmten Lernerfahrungen geprägt sind. So wie ein Baum einen Jahresring auf dem vorherigen aufbaut, baut eine Phase auf der andern auf. Die Lernerfahrungen der vorherigen Phase sind das stabile Fundament für die folgenden Phasen. Ähnliche Gesetzmäßigkeiten gelten bei allem natürlichem Wachstum: Neues baut auf Altem auf, Neues verwebt und verzahnt sich mit Altem. Mit fortschreitendem Wachstum wächst auch das Gesamtpotenzial – wie ein Baum, der zur Krone hin immer breiter und breiter wird. Dieses Prinzip liegt dem integralen Wachstumsmodell zugrunde, das in Abbildung 5 veranschaulicht wird.

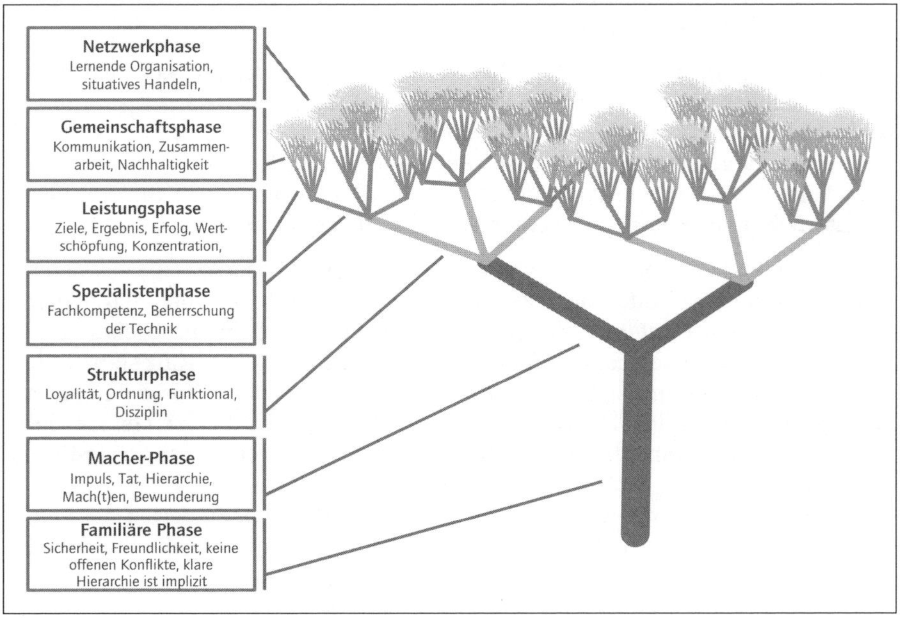

Abb. 5: Das integrale Wachstumsmodell[9]

9 Küchler/Klein. www.org-entwicklung.integral-change.com (Abruf 2.7.2012); Integrale Unternehmensevolution, wobei die Benennung der Phasen für dieses Buch von mir, Nikolai Ladanyi, angepasst wurde.

Um die Reifegrade von Unternehmen richtig zu erkennen und die dazu passenden Methoden zur Erreichung der nächsten Entwicklungsphase auszuwählen, bietet das integrale Wachstumsmodell einen hilfreichen Rahmen. Ganz getreu Goethes Ausspruch »Es hört doch jeder nur, was er versteht« hat es nur Sinn, solche Methoden zu implementieren, die auch tatsächlich der aktuell dominanten Phase entsprechen. Nur so entsteht eine günstige und reibungslose Fortentwicklungsdynamik zur nächsten Entwicklungsphase, zur nächsten dienlichen Lernerfahrung, zur nächsten Phase.

Für eine gesunde Entwicklung ist es entscheidend, das individuelle Verhalten, den Management- und Führungsstil sowie die Führungsmethoden und -werkzeuge an die vorherrschende Phasen bzw. an die organisationale Lebenswelt anzupassen. Andernfalls ist die Wahrscheinlichkeit sehr hoch, dass sich Managementmethoden einerseits und Denk- und Verhaltensweisen andererseits »widersprechen« und dadurch *Dysfunktionen* entstehen.

Ein Unternehmen ist allerdings kein »Modell seiner selbst«, sondern ein »realer lebender Organismus«. Aufgrund von

- länderspezifischen, kulturellen Prägungen,
- historischen Prägungen,
- technologischen Einflüssen,
- biografischen Prägungen der Gründer sowie
- biografischen Prägungen der Mitarbeiter

ist auch hier Ungleichzeitigkeit die Realität: Viele Teilbereiche wirken zusammen, sind ineinander verwoben und bilden das Ganze. Dementsprechend sind in verschiedenen Teilbereichen (z. B. Geschäftseinheiten, Abteilungen, Teams, einzelnen Personen) auch unterschiedliche »Reifegrade« vorzufinden.

Mithilfe des integralen Wachstumsmodells können viele Wachstumsprobleme in Unternehmen auf folgende wenige Punkte zurückgeführt werden:

- Einzelne und Gruppen handeln in unterschiedlichen Phasen.
- Die Führungsmethoden und -werkzeuge setzen eine bestimmte Phase voraus, wohingegen das Unternehmen tatsächlich in einer anderen Phase lebt.
- Angehörige unterschiedlicher Nationalitäten wurden in einer ganz spezifischen Phase sozialisiert und haben demnach ganz unterschiedliche Vorstellungen von Handlungsprinzipien, Zusammenarbeit, Einstellung und Werten. Gerade dieser Aspekt wird in einer sich globalisierenden Welt zu einer immer größeren Herausforderung.
- Methoden und Werkzeuge, die in einer Phase Erfolge garantierten, wirken in einer anderen Phase nicht mehr bzw. können sogar einen gegenteiligen Effekt hervorrufen.

1.4.3 Die natürliche Logik des Wachstums

Es scheint, als ob es so etwas gibt wie eine dem Wachstum und der Entwicklung innewohnende Logik, sozusagen eine natürliche Logik des Wachstums. Seit 10 Jahren beschäftigen wir uns intensiv mit den Themen effektive Führung und Unternehmensentwicklung. Unsere Motivation ist, besser zu verstehen, warum effektive Führung und Unternehmensentwicklung in einigen Situationen mühelos gedeihen und in anderen chronisch erfolglos dahin stolpern. Unsere Untersuchungen fokussieren sich dabei zunehmend auf das Wesen von Entwicklung an sich – bei Strukturen, Organismen, Menschen und Unternehmen.

Welches sind die Rahmenbedingungen und die Erfolgsmuster, die für ein Unternehmen effektives Wachstum und eine gesunde Entwicklung bewirken, damit es den Herausforderungen der Zukunft zuversichtlich begegnen kann? Mit anderen Worten: Welche dominanten Phasen, welche Unternehmenskultur, Einstellungen, Denk- und Verhaltensweisen, welche Werte verhelfen einem Unternehmen in bestimmten Entwicklungsphasen zu kräftigem Wachstum?

Bestimmt haben auch Sie bereits zur Genüge beobachtet, wie Unternehmen und Menschen die zunehmende Komplexität von Märkten und Aufgaben in erster Linie mit einem »Mehr Desselben« zu kompensieren versuchen. So wird eine starke Führungspersönlichkeit auf steigende Anforderungen meist mit einer Verstärkung ihrer Führungsbemühungen antworten. Wer schon mehrere solcher »Wachstumsphasen« erlebt hat, weiß, dass das bis zu einem gewissen Grad sehr gut funktioniert, dass dieser Art des »Lernens« aber auch Grenzen gesetzt sind.[10] Solche Grenzen können sich in Kundenreklamationen, Burnout, einer hohen Fehlerquote, steigendem Krankheitsstand, schlechtem Service und anderen unangenehmen Störungen äußern.[11]

Nimmt die Unternehmensleitung hingegen die Firmensituation sensibel und verantwortungsvoll wahr, wird sie erkennen, dass die Phase, die den aktuellen Handlungen und verwendeten Werkzeugen zu Grunde liegt, immer schlechter passt und dass ein Sprung in eine neue Phase ansteht. Diesen Übergang von einer Phase zu einer anderen nennen wir *Paradigmensprung*. Ein Paradigmensprung bedeutet in diesem Kontext, dass Unternehmen der gewachsenen Komplexität mit neuen Werkzeugen, neuen Organisationsstrukturen und Abläufen, neuen Formen der Partizipation sowie einer neuen Form von Problembewältigung und Lösungsfindung begegnen. Diesen Veränderungen liegt meistens eine ganz neue Art des Denkens und des Verstehens der Sachverhalte zu Grunde.

Den notwendigen Paradigmensprung rechtzeitig umzusetzen und somit die Krise in eine Entwicklungschance zu verwandeln, das ist eine zentrale Aufgabe der Unternehmensleitung.[12]

10 Küchler/Klein. www.org-entwicklung.integral-change.com (Abruf 2.7.2012); je komplexer Strukturen werden, desto höher wird deren Energiebedarf und Störanfälligkeit. Diese Störungen sind es allerdings, die die Entwicklung eines neuen Zustands bewirken können, der die aktuelle Komplexität mit einem geringeren Energiebedarf halten kann. Im Rahmen des Integral-Change-Modells wird dann von einem »Wechsel der Ebene« gesprochen.

11 Küchler/Klein. www.org-entwicklung.integral-change.com (Abruf 2.7.2012).

12 Küchler/Klein. www.fuehrung.integral-change.com (Abruf 2.7.2012).

Die Paradigmensprünge erfolgen nach einem bestimmten Schema:

- Die *Familiäre Phase* funktioniert dank starker informeller Strukturen meist um einen Patriarchen oder eine starke Führungskraft. Mitarbeiter zeigen großen Einsatz, da sie sich sehr sicher fühlen. Es besteht ein hohes wechselseitiges Verständnis von Treue und Loyalität – Konflikte untereinander werden unterdrückt. Bei anhaltendem Wachstum, wobei sich diese Persönlichkeit nicht mehr um ALLES kümmern kann, oder beim kompletten Ausfall dieser Führungspersönlichkeit droht das gesamte System auseinander zu brechen, da nichts – nicht einmal die Führung – explizit gelebt wird: Ein Paradigmensprung steht an.
- Die *Macher-Phase* funktioniert dank einer starken Führung und Mitarbeitern, die sich gerne an die klaren Vorgaben ihres Chefs halten. Bei anhaltendem Wachstum kann eine steigende Anzahl von »Macher-Chefs« zu Verzettelung und mangelnder Synchronität im Unternehmen führen – oft bis zur Existenzbedrohung des Unternehmens: Ein Paradigmensprung steht an.
- Die *Strukturphase* funktioniert dank klarer Regeln, Struktur und Ordnung. Es ist klar beschrieben, wer was wann wie zu tun hat. Bei anhaltendem Wachstum und Wettbewerbsdruck durch Mitbewerber kann ein Verharren in dieser Phase zu massiven Positionierungsnachteilen führen, da das Beharren auf Einhalten der Prozesse und Abläufe zu Lasten einer Verbesserung und Optimierung des Produktes und einer Vertiefung des Know-hows geht. Ein Paradigmensprung steht an
- Die *Spezialistenphase* funktioniert dank der klaren Regeln der Strukturphase und dem starken Willen, Produkte, Prozesse und Abläufe permanent in der durch die technischen Möglichkeiten möglichen Tiefe zu verbessern. Das Ausschöpfen aller technischen Möglichkeiten steht im Vordergrund. Bei anhaltendem Wachstum kann ein Verharren in dieser Phase zu technischer »Verliebtheit«, Entwicklungen am Markt vorbei und Konkurrenzdruck führen – oft bis zur Existenzbedrohung des Unternehmens: Ein Paradigmensprung steht an.
- Die *Leistungsphase* lebt von klaren, ehrgeizigen Zielen. Die Mitarbeiter haben bezüglich des »Wie« viel Handlungsspielraum. Bei anhaltendem Wachstum kann ein Verharren in dieser Phase zu übermäßigem internen Konkurrenzdruck und Ressourcenverschleiß führen – oft bis zur Existenzbedrohung des Unternehmens: Ein Paradigmensprung steht an.
- Die *Gemeinschaftsphase* funktioniert über eine hohe Sozialkompetenz der Teammitglieder. Alle ziehen am gleichen Strang, um die gemeinsamen Ziele zu erreichen.
- Die *Netzwerkphase* funktioniert über die tiefe Erkenntnis aller Mitarbeiter, dass keine Phase besser ist als die andere und dass lediglich die Situation entscheidet, aus welcher Haltung heraus operiert werden muss. Der Einzelne hat die Flexibilität, entsprechend der Aufgabe aus der Haltung der einzelnen Phasen zu handeln bzw. sich flexibel in Führungs- oder Unterstützungsrollen einfügen – je nach dem in welchem Team er sich gerade bewegt.

Stets gilt: Jede folgende Phase baut auf der vorherigen auf.

Wie sich ein Paradigmensprung konkret manifestiert, zeigt das folgende kleine Beispiel: Wenn ein Unternehmen von der Struktur- oder Spezialistenphase in die

Leistungsphase springt, sollte den Führungskräften unbedingt mehr Freiraum eingeräumt werden. Es müssen neue, partizipative Formen der Entscheidungsfindung in Meetings gefunden werden. Gleichzeitig sollte auch die Unternehmenskommunikation diesen Paradigmensprung widerspiegeln, indem mehr »Ich-« als »Wir-« Formulierungen benutzt werden. Die »Ich«-Formulierungen sensibilisieren den Einzelnen zusätzlich darauf, dass mehr Eigenverantwortlichkeit angesagt ist.

Wie bereits mehrfach erwähnt erfolgen Wachstums- bzw. Entwicklungsprozesse in aufeinander folgenden Reifephasen, die von unterschiedliche Arten und Weisen die Welt wahrzunehmen geprägt sind.

Jede Phase beinhaltet eine Lernaufgabe, die es zu bewältigen gilt. Wird die Lernaufgabe integriert, steht einem diese Kompetenz und Ressource zur Verfügung.

Sowohl Organisationen als auch Individuen machen auf jeder Phase Erfahrungen, entwickeln Erkenntnisse und erlernen neue Fähigkeiten, die absolut notwendig sind,

- um in dieser Phase effizient und sinnvoll agieren zu können und
- um den nächsten Phase erringen zu können.

So lässt sich beispielsweise das System »Führen mit Zielvereinbarungen« erst dann wirklich nutzbringend einsetzen und einführen, wenn die Führungskräfte und Mitarbeiter vorher gelernt haben, Konflikten nicht auszuweichen, sondern sie miteinander zu lösen und Hierarchien als notwendig und hilfreich anzuerkennen.

Echte und dauerhaft erfolgreiche Weiterentwicklung ist nur möglich, wenn die jeweiligen Lernaufgaben Schritt für Schritt in einer gesunden Weise vollzogen bzw. die jeweilige Phasein einer ausgewogenen Form integriert wurden. Um Entwicklungsprozesse ohne unnötigen Aufwand und ohne »Schmerzen« zu vollziehen, müssen wir die Phase Schritt für Schritt durchleben und verankern. Eine Phase zu überspringen, zu ignorieren oder zwei Paradigmensprünge gleichzeitig zu unternehmen, kann sich bitter rächen.

Das folgende Beispiel zeigt, was passiert, wenn sich Führungsstil und Organisation in unterschiedlichen Phasen bewegen: Gute Führung funktioniert z. B. in der Macher-Phase dank einer starken Führung und Mitarbeitern, die sich gerne an die klaren Vorgaben ihres Chefs halten. Die einzelnen Führungskräfte sind autark und sehr umsetzungsstark. Wächst das Unternehmen und die Zahl an »Macher-Chefs« nimmt zu, steigen die Abstimmungsprobleme und es kann schnell zu großen Effizienzverlusten und zu unkoordiniertem Handeln kommen. Führungskräfte müssen sich dann in der Strukturphase einfügen. Dort funktioniert die Führung wieder dank klarer Strukturen und Regeln.

Oft verläuft dieser Schritt sehr leidvoll, da sich Führungskräfte ungern den neuen Regeln der Strukturphase unterwerfen und auf ihrer Machtstellung aus der Macher-Phase beharren – meist aus einem verklärten Verantwortungsbewusstsein der Firma gegenüber. Sie verkennen dabei, dass die Erfolgsmuster von gestern nicht die Erfolgsmuster von morgen sind – oder mit anderen Worten, dass das, was sie bis hierher gebracht hat, sie nicht mehr weiterbringen wird.

1.5 Wachstumsphasen erkennen und Probleme vorhersehen

Obwohl einige den Erfolg von Mostly Muffins auf den Coffee-Shop-Boom zurückführen, traf Molly Bolanos eine Reihe von generellen operativen und strategischen Entscheidungen, die auch bei Ihnen anstehen, sofern Sie sich für den Wachstumspfad entscheiden. »Eigentlich sind die Herausforderungen und Probleme, mit denen sich Unternehmen und CEOs in den verschiedenen Wachstumsphasen herumschlagen müssen, vorhersehbar«, so Molly Bolanos. »Es verhält sich alles ganz nach Lehrbuch.«

Unter dem »Lehrbuch«, das sie anspricht, versteht sie die drei fundamentalen Wachstumsbarrieren, die wir bereits kennen:

1. Die Unfähigkeit zu delegieren und die Unfähigkeit, gute Prognosen zu treffen – dahinter verbirgt sich im Wesentlichen der Übergang aus der familiären Phase in die Macher-Phase.
2. Die Unfähigkeit, die wachstumsbedingt gestiegene Komplexität durch professionelle Organisation zu meistern – dahinter verbirgt sich im Wesentlichen der Übergang aus der Macher-Phase in die Struktur- und Spezialistenphase.
3. Die Unfähigkeit in zunehmend komplexen Marktdynamiken zu navigieren – dahinter verbirgt sich im Wesentlichen der Übergang aus der Spezialistenphase in die Leistungsphase.

1.5.1 Delegieren: Aus der familiären Phase zur Macher-Phase

Die meisten Unternehmer und/oder Angestellte arbeiten eigentlich ungern mit anderen zusammen. Das ist der Hauptgrund, weswegen 96 % aller Firmen weniger als zehn, die große Mehrheit sogar weniger als drei Mitarbeiter beschäftigen. Entsprechend ist die Entscheidung, sich zu vergrößern, nicht leicht gefällt. Der Texaner Doug Harrison, Gründer von The Scooter Store, einem Unternehmen für Gehhilfen mit heute ca. $ 200 Millionen Umsatz, erinnert sich immer noch klar und deutlich daran, wie erst sein eigenes Umdenken sein Geschäft zum Laufen brachte.

»Ich erinnere mich als wäre es gestern gewesen, als wir entschieden zu expandieren ... Es war bei einem Meeting im Sunshine-Room des lokalen Holiday Inn. ... Mit viel Kraft hatten wir über die vergangenen Jahre versucht, unsere lokalen Betriebe zum Laufen zu bekommen. Wir wussten, unsere Organisation war noch nicht bereit, und wir wussten ebenso, dass uns das Wachstum von unseren Familien entfernen würde. Als wir anfingen, steigende Gewinne zu verbuchen, war uns jedoch auch klar, dass wir ein Unternehmen mit Wachstumspotenzial hatten«, so Harrison. Nachdem einer von Harrisons »Freunden« dieselben Möglichkeiten der Geschäftsidee erkannt hatte, erwuchs ihm nicht nur ein potenzieller neuer Konkurrent, sondern vielmehr eine existenzielle Bedrohung. Dies machte es ihm schließlich einfacher, eine Entscheidung zu treffen. Es war an der Zeit, die richtigen Führungskräfte an Bord zu holen.

Harrison weiter: »Eines der ersten wirklichen Managementkonzepte, welches haften blieb, war: ›Solange du es dir nicht leisten kannst, Leute einzustellen, die das Unternehmen führen, ist alles, was Du hast, ein Job – und kein Unternehmen.‹ Für mich war es wie eine Erleuchtung, als ich realisierte, dass ich gute Leute brauchte – Leute, die mir helfen, mein Unternehmen zu führen. Ich konnte nicht so weiter machen wie bisher und ständig neue Leute zum Mindestlohn einstellen.« Trotz Warnungen von Familie und Freunden, es sei zu früh, hohe Gehälter für erfahrene Vertriebs-, Produktions- und Finanzfach- und -führungskräfte hinzublättern, hat Harrison es getan und niemals bereut. »In dem Jahr wurden aus zwei Standorten fünf, und zusätzlich hatten wir das Gefühl, alles besser unter Kontrolle zu haben.«

Die Fähigkeit zu delegieren war genauso wichtig, wie es alle Managementtheoretiker prognostizierten. Denn Harrison wusste: Eigentlich war es verrückt, dass er bisher derjenige war, der entschied, ob die Handtücher in den Badezimmern weiß oder blau sein sollten.

Des Weiteren konnte er als Ingenieur nicht weiter so tun, als ob er ein Experte auf allen Gebieten wäre, etwa im Finanzbereich oder im Vertrieb. Auf quälende Details achten zu müssen, das lenkte ihn von seiner eigentlichen Verantwortung als Gründer und CEO ab – der Verantwortung als Visionär und Leader. Harrison benötigte ein Management, welches ihm den Rücken freihielt, damit er sich auf das Wesentliche konzentrieren konnte: das Wachstum des Unternehmens.

Das Beispiel von Doug Harrison zeigt: Unternehmen mit weniger als 10 Mitarbeitern können problemlos erfolgreich innerhalb der familiären Phase operieren – mit einer sehr einfachen Hierarchie und viel Sicherheit, Einklang, Harmonie, Tradition und Gewohnheit. Ab 10 Mitarbeitern drängt die steigende Komplexität den Unternehmer dazu umzudenken und in einer neuen Phase hineinzuwachsen: der Macher-Phase. Spätestens ab ca. 50 Mitarbeitern wird wiederum eine ganz neue Phase benötigt, die Struktur-Phase. Vielen Unternehmern sind diese wiederholten Phasen-Wechsel bzw. Paradigmensprünge entweder zu mühsam – oder aber ihre Persönlichkeit ist weder auf diese Flexibilität im Denken, noch auf den Wunsch, zu wachsen und sich weiterzuentwickeln, ausgerichtet. Das ist weder gut noch schlecht, es ist einfach so.

Abbildung 6 zeigt, wie sich die Haltung und die Aufgabenschwerpunkte von Führungskräften entlang der einzelnen Phasen verändern und weiterentwickeln. Dies soll keinesfalls als ein Schwarz-Weiß-Bild verstanden werden im Sinne von »ab jetzt nur noch so und nicht anders«. Verstehen Sie es eher als eine Gewürzmischung. Am Anfang steht Ihnen Gewürz 1 zur Verfügung, danach bekommen Sie Zugang zu Gewürz 2. Benutzen Sie zu viel von diesem Gewürz, verdirbt es die Suppe. Entsprechend muss sensibel abgepasst werden, ab wann Gewürz 3 die Mischung gut ergänzt und übergangsweise auch dominieren darf etc.

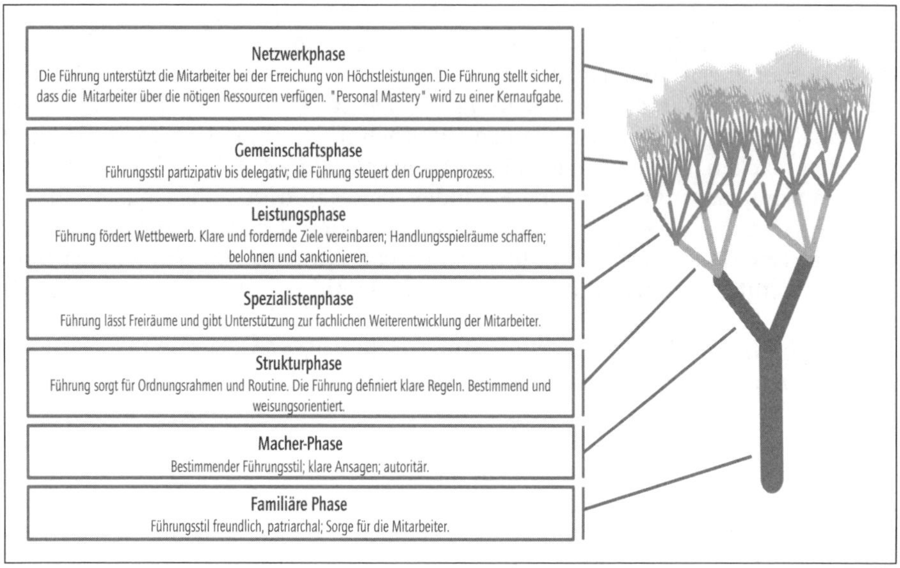

Abb. 6: Führungsaufgaben entlang der einzelnen Phasen[13]

Was Molly Bolanos und Doug Harrison anschaulich beschrieben haben, ist der Übergang von der familiären Phase zur Macher-Phase. In der familiären Phase waren sowohl Bolanos als auch Harrison gewohnt, sich in einem freundschaftlich-harmonischen Umfeld zu bewegen, in dem die einzelnen Mitarbeiter nicht wirklich klar definierte Zuständigkeiten hatten. Jeder setzte sich einfach ein. Im Regelfall waren alle für alles verantwortlich, was dazu führte, dass sich im Endeffekt immer die Gründer um alles kümmern mussten. Unter diesen Umständen kann bereits ein überschaubares Wachstum zu großen Schwierigkeiten und Chaos führen. Entsprechend wichtig ist es, dass das Unternehmen im Allgemeinen und der Unternehmer im Speziellen lernen, klar zu führen und klare Ansagen zu machen, was wie zu laufen hat. Oft widerstrebt es vielen Unternehmern, dazu überzugehen, den Mitarbeitern klar zu sagen, was sie tun sollen – aus Angst, das bisherige harmonische Betriebsklima zu beschädigen, aber auch – insbesondere bei Teams – aus Bescheidenheit, sich in die erste Reihe zu stellen. An dieser Stelle können wir klar sagen, dass ein vorübergehendes Bekenntnis zur Macher-Phase dem Unternehmen viel Ruhe gibt und die Grundlage für das weitere Skalieren darstellt. In einer familiären Phase kann Wachstum schnell bedrohlich werden.

13 Küchler/Klein. www.org-entwicklung.integral-change.com (Abruf 2.7.2012).

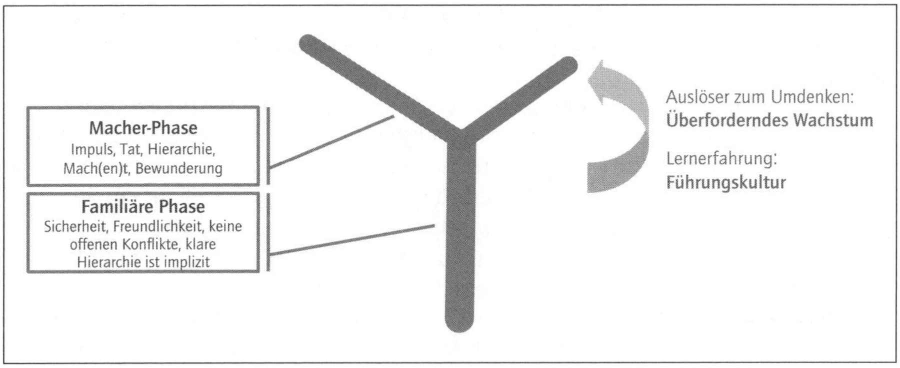

Abb. 7: Paradigmensprung von der familiären Phase zur Macher-Phase[14]

! Merke:
In der familiären Phase und Macher-Phase liegen sowohl Kompetenz als auch Verantwortung bei der Führungskraft.

1.5.2 Organisation: Von der Macher- zur Strukturphase

Sobald Sie eine klare Führungshierarchie eingerichtet haben, kann eine funktionale Organisationsstruktur wachsen. Funktionale Strukturen sind die logische Antwort auf die wachstumsbedingte, exponentiell steigende Komplexität. Diese Erfahrung machte auch Shannan Marty von The Tracer Research Group. Ihr Unternehmen generiert einen Jahresumsatz von ca. $ 15 Millionen. »Wenn man einen Umsatz von $ 8 Millionen erreicht hat und 50 Mitarbeiter beschäftigt, wird es schwer, alles im Kopf zu behalten«, sagt Marty heute. »Wir wussten, dass wir die Dinge besser unter Kontrolle bringen mussten. Deswegen haben wir angefangen, neue Stellen zu schaffen und Mitarbeiter einzustellen, die unsere Anforderungen erfüllen konnten.«

Für das Managementteam wurden Führungskräfte von deutlich größeren Unternehmen und Konzernen aus der Ölindustrie abgeworben. »Das waren alles extrem talentierte Menschen«, berichtet Marty. »Ohne sie wäre das Unternehmen heute nicht da, wo es ist.« Diese neuen Mitarbeiter brachten ihre weit reichenden Erfahrungen mit anderen Organisationen in Martys Unternehmen ein – Dinge, von denen jene Mitarbeiter, die dem Unternehmen von Anfang an angehörten, keine Ahnung hatten: Anreiz- und Vergütungssysteme, Leistungsbewertungen, Informationssysteme sowie strategische Planungs- und Kontrollprozesse. Allerdings erwies es sich bisweilen als schwierig, die neuen Mitarbeiter im Unternehmen zu integrieren: »Im Nachhinein habe ich wahrscheinlich zu viele neue Mitarbeiter eingestellt. Verschiedene Kulturen prallten aufeinander. Die neuen Mitarbeiter brachten nämlich nicht nur ihre Kompetenzen und Erfahrungen mit, sondern auch

14 Küchler/Klein. www.org-entwicklung.integral-change.com (Abruf 2.7.2012).

hierarchische Kommunikationsstrukturen, wie sie in großen Unternehmen weit verbreitet sind. Das hat uns gelähmt. Unsere bisherigen Mitarbeiter waren damit nicht glücklich.«

»Ich habe viele Entscheidungen dem Team überlassen und die meisten ihrer Vorschläge akzeptiert, auch wenn mein Bauchgefühl bisweilen rebellierte. Ich vertraute den Neuen und ihrer vermeintlich großen Erfahrung. Im Nachhinein betrachtet waren sie jedoch keineswegs erfahrener als ich – in Bezug auf ein Start-up-Unternehmen.« Schnell trennte sich Marty von den meisten der neu eingestellten Mitarbeiter wieder und ersetzte sie mit »Eigengewächsen« aus der zweiten Reihe – von denen manche die »neue« Stelle bereits zuvor inne gehabt hatten.

Trotz der unglücklichen Erfahrung ist sich Marty sicher: »Um weiter wachsen zu können, werden wir die Expertise und Erfahrung externer Manager in nicht allzu ferner Zukunft wieder brauchen.« Doch sie wird dann verstärkt die oberen Führungsebenen aus den eigenen Reihen aufbauen und bei externen Einstellungen darauf achten, dass die neuen Mitarbeiter aus mittelgroßen Unternehmen mit 500–1000 Mitarbeitern stammen und nicht wie beim ersten Versuch aus Großunternehmen mit mehreren tausend Mitarbeitern.

Shannon Martys Beispiel veranschaulicht sehr gut den Paradigmensprung von der Macher-Phase zur Strukturphase. Vielen Unternehmern ist dieser Übergang ein Gräuel, da wir der Strukturphase zu Genüge in einer absoluten Übertreibung kennen gelernt haben. Für viele von uns ist diese Phase das Sinnbild für Bürokratie, Ineffizienz, unbändige Regelwut, Trägheit, Verstaubtheit und Denkfaulheit – alles Dinge, die ein dynamischer Unternehmer eigentlich hassen muss wie die Pest. Die meisten Unternehmer streben an diesem Punkt so schnell wie möglich der Leistungsphase entgegen, der ihnen als dynamisch und innovativ erscheint – oder aber sie ziehen es vor, in der »hemdsärmligen« Macher-Phase zu verbleiben. Die Macher-Phase ist gekennzeichnet von einer sehr hohen Agilität, Tatkraft, Dynamik und sehr effizienter und informeller Kommunikation – alles Faktoren, die das Wachstum stark vorantreiben. Doch gerade die effiziente und informelle Kommunikation wird bei fortschreitendem Wachstum zum Engpass. Die informelle Kommunikation und Abstimmung funktioniert sehr gut, solange nicht mehr als ein halbes Dutzend eigenverantwortliche Macher eigene Teams führen und die Abstimmung auf dem Flur, zwischen Tür und Angel oder an der Espresso-Maschine erfolgt – und zwar meist auf den letzten Drücker. Doch stellen solch informelle Kommunikationsstrukturen keine solide Basis für weiteres Wachstum dar.

Spätestens wenn die Projekte umfangreicher und komplexer werden und weitere Mitarbeiter eingestellt werden, weiß – salopp formuliert – die rechte Hand nicht mehr, was die linke tut. Viele Start-ups und dynamisch wachsende Unternehmen scheitern an dieser Schwelle. Das interne Chaos wird unbeherrschbar. Das einzige, was an dieser Stelle Abhilfe schafft, sind klare Strukturen: ein Verantwortlicher für die Buchhaltung, einer für den Einkauf, einer für das Hosting, etc. Während Unternehmen in der Macher-Phase noch mit reinen Stellenbeschreibungen auskommen, ist nun der Moment gekommen, an dem das Unternehmen sich eine funktionale Organisationsstruktur gibt und eine klare Aufbau- und Ablauforganisation definiert. Der Wachstumsschritt in und durch die Strukturphase hindurch ist essenziell

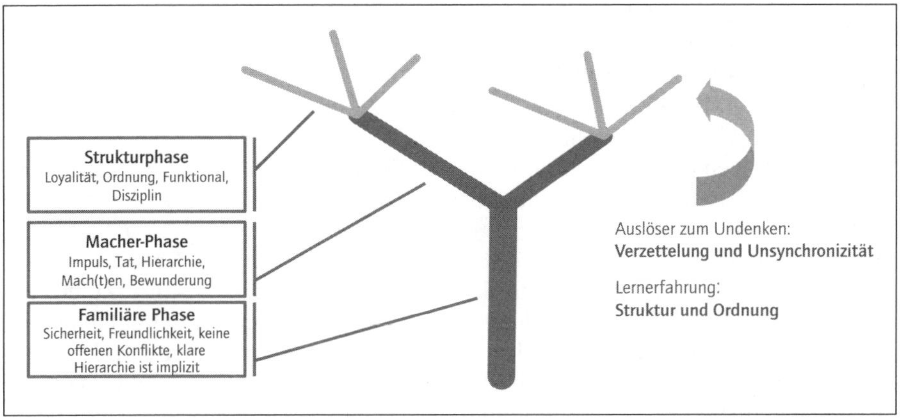

Abb. 8: Paradigmensprung von der Macher- zur Strukturphase[15]

wichtig. Durch die transparenten Verantwortlichkeiten, Prozesse und Strukturen, die in dieser Phase neu geschaffen und verankert werden, entsteht erst die Ausgangsbasis für weiteres Wachstum.

Shannan Martys Ausführungen veranschaulichen deutlich, dass neu eingestellte Mitarbeiter zur aktuell im Unternehmen gelebten Phase passen müssen. Marty hat aus der Perspektive des integralen Wachstumsmodells zeitweise den Fehler begangen, zu viele Mitarbeiter einzustellen, die durch die Spezialisten- oder Leistungsphase geprägt waren. Zwar brachten diese viel Expertise mit, doch waren sie in der aktuell dominanten Phase der Firma nicht anschlussfähig. In der Konsequenz mussten die neuen Mitarbeiter die Firma wieder verlassen.

Deshalb: Lassen Sie sich bei der Mitarbeitereinstellung nicht zu sehr von Kompetenzen und Erfahrung blenden. Viel entscheidender ist, ob ein potenzieller neuer Mitarbeiter zur aktuellen Phase Ihres Unternehmens passt. Nur wenn dies zutrifft, wird der Neue einen echten Mehrwert bringen können.

! Merke:
In der Strukturphase bleibt die Verantwortung bei der Führungskraft, die Ausführungskompetenz wandert an die Mitarbeiter, bzw. die Mitarbeiter werden an die Kompetenz herangeführt.

1.5.3 Zahlen, Daten, Fakten: Von der Struktur- zur Spezialistenphase

Die Verankerung einer klaren Aufbauorganisation und klarer Prozesse führt ganz allgemein zu größerer Vorhersehbarkeit. Die Organisation wird berechenbarer. Wenn es ein Unternehmen in dieser Entwicklungsphase nicht schafft zu wissen, wo es heute steht, und nicht vorhersagen kann, wo es in der nächsten Woche, im

15 Küchler/Klein. www.org-entwicklung.integral-change.com (Abruf 2.7.2012).

nächsten Monat, Quartal oder Jahr stehen wird, wird es auch nicht in der Lage sein, Wachstum zu erzielen. Vielleicht ist es nicht einmal überlebensfähig.

Joe McKinney erbte ein kleines Familienunternehmen, einen Großhandel für Holz und Baustoffe. Er schaffte es, den Unternehmenswert auf $ 50 Millionen zu steigern. Die Wurzel seines Erfolgs ist vermutlich in seiner fast sklavischen Hingabe zum Messen und Erfassen von Daten zu finden. McKinney brachte zudem seinen Mitarbeitern in der Mittagspause betriebswirtschaftliches Denken nahe: Während der »Business-Mittagspause« sprach er über Themen wie »Bruttomarge« oder »Wareneinsatz«. Anschließend führte er sie in die wichtigsten Kennzahlen ein, damit jeder die Produktivität der Fabrik selbstständig beurteilen konnte. Zuletzt beleuchtete er die aktuell »entscheidende Kennzahl«. Das Konzept der einen aktuell entscheidenden Kennzahl übernahm er aus einer anderen Branche und modifizierte es so, dass es zu McKinney passte. Die entscheidende Kennzahl betrachtete er täglich gemeinsam mit der gesamten Belegschaft. »Dadurch kann jeder im Unternehmen sehen und verfolgen, wie es aktuell läuft, auch wenn die Antwort nicht immer gut ist«, meint McKinney.

Das Messen der aktuell entscheidenden Kennzahl erfordert hochaktuelle Informationen. Gerade deshalb wurde dieses Konzept auch für Mostly Muffins so attraktiv. Mostly Muffins ist eine mittelständische Bäckerei mit 4 Filialen und einem Internetversandhandel für regionale Backwaren. »Vor zwei Jahren, als wir unsere Prozesse noch nicht täglich überprüften, erhielten wir monatliche Abrechnungen von einem Steuerberater. Damals dauerte es bis zur dritten Februarwoche, bevor wir die Januarzahlen kannten. Wenn heute in der Produktion oder im Marketing etwas schief läuft, wissen wir es am nächsten Tag – und wir arbeiten unverzüglich mit dem entsprechenden Team zusammen, um die notwendigen Gegenmaßnahmen einzuleiten.«

Allerdings: Je größer der Umsatz wird, umso schwieriger wird auch die punktgenaue Planung, die Berechenbarkeit. »Für einen einzigen Kuchen hat es einfach gereicht, einen normalen Messbecher zu benutzen«, veranschaulicht uns McKinney dieses Problem. »Aber für größere Mengen brauchten wir nicht nur einen größeren, sondern zugleich auch einen genaueren Messbecher. Eine Fehlerquote von 2% auf 10 ist in absoluten Zahlen ausgedrückt so gut wie nichts. Eine Fehlerquote von 2% auf 1000 hingegen bedeutet einen absoluten Fehler von 20. Also mussten wir im Zuge des Unternehmenswachstums die Toleranzgrenzen deutlich senken.«

Die obigen Beispiele beschreiben den Paradigmensprung von der Struktur- zur Spezialistenphase. Steigt die Komplexität im Unternehmen, dann müssen auch die eingesetzten »Struktur-Werkzeuge« tiefer graben. Vielleicht bewegte sich Ihr Unternehmen auf seinem bisherigen Wachstumspfad in einem Markt mit einer überschaubaren Anzahl an Mitbewerbern. Nun, da das Unternehmen größer wird, steigt der Wettbewerb und die Margen werden kleiner. Um in Zukunft rentabel zu bleiben,

- muss Ihr Unternehmen sich selber und den Markt besser verstehen. Um sich langfristig gut aufzustellen, muss das Unternehmen genauer als bisher wissen, wo welche Deckungsbeiträge erwirtschaftet werden. Daten treiben Vorhersagen an. Sie sollten wirkungsvolle, »intelligente« Steuerungs-, Informations- und

Controlling-Werkzeuge implementieren, um zeitnah genau zu wissen, wo Ihr Unternehmen wirtschaftlich steht.
- Gleichzeitig sollte Ihr Unternehmen nicht müde werden, sein Fachwissen und seine Fachkompetenz weiter auszubauen. Suchen Sie neue Nischen mit neuen Differenzierungsfaktoren. Forschung und Entwicklung gewinnt an Bedeutung. Die Lösung komplexer Kundenprobleme sollte im Fokus stehen – und nicht mehr, wie es vielleicht in der vorherigen Phase noch sinnvoll war bloß die Befriedigung einfacher Kundenbedürfnisse.

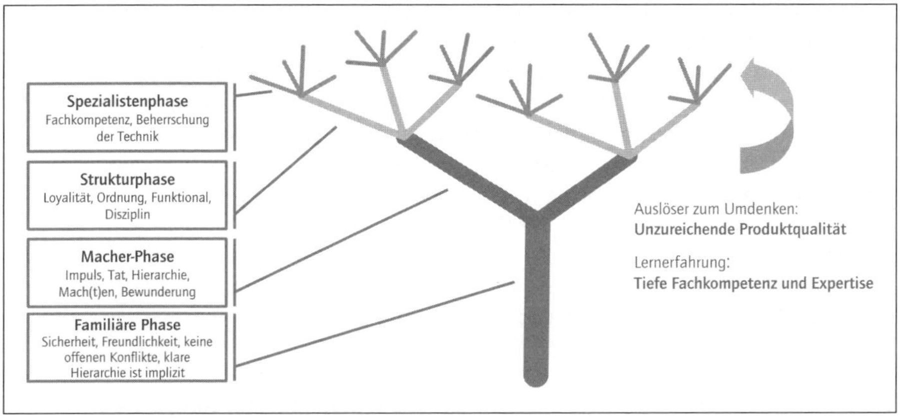

Abb. 9: Paradigmensprung von der Struktur- zur Spezialistenphase[16]

Hinter Joe McKinneys Beispiel steckt ein weiterer wichtiger Aspekt: der konkrete Aufbau von fachlicher Kompetenz bei den Mitarbeitern. Mitarbeiter mit hohen Fachkompetenzen bilden nämlich die Grundlage, um die nächste Phase, der Leistungsphase, zu erreichen. Spätestens da wird es essenziell, dass Unternehmer und Mitarbeiter Sachverhalte aus Kundensicht erfassen und verstehen können. Allerdings sind die Prinzipien aus der Strukturphase – z. B. Regelbewusstsein und Eingliederung in die Organisation und ihre Regeln – ungeeignet, um diesen Schritt zu vollziehen. Der bewusste Aufbau von Fach-Know-how verleiht dem Einzelnen die Selbstsicherheit, der regelbewussten Kultur der Struktur-Phase – es gibt immer jemanden, der einem sagt, was zu tun ist – zu entwachsen.

Wenn diese Selbstsicherheit genügend tief verankert ist, wird der Einzelne uneingeschränkt wissen, dass ihm seine Fachkompetenzen auch dann zur Verfügung stehen, wenn sie von anderen in Frage gestellt werden. Jetzt hat ein Mitarbeiter das nötige Selbstbewusstsein, um sich selbst souverän aus der Außenperspektive und somit auch aus Kundensicht betrachten zu können.

Ist diese Selbstsicherheit noch nicht tief genug verwurzelt, wird der Einzelne dazu neigen, sich mit seiner Kompetenz zu identifizieren. Sie ist in gewissem Sinne das Einzige, was er hat. Sobald dann seine Kompetenz hinterfragt wird (»Warum

16 Küchler/Klein. www.org-entwicklung.integral-change.com (Abruf 2.7.2012).

brauchen wir denn eine Waschmaschine, die nur mit 2300 U/min schleudern kann?«), kann es passieren, dass er dies als Angriff auf seine Persönlichkeit auffasst. Er wird »mauern« (»Seht Ihr denn nicht, wie genial meine Konstruktion ist?«). Die Diskussion läuft an dieser Stelle Gefahr zu eskalieren, die Beteiligten versuchen vermutlich sich gegenseitig davon zu überzeugen, wer Recht hat.

Nebst Aus- und Weiterbildung und Trainings zur Persönlichkeitsentwicklung können auch bestimmte Sprachmuster und Redewendungen (»Ja, ich verstehe Ihre Sicht und meine ist so ...«) dabei helfen, die Mitarbeiter allmählich dahin zu führen, dass dieselbe Sache stets aus mehreren unterschiedlichen Perspektiven gesehen werden kann, von denen keine per se richtig oder falsch ist. Das Verständnis für eine grundsätzliche Perspektivenvielfalt ist eine gute Basis dafür, dass alle möglichst schnell eine echte Kundenperspektive einnehmen können.

Die Spezialistenphase treibt uns dazu, die fachliche Kompetenz soweit zu vertiefen, dass in der nächsten Phase die Kompetenzen vorhanden sind, aus der Vielzahl der Möglichkeiten diejenigen auszuwählen, die uns am effizientesten zu einem klar definierten Ziel bringen.

! Merke:
In der Spezialistenphase bleibt die Verantwortung bei der Führungskraft, die Kompetenz in der Hand der Mitarbeiter gewinnt an Bedeutung.

1.5.4 Die Top-5-Prioritäten: Von der Spezialisten- zur Leistungshase

Je stärker das Unternehmen wächst, desto fokussierter muss es arbeiten. Diese Herausforderung gewinnt ein besonderes Gewicht, sobald man als Unternehmer oder CEO nicht mehr jeden Tag persönlich mit jedem Mitarbeiter sprechen kann. Dieser Punkt ist in der Regel bei einer Mitarbeiterzahl von 30 erreicht. Wie schafft man es unter diesen Umständen, alle Mitarbeiter auf einer Spur und einer Wellenlänge zu halten? Viele Gazellen halten es für hilfreich, in jedem Quartal einige wenige, klar formulierte Prioritäten zu setzen – nicht mehr als 5 – und dann zusätzlich eine absolute Top-1-Priorität zu definieren.

Wir starten wieder mit einem konkreten Beispiel: John Carney ist Gründer und CEO von Carney Interactive (Virginia), einer Firma, die mit Prozessoptimierung für Behörden innerhalb eines Jahres von $ 1.9 Millionen auf einen Umsatz von $ 4.3 Millionen gewachsen ist. Carney gewöhnte sich an, jedem Mitarbeiter einen Zettel mit den Top-5-Prioritäten für das aktuelle Quartal sowie den acht Prinzipien und Einstellungen (Core Values) »direkt vor die Nase zu hängen«.

Auf diesem Zettel war auch Platz für die persönlichen Prioritäten des Mitarbeiters. Carney wollte dadurch jedem Mitarbeiter die Möglichkeit geben, seine persönlichen (auf sein eigenes Leben bezogenen) Prioritäten mit den Unternehmensprioritäten in Einklang zu bringen. Freilich sollten diese Zettel die Mitarbeiter auch und vor allem an die wichtigsten unternehmensbezogenen Dinge des laufenden Quartals erinnern wie z. B. die absolute Top-1-Priorität. Diese konnte etwa lauten,

- bei allen Projekten innerhalb der Budgets zu bleiben,

- sich in Bezug auf die Core Values auf schnellen Wechsel einzustellen oder
- mit den Ressourcen des Unternehmens weise umzugehen.

Darüber hinaus dienten diese Zettel auch als effektive Leistungsbeurteilung. Und nicht zuletzt machten diese Merkzettel großen Eindruck auf Besucher: »Wann auch immer ich mit Besuchern durch das Büro gehe und sie einen unserer Merkzettel sehen, sagen sie ›wow‹«, erzählt Carney. »Die Zettel zeigen Kunden, Bankern aber auch neuen Mitarbeitern auf sehr einfache Art und Weise, dass wir einen etwas anderen Ansatz praktizieren. Es gibt ihnen eine zusätzliche Sicherheit dahingehend, dass wir fokussiert bleiben und die richtigen Entscheidungen treffen werden.«

Carneys Unternehmen treibt die Top-5-Prioritäten jedes Quartals auch mit einem Motto voran. Für die Einführung des ersten Mottos wählte er ein Motiv aus der Raumfahrt. Im Challenger Space Center für Weltraumforschung trat er mit folgenden Worten vor seine Mitarbeiter: »Für dieses Quartal haben wir das Motto: ›Überwinden der Schwerkraft‹. Wir werden unsere Strukturen, Prozesse und Methoden noch stärker als sonst überprüfen, unserem schnellen Wachstum anpassen und uns gleichzeitig von Altlasten befreien. Jedes Mal, wenn einer unserer 40 Mitarbeiter ein Verkaufsziel erreicht, gibt es eine Feier.«

Viele Unternehmen fokussieren ihre Mottos auf ihre Verkaufsziele. Es ist aber genauso wichtig, auch andere Bereiche des Unternehmens zu berücksichtigen. »Wir versuchen immer, im letzten Quartal eines Jahres ein Motto zu wählen, das nichts mit Verkaufszahlen zu tun hat«, erzählt Doug Harrison von The Scooter Store. Er fing damit an, als er bemerkte, dass an gewissen Stellen im Unternehmen die Dinge nicht mehr so funktionierten, wie sie sollten – obwohl die Verkaufszahlen perfekt waren. Daraufhin implementierte Harrison ein Qualitätsmanagementsystem, mit dessen Hilfe sich Fehler besser entdecken, deren Ursachen analysieren und konkrete Maßnahmen zur künftigen Fehlervermeidung ableiten ließen.

Im darauf folgenden Jahr führte Harrison ein »Kunden-Wow-System« ein. Jeder Kundenkontakt sollte ein »Wow!« hervorrufen. Harrison erzielte sein erstes »Wow!«, als er einen Elefanten zu einem Kundengespräch mitbrachte. Harrison definierte noch ein weiteres Ziel: Er wollte die Zeit, die es brauchte, um die Räder eines Autos zu reparieren, deutlich verkürzen. »Der Branchendurchschnitt lag bei 7 Tagen. Wir schafften es in einem Tag.«

Solche Mottos mögen banal klingen – nichtsdestotrotz stellen sie ein sehr wirkungsvolles Instrument dar. Mottos vermögen es, die Mitarbeiter auf eine besondere Art und Weise für ein Ziel zu begeistern und zu einem tieferen Verständnis der Unternehmensaktivitäten zu führen. »Es ist erstaunlich, was wir alles erreichen können, seitdem wir unsere Mitarbeiter auf *eine einzige* Priorität fokussieren – statt wie früher auf 27«, sagt Molly Bolanos von Mostly Muffins.

Prioritäten zu definieren ist eine der wichtigsten Herausforderungen der Leistungsphase. Prioritäten können allerdings nur dann sinnvoll definiert werden, wenn wir ein klares und konkretes Ziel vor Augen haben. Ein klares Ziel impliziert in dieser Phase, dass wir uns bewusst *für* etwas und bewusst *gegen* etwas anders entschieden haben (z. B. »Wir führen Produkt A fort und bringen Produkt B nicht auf den Markt«). Anschließend setzt ein bewusster Prozess der Konzentration und Fokussierung ein. Meist ist dies der Moment, in dem alle Prozesse im Unternehmen aus der Kundenperspektive neu ausgerichtet werden. Ziel sollte sein, Kundenbedürfnisse und Unternehmensbedürfnisse möglichst miteinander in Einklang zu bringen. Kernprozesse werden »end-to-end«, Unterstützungsprozesse so schlank (»lean«) wie möglich modelliert. Ein hohes Maß an Kompetenz und Verantwortung wird an die Mitarbeiter übertragen, die souverän mit Zielvorgaben und Deadlines umgehen können sollten. Die Mitarbeiter betrachten Kennzahlen als ein hilfreiches Instrument, um sich selbst zu führen. KPIs (Key Performance Indicators) steigern ihre Leistungsbereitschaft.

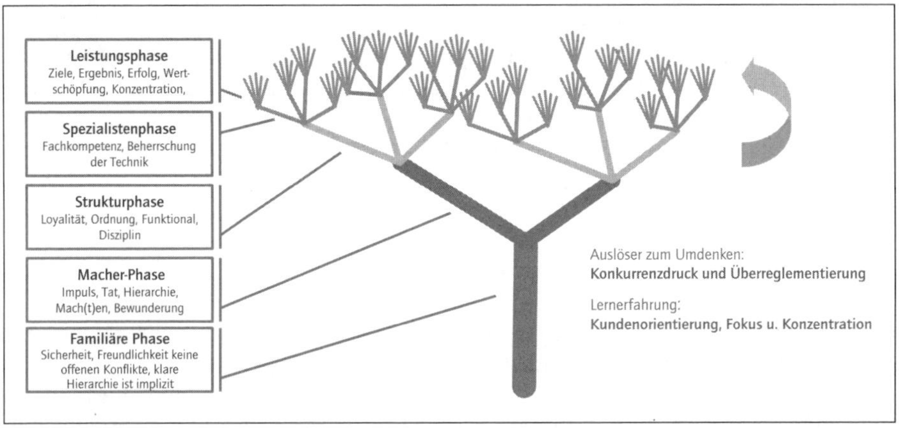

Abb. 10: Paradigmensprung von der Spezialisten- zur Leistungsphase[17]

! Merke:
In der Leistungsphase erhält der Mitarbeiter zunehmend mehr Verantwortung. Die Ausführungskompetenz liegt vollumfänglich bei ihm. Die Führungskraft erhält mehr Raum für strategische Überlegungen und Aktivitäten.

1.5.5 Von der Leistungs- zur Gemeinschaftsphase

Quartalsmottos und Top-5-Prioritäten bewirken eine Fokussierung und Begeisterung bei den Mitarbeitern. Aber erst der tägliche und wöchentliche Meeting-Rhythmus stellt die Umsetzung sicher und sorgt dafür, dass die Quartalsziele auch tatsächlich erreicht werden. Ein konsequenter Meeting-Rhythmus sorgt dafür, dass alle Mitarbeiter stets über die relevanten Dinge informiert sind, dass sie verantwortlich handeln und in die gleiche Richtung marschieren. Eine der erfolgreichsten Methoden für eine angehende Gazelle besteht darin, täglich die »Köpfe zusammen zu stecken«. Die täglichen Meetings sollten nicht länger als 10–15 Minuten dauern. Das Team wird in einem Raum oder einer Telefonkonferenz zusammen gerufen, um Fortschritte zu besprechen und mögliche Hindernisse zu identifizieren. Als Ro-

17 Küchler/Klein. www.org-entwicklung.integral-change.com (Abruf 2.7.2012).

ckefeller Standard Oil aufbaute, praktizierte er derartige Meetings 19 Jahre lang – täglich, wohlgemerkt. Er war außerdem ein großer Fan von Prioritätenlisten. Diese drei oben in der Einführung erläuterten »Rockefeller-Prinzipien« – 1.) Prioritäten setzen, 2.) Zahlen, Daten, Fakten und 3.) Meeting-Rhythmus – waren sein Schlüssel zur erfolgreichen Überwindung der obligaten Wachstumsbarrieren.

»In nur 45 Minuten, jeden Tag von 9 Uhr bis 9:45 Uhr, richten wir das Unternehmen aus«, berichtet Molly Balanos von Mostly Muffins. »Zuerst ist nur das Managementteam dabei, anschließend schalten sich auch die verschiedenen Abteilungen dazu. Wir halten uns stets an unsere Top-5-Prioritäten und an die absolute Top-1-Priorität, identifizieren Blockaden, betrachten die entscheidende Kennzahl – und dann Tschüss.« Diese täglichen Meetings dienen in erster Linie dazu, die Mitarbeiter zu informieren, aber auch, um gewisse kritische Punkte anzusprechen, die sonst die Agenda des wöchentlichen Meetings füllen würden, in dem es eigentlich um ein anderes Thema gehen sollte.

Dieser Rhythmus von täglichen und wöchentlichen Meetings repräsentiert den eigentlichen Herzschlag eines wachsenden Unternehmens. Um diese Meetings so gut wie möglich zu nutzen, stellen manche Unternehmen sogar eine spezielle Meeting-Ecke zur Verfügung. Dort werden die Wände mit den Top-Prioritäten, den Core Values und den Marktdaten beklebt. »Wir sprechen von unserem ›Lagezentrum‹, weil wir dort von jenen Dingen umgeben sind, die uns das große Bild vermitteln«, sagt Doug Harrison von Scooter Store. »Bereits die Tatsache, dass wir uns dort treffen, hält uns auf Kurs und fokussiert.« Vielleicht klingt es ein wenig paradox, sich Zeit für diese täglichen und wöchentlichen Meetings zu nehmen, aber Gazellen, die den Meeting-Rhythmus in dieser Form praktizieren, sind von den Ergebnissen begeistert.« »Ich habe schon seit Jahren von diesen sogenannten ›Steh-Meetings‹ gehört und sie sogar ab und zu ausprobiert«, erzählt Alan Rudy von Express-Med. »Daraus wird am Ende aber ein Test der Standhaftigkeit, wenn man 30 Minuten oder länger steht. Wir haben oft nur deshalb aufgehört, weil wir einfach nur müde waren und nicht, weil wir schon fertig waren. Heute dauern die täglichen Meetings bei Express-Med gerade einmal noch 10 Minuten und durchlaufen eine strenge Routine: Check-in, was gibt's Neues, entscheidende Kennzahl, wer steckt wo fest. Fertig. Keine Diskussionen, keine Lösungen, einfach nur ›wer steht wo.‹«

»Es bewahrheitet sich immer wieder: Routine befreit. Ich mag eigentlich keine Strukturen. Trotzdem brauchen wir Routine und Strukturen, wenn ich all das erreichen will, was ich vorhabe«, sagt Rudy. »Und durch unsere täglichen Meetings schlagen unsere 200–300 Herzen im Gleichschritt. Das nenn' ich mal eine Menge synchroner Herzschläge für eine gemeinsame Richtung.«

Die geschilderten Beispiele zeigen in gewisser Weise wichtige Aspekte der Gemeinschaftsphase. Gleichwohl sind noch wichtige Elemente der Leistungsphase vorhanden. Das mag aber auch daran liegen, dass es in den Beispielen vor allem um die Kommunikation von und die Ausrichtung an Zielen – und nicht um gemeinsame Entscheidungen geht. Sobald Kommunikation und Zusammenarbeit voll der Gemeinschaftsphase entspringen, werden Kompetenzen und Verantwortung in großem Maße an die Gruppe delegiert und Entscheidungsbefugnisse an die Teams übertragen.

DM Drogeriemarkt ist ein sehr interessantes deutsches Unternehmen, welches bereits sehr viele Aspekte der Gemeinschaftsphase lebt. So haben die einzelnen Mitarbeiter nicht nur weitreichende Kompetenzen was die Sortimentsgestaltung der einzelnen Filialen an geht, es werden auch regelmäßig Theaterworkshops für die Mitarbeiter angeboten. Durch diese können die Mitarbeiter nicht nur fachlich sondern vorallem auch persönlich wachsen und neue Erfahrungen mit sich und ihrer eigenen Eigenständigkeit machen. DM, ein Unternehmen, welches viele Prinzipien aus der Anthroposophie integriert hat, beobachtet, dass Mitarbeiter/Verkäufer dienlicher für das Unternehmen sind, wenn diese auch aktiv in ihrer eigenen und persönlichen Entfaltung unterstützt werden.

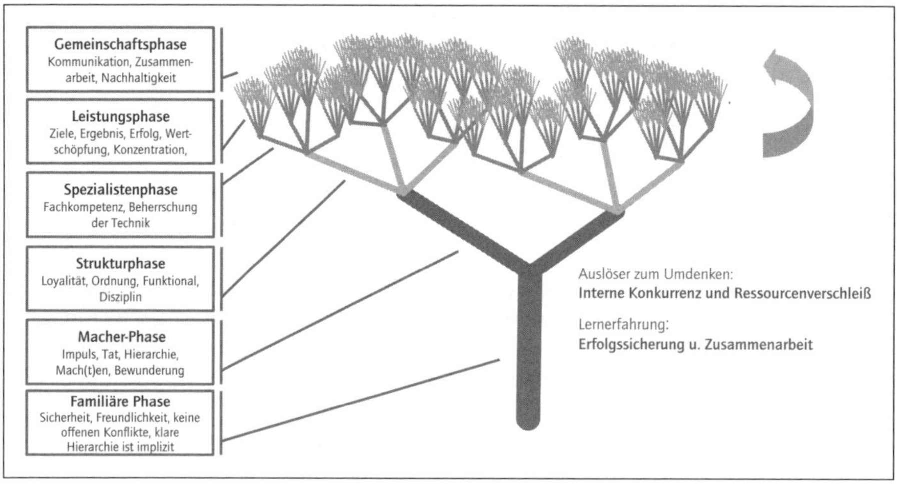

Abb. 11: Paradigmensprung von der Leistungs- zur Gemeinschaftsphase[18]

! Merke:
In der Gemeinschaftsphase wird zunehmend Verantwortung und Kompetenz an die Mitarbeiter übertragen. Die Führungskraft tritt weiter in den Hintergrund und kümmert sich um optimale Rahmenbedingungen, damit das Team bestmöglich und effizient arbeiten kann.

1.5.6 Von der Gemeinschafts- zur Netzwerk-Phase

Wie bereits zuvor kurz angesprochen zeichnet sich die Netzwerk-Phase dadurch aus, dass alle Mitarbeiter in aller Tiefe erkennen, dass keine Phase besser ist als die andere und dass lediglich die Situation entscheidet, aus welcher Haltung heraus jeweils operiert werden muss. Dies setzt auch voraus, dass der Einzelne keine Berührungsängste mehr hat mit keiner der vorhergegangenen Phasen – und dass er zu-

18 Küchler/Klein. www.org-entwicklung.integral-change.com (Abruf 2.7.2012).

sätzlich etwas überwunden hat, was wir oft in der Praxis beobachten, nämlich eine nachfolgende Phase als »besser«, »reifer« oder »höherwertiger« anzusehen, als die vorhergegangene, die man gerade überwunden hat. Das mag menschlich erscheinen und gerade die Auflösung dieser Wertung zeichnet die Netzwerk-Phase aus.

Allerdings müssen wir an dieser Stelle auch betonen, dass es in dem aktuellen wirtschaftlichen Umfeld wenige Unternehmen/Märkte/Rahmenbedingungen gibt, die sich in Richtung Netzwerk-Phase bewegen – und gerade im For-Profit-Bereich sind es bei weitem weniger als im Non-Profit-Bereich. Wir wollen hier nicht sagen, dass es sie nicht gäbe, sondern nur, dass wir sie noch nicht identifiziert haben.

! Merke:
Aus unserer Sicht befinden sich gerade im deutschsprachigen Raum viele Unternehmen in einer starken Ausprägung der Spezialisten- und Leistungsphase mit einem starken Hang zur Gemeinschaftsphase. Wir meinen, wir »hängen« damit in einem ungünstigen Spagat aus einer latenten Ablehnung der Macher- und Leistungsphase und Glorifizierung der Gemeinschaftsphase. Deshalb wollen wir in diesem Buch auch vornehmlich auf die gesunde und starke Etablierung der der ersten 5 Phasen fokussieren, um somit eine stabile Grundlage zu bieten, wenn sich später dann die Rahmenbedingungen hin zu den Gemeinschafts- und Netzwerk-Phasen öffnen.

1.6 Unternehmensentwicklung aktiv begleiten

Die größte Herausforderung für Führungskräfte in Wachstumsunternehmen stellt sich beim Übergang von einer Phase zur anderen: An diesem Punkt verändern sich die Lebenswelt und die mentalen Modelle sowohl für das einzelne Individuum als auch für das Unternehmen als Ganzes. Die Art und Weise zu denken, zu handeln und zu sprechen, verändert sich grundlegend.

Phase	Fokus	Kompetenzen und Verantwortung	Struktur[19]	Core Values[20]
Familiäre Phase	Sicherheit und Vertrauen	Hierarchie ist implizit Kompetenz und Verantwortung beim Chef, Mitarbeiter folgt	Einfache Hierarchie, ein Patriarch, viele Mitglieder mit fester Rangfolge, keine fest definierten Zuständigkeiten, hohe Präsenz des Inhabers, ausgeprägte Identifikation mit dem Unternehmen.	Freundlichkeit und Einklang, Sicherung der Existenz, Tradition, Zugehörigkeit, Harmonie, keine offenen Konflikte.

19 Küchler/Klein. www.fuehrung.integral-change.com (Abruf 2.7.2012).
20 Küchler/Klein. www.fuehrung.integral-change.com (Abruf 2.7.2012).

Phase	Fokus	Kompetenzen und Verantwortung	Struktur	Core Values
Macherphase	Tatkraft, Machen	Hierarchie ist explizit, Kompetenz und Verantwortung beim Chef, Mitarbeiter folgt	Strenge Hierarchie, keine funktionale Gliederung, klassische Führungsspanne von 6–15 Mitarbeitern pro Vorgesetzten, viel Improvisation, Entscheidungen nur vom Chef.	Impulskraft, Tat, Unabhängigkeit, Gewinnen um jeden Preis, Macht hat wer macht, Bewunderung u. Respekt, der eigene Vorteil zählt.
Strukturphase	Schaffen von Struktur und Ordnung	Verantwortung beim Chef, Kompetenz wird auf Mitarbeiter übertragen	Funktional, streng hierarchisch, klare Ordnung, starre Aufbau- und Ablauforganisation, produktorientiert.	Loyalität, Ordnung, Sicherheit u. Klarheit, Gerechtigkeit, Disziplin, Ehre, Titel, Status.
Spezialistenphase	Fachkompetenz und Spezial-Know-how	Verantwortung beim Chef, Kompetenz wird stark auf Mitarbeiter übertragen	Spezialisten mit klar abgegrenzten Aufgabengebieten, Kostenstellenrechnung, Verfahrenssicherheit.	Fachkompetenz und Faszination für Technik, Beherrschung von Technik steht im Vordergrund.
Leistungsphase	Erfolg, Wertschöpfung, Wachstum, Zielorientierung	Chef gibt Richtung vor, Kompetenz und Verantwortung beim Mitarbeiter	Prozessorientiert, teilweise mit mehrfachen Berichtswegen, Vernetzung zwischen den Bereichen, Kostenträgerrechnung, Management by Objectives, Lean Management, kundenorientiert.	Erfolg, Wertschöpfung, Zielorientierung, Konzentration, Wachstum.
Gemeinschaftsphase	Nachhaltigkeit, Gemeinschaft	Chef gibt Richtung vor, Kompetenz und Verantwortung beim Team	Matrix-Organisation, multifunktionale Projektteams, hohe Bedeutung der Kommunikation, Diversity, Gleichberechtigung, Empathie als Teil der Kommunikation.	Gemeinschaft, Flexibilität, langfristige Erfolgssicherung, persönlich u. menschlich wachsen.
Netzwerkphase	Lernende Organisation, Situatives Handeln	Multifunktionale Projektteams, Situation entscheidet über Kompetenz und Verantwortung	Netzwerk, situatives Einsetzen aller Strukturen der vorhergehenden Ebenen, Kybernetik, Management von Komplexitäten, zirkuläre Systeme, flexible Organisation, aufgabenbezogene Hierarchien.	Innovation, Wachstum, Integration, Flexibilität, Offenheit, Eigenverantwortung, Wissen, Kompetenz.

Abb. 12: Phasen der Unternehmensentwicklung

Management- und Führungstools, die in einer Phase Erfolge garantierten, funktionieren in einer anderen Phase nicht – bewirken also keine Weiterentwicklung. Oft haben wir dann den Eindruck, unsere Mitarbeiter und/oder Kollegen verstünden und nicht bzw. falsch. Fakt ist jedoch: Sie befinden sich einfach in einer anderen Phase. Die Kunst erfolgreicher Führung ist es nun, diese unterschiedlichen Lebenswelten zu berücksichtigen und so Führungsverhalten, Kommunikation sowie Managementmethoden anschlussfähig zu gestalten.

Um Entwicklungsprozesse erfolgreich zu durchlaufen, muss einer Führungskraft klar sein, in welcher Phase sich seine Organisation aktuell hauptsächlich bewegt, an welcher Schwelle sie steht. Schlüsselfragen sind:

- Sind die Voraussetzungen für den nächsten Schritt erfüllt?
- Müssen wir noch etwas tun, um für den Schritt bestmöglich gewappnet zu sein?
- Was müssen wir konkret tun, um den Schritt möglichst schnell durchführen zu können?
- Worauf müssen wir jetzt den Fokus setzen?

Erst nach einer klaren Standortbestimmung[21] können wir sinnvoll planen, wohin wir gehen, wie wir eine zügige und effektive Entwicklung beginnen und worin der konkrete nächste Entwicklungsschritt besteht.

Lassen Sie uns das wieder an einem Beispiel veranschaulichen: Wenn wir uns auf dem Weg aus der Strukturphase und Spezialistenphase in die Leistungsphase befinden, wäre es kontraproduktiv, mit den Mitarbeitern Team-Workshops zu Themen wie »Corporate Social Responsability«, »Gewaltfreie Kommunikation im Büro«, »Empathie im Team« oder »gemeinschaftliches Führen« zu bestreiten. In der Leistungsphase ist es wichtig, die Mitarbeiter individuell an die Übernahme umfangreicher Kompetenzen und Verantwortung heranzuführen. Erst beim nächsten Entwicklungsschritt – beim Übergang von der Leistungs- zur Gemeinschaftsphase – ist es sinnvoll, gemeinschaftsorientierte Verhaltensweisen wie »gewaltfreie Kommunikation« zu fördern.

Gefährlich ist es auch, eine Phase überspringen zu wollen. So würde ein direkter Sprung aus der Macher- in die Leistungsphase die Mitarbeiter und die Organisation komplett überfordern. Die Macher-Phase zieht seine Agilität und Wirksamkeit daraus, dass Kompetenzen und Verantwortung hauptsächlich beim Chef (dem Macher) liegen und die Mitarbeiter sehr agil reagieren und die Anweisungen des Chefs umsetzen. Wenn nun auf einen Schlag weit reichende Kompetenzen und Verantwortung an die Mitarbeiter übertragen würden, wie es für die Leistungsphase charakteristisch ist, würde dies zu großen Verwerfungen führen. Der Veränderungsprozess zöge sich in die Länge, Berater, Mitarbeiter und Management würden ausgetauscht, das Projekt wäre zum Scheitern verurteilt. Der Schritt über die Strukturphase ist zwingend nötig. Die Mitarbeiter sollen als erstes erweiterte Kompetenzen erhalten, die Verantwortung muss aber zunächst beim Management verbleiben. Dies trifft in der Strukturphase zu. Erst in einem nächsten Entwicklungsschritt soll auch die Verantwortung an die Mitarbeiter übergeben werden.

21 Küchler/Klein. www.org-entwicklung.integral-change.com (Abruf 2.7.2012).

Viele Führungskräfte wissen mittlerweile: »Was uns hierher gebracht hat, wird uns nicht weiter bringen.«[22] Das integrale Wachstumsmodell bietet an diesem Punkt einen wirkungsvollen und eingängigen Rahmen und ermöglicht ein tieferes Verständnis dessen, was Anschlussfähigkeit bedeutet und wie diese im Business-Alltag praktisch genutzt werden kann. Das Wissen um die Phasen hilft uns bei der Auswahl und Gestaltung effektiver und wirkungsvoller Interventionen, es hilft uns Managementtools anzupassen, da die spezifischen Denk- und Verhaltensweisen von Menschen und Organisationen besser berücksichtigt werden können. Beachtet man die natürliche Logik der Entwicklung, werden erfolgreiche Entwicklungsprozesse reproduzierbar – unabhängig von der individuellen Tagesform, der Intuition des Einzelnen oder der autobiografischen Prägung einzelner Personen wie Führungskräfte oder Berater.

1.7 Fazit: Offen für Veränderung bleiben

Ein Unternehmen wachsen zu lassen, ist ein dynamischer Prozess, in dessen Verlauf sich Prioritäten permanent verändern. Gleichzeitig ist mittlerweile so viel Literatur zur Unternehmensentwicklung verfügbar, dass Sie als Unternehmer, Führungskraft oder CEO die meisten Entwicklungen und Veränderungen, die mit dynamischem Wachstum einhergehen, kennen (sollten). Entsprechend vorausschauend können Sie durch turbulente Gewässer navigieren.

Zusätzlich sollte das Führungsteam stets darauf achten, sich sowohl auf persönlicher als auch auf fachlicher Ebene permanent weiterzuentwickeln. Immer größere Systeme und eine immer komplexere Organisation wollen weiterhin professionell gesteuert werden, eine bisweilen Schwindel erregende Marktdynamik muss möglichst zutreffend erfasst werden. Wachstum bedeutet Bewegung, und Bewegung bedeutet Veränderung – seien Sie also immer offen für Veränderung!

Deshalb verbindet das integrale Wachstumsmodell von vornherein *Unternehmensentwicklung* und *Persönlichkeitsentwicklung* zu einem kohärenten Modell. Beide Bereiche folgen derselben Logik und werden mit der gleichen Sprache beschrieben. Die wechselseitige Abhängigkeit zwischen den beiden Bereichen ist einfach erkennbar und nutzbar. Dies ist besonders wichtig, da gerade bei einem Wechsel der Phasen in der Persönlichkeitsentwicklung sich normalerweise das gesamte Weltbild eines Menschen verändert. Es ist ein besonderer Moment im Leben eines Menschen, wenn er sich dieser Phasenübergänge auf einer Metaebene bewusst wird, wie man es beim Übergang zur Netzwerk-Phase erleben darf. Dave Logan, Tribal Leadership,[23] spricht an dieser Stelle gerne von der persönlichen »Epiphanie«, der persönlichen Offenbarung. Es ist, als sähe man die ganze Welt aus einer völlig neuen Perspektive.

Das alles sind Dinge, die man braucht, um ein Unternehmen aufzubauen – ein Unternehmen, das dynamisch wächst, mehr noch: ein Unternehmen, das wirtschaftliche Rentabilität und persönliche Erfüllung im höchsten Maße miteinander verbindet.

---

22 Vgl. Goldsmith, M. (2009). Was Sie hierher gebracht hat, wird Sie nicht weiterbringen. München.
23 Logan , D./Fischer-Wright, H. D. (2011). Tribal Leadership. New York.

2. Das zweite Prinzip: Mit den Richtigen das Richtige richtig tun

Die richtigen Personen, die die richtigen Dinge machen, bringen den entscheidenden Unterschied. Deshalb: Optimieren Sie Ihr Humankapital!

Management Summary

Dieses Kapitel liefert ein übergeordnetes Entscheidungsgerüst, das Ihnen hilft, Ihr Unternehmen voranzubringen. Alle Methoden, Ansätze und Erfahrungen, die wir darstellen, widerspiegeln sich zudem in den neuesten Forschungsergebnissen von Jim Collins[24], Liz Wiseman[25] und anderen Führungs-, Management- und Leadership-Experten. Außerdem erfahren Sie, wie Sie die drei Führungsprinzipien Rockefellers in der Praxis anwenden. Im Grunde geht es dabei um drei entscheidende Fragen, auf die Sie eine klare Antwort finden müssen:

1. Haben wir die richtigen Mitarbeiter?
2. Tun wir die richtigen Dinge?
3. Tun wir diese Dinge richtig?

2.1 Die richtigen Mitarbeiter machen den Unterschied

Vor etwa 10 Jahren sorgte das Fortune-Magazin für eine große Überraschung. Bei der Wahl der »besten Arbeitgeber« der Jahre 2000/2001 setzte es »The Container Store« auf Platz Nr. 1. Bei dem Unternehmen handelt es sich um eine Einzelhandelskette, die Kartons, Boxen, Dosen, Döschen, Haken etc. verkauft – Dinge also, die Ordnung im Haushalt schaffen. Mit der Wahl zum »besten Arbeitgeber« übertraf Container Store Unternehmen wie Southwest Airlines, GE, Siemens, Mircrosoft, Mercedes und SAS.

Das Unternehmen existiert seit nunmehr über 36 Jahren. Es wurde von Kip Tendell und Garrett Boone gegründet. Auf der Firmenwebseite stellt Container Store seine Einstellungsprinzipien und seine Unternehmensphilosophie vor. Im Kern geht es dabei um den gut erforschten und in der Praxis vielfach bestätigten Sachverhalt, dass ein Top-Mitarbeiter (»A-Player«) drei durchschnittliche Mitarbeiter ersetzt. Um Top-Mitarbeiter zu finden, bezahlt Container Store Löhne und Gehälter, die 50 % bis 100 % über dem Niveau seiner Mitbewerber liegen. Trotzdem bzw. gerade deshalb ist das Verhältnis der Personalkosten zum Umsatz bei Container Store signifikant besser als bei der Konkurrenz. Trotz eines hohen Lohn- und Gehaltsniveaus bleibt die Mitarbeiterzahl recht klein und die Personalkosten vergleichsweise tief. Zusätzlich bietet Container Store seinen Mitarbeitern im ersten Beschäfti-

24 Collins J./Hansen, M.T. (2012). Oben bleiben. Immer. Frankfurt.
25 Wiseman, L./McKeown G. (2010). Multipliers: How the Best Leaders Make Everyone Smarter. New York.

gungsjahr ca. 200 Stunden Training. Nota bene liegt der Branchendurchschnitt bei gerade einmal 10 Stunden. Damit bietet Container Store nicht 2- oder 3-Mal, sondern 20-Mal mehr Trainingseinheiten als seine Mitbewerber! Und wir sagen es gerne nochmal: Wir reden hier nicht über GE, BMW oder Siemens. Wir reden über ein kleines Unternehmen, das Dosen, Verpackungen, Kisten und Kästen verkauft, über ein Unternehmen, in dem die meisten Verkäufer Hilfskräfte, Schüler oder Studenten sind und die keineswegs beabsichtigen, in diesem Unternehmen langfristig Karriere zu machen.

Offensichtlich liegt der Schlüssel zum Erfolg von Container Store darin, dass es dem Unternehmen gelingt, die richtigen Mitarbeiter einzustellen. Die Formel ist ziemlich einfach: Erfolg = weniger Mitarbeiter + höhere Bezahlung + mehr Training und Weiterbildung.

Manch einer mag nun die Befürchtung vortragen, dass diese Mitarbeiter beim ersten Konflikt sofort zum nächstbesten Mitbewerber wechseln könnten. Neuste Forschungen[26] bestätigen jedoch: Training und Entwicklung steigern die Loyalität der Mitarbeiter. Außerdem: Was wäre denn die Alternative? Schließlich wollen wir als Unternehmer ja, dass unsere Mitarbeiter fit für ihren Job sind.

Die erste Frage, die Sie sich in dem Zusammenhang stellen sollten, ist: »Habe ich bzw. hat mein Unternehmen die richtigen Mitarbeiter?« Um diese Frage ehrlich zu beantworten, sollten Sie sich überlegen, ob Sie, wenn Sie frei entscheiden könnten, jeden Mitarbeiter in Ihrem Team erneut einstellen würden. Hand aufs Herz:

- **»Würden Sie jeden Ihrer aktuellen Mitarbeiter mit Enthusiasmus erneut einstellen?«**

Insbesondere wenn es um Schlüsselpersonen und -positionen in der Unternehmensführung geht, ist folgende Zusatzfrage aufschlussreich:

- **»Glauben Sie, dass Ihre Mitarbeiter das Potential besitzen, auch noch in drei bis fünf Jahren die Besten für ihre jeweiligen Positionen zu sein?«**

Wir beobachten immer wieder, dass CEOs sich innerhalb der Wachstumsphasen gezwungen sehen, sich mindestens von der Hälfte ihrer Führungsmannschaft zu trennen. Keine Frage: Es sind schwierige und persönlich bisweilen tragische Entscheidungen, die sich bisweilen aufdrängen. Dabei läge eine gute Alternative zum Greifen nahe: Lernen, Coaching und Entwicklung – auch Persönlichkeitsentwicklung! Ermutigen Sie das gesamte Team zu stetiger Weiterentwicklung. Das Team muss mit dem Unternehmen Schritt halten können. Was glauben Sie, warum unterhalten derart viele Unternehmen so genannte »Corporate Academies« (»Dell University«, »Siemens Campus« und auch bei Bertelsmann und Lufthansa)[27]? Doch nicht aus Philanthropie oder aus einem wie auch immer gearteten gesellschaftlichen Anspruch auf Weiterbildung, sondern weil sie wissen, dass sich die Führungskräfte im Gleichschritt mit dem Unternehmen und dem Umsatz entwickeln müs-

26 Janssen, H. (2011). Die besten Mitarbeiter erfolgreich gewinnen, entwickeln und halten. Zürich-Wollishofen. Hartmann, B. (2008). Einfluss materieller und immaterieller Anreize auf die Mitarbeiterbindung. München.

27 Gebauer, A. (2007). Einführung von Corporate Universities: Rekonstruktion der Entwicklungsverläufe in Deutschland. Heidelberg.

sen. Das wiederum ist nur mit einem entsprechenden Lernwillen, der einer ausgeprägten Lernkultur entspringt, möglich.

Auch wir bei Gazelles führen in allen Ländern, in denen wir vertreten sind, mindestens zwei Lernveranstaltungen (»Summits«) pro Jahr durch – und zwar aus einem ganz einfachen Grund: Wir wollen attraktive Chancen zum Lernen bieten, um unsere Mitarbeiter bei der Entwicklung unseres Unternehmens mitzunehmen.

In unseren Workshops wiederholen wir es immer und immer wieder: Der einzige echte nachhaltige Wettbewerbsvorteil eines jeden Unternehmens ist die Lernwilligkeit und Lernbereitschaft seiner Führungskräfte und Mitarbeiter. Ein wichtiges Merkmal von A-Playern ist ihre Lernbereitschaft. Um ein Gefühl für die Lernbereitschaft eines Kandidaten zu erhalten, fragen Sie ihn doch einfach, welche und wie viel Fach-, Business- und Führungsbücher er in den vergangenen 12 Monaten gelesen hat. Scheuen Sie keine Mühe, Ihr Team mit den Richtigen zu besetzen – es ist mehr als die halbe Miete für ein erfolgreiches und dynamisch wachsendes Unternehmen.

2.2 Die richtige Einstellungspolitik: Verkaufen Sie Ihre Vision!

Es wurden schon viele Bücher allein zum Thema Einstellungspolitik geschrieben. (Eines davon wird weiter unten in diesem Kapitel noch angesprochen). Um nicht die falschen Mitarbeiter einzustellen, sollten Sie ein paar grundlegende Dinge beachten.

Jene Unternehmen, die die besten Mitarbeiter (die A-Player) für sich gewinnen, haben normalerweise auch die meisten Bewerber pro Position. Das generelle Niveau der Bewerber ist bei diesen Unternehmen so hoch, dass sie einen Dartpfeil mit geschlossenen Augen auf die Liste potenzieller Mitarbeiter werfen könnten und sie höchstwahrscheinlich immer noch eine gute Wahl treffen würden. Anders formuliert: Top-Unternehmen ziehen Top-Mitarbeiter an. Wir sollten uns also einfach ansehen, wie viele hoch qualifizierte Bewerber wir in der letzten Bewerbungsrunde angezogen haben, insbesondere wenn es um Führungspositionen ging. Den gleichen Test können Sie auf Bewerber, die über Headhunter an Sie herangetragen werden, anwenden. Der Test liefert Ihnen dann zusätzlich noch Aussagen über die Qualität des Headhunters und seinen tatsächlichen Zugriff auf einen möglichst großen Pool qualifizierter Bewerber. Unabhängig davon, ob Sie selbst rekrutieren oder einen Headhunter mit der Personalsuche beauftragen, sollten Sie bei der Neubesetzung von Schlüsselpositionen aus mindestens 20 Kandidaten auswählen können.

Nutzen Sie zusätzlich auch Ihre persönlichen Netzwerke, um geeignete Kandidaten aufzuspüren. Überlegen Sie kritisch: Können Sie sich sicher sein, dass diese Netzwerke tatsächlich auch hoch qualifizierte Leute vermitteln können? Vergegenwärtigen Sie sich folgende Regel: A-Kandidaten umgeben sich nur mit A-Leuten. Nutzen Sie also nur Ihr A-Netzwerk. – Wir meinen den letzten Kommentar sehr ernst!

Folgende Methode eignet sich hervorragend, um Zugriff auf eine große Zahl an hoch qualifizierten Kandidaten zu erhalten. Sie hat sich in der Praxis schon häufig bewährt, wenn Top-Positionen zu besetzen waren:

1. Nehmen Sie ein Stück Papier und notieren Sie 10, besser 20 Kontakte, die Sie noch heute per E-Mail kontaktieren können.
2. Senden Sie diesen Kontakten eine Zusammenfassung (maximal 2 Abätze) über Ihr Unternehmen, die Position und das Profil der gesuchten Person. Die Wahrscheinlichkeit ist sehr hoch, dass ein Mitglieder Ihres A-Netzwerkes einen geeigneten Kandidaten vermitteln kann.
3. Haken Sie bei allen 10 oder 20 Personen nach ca. einer Woche persönlich nach. Fragen Sie jeden Ihrer Kontakte, ob ihm jemand eingefallen ist, der auf die Beschreibung passen könnte oder ob er seinerseits wiederum jemanden kennt, der möglicherweise einen geeigneten Kandidaten vermitteln könnte. Letztendlich ist dies genau die Herangehensweise der Headhunter.

Wichtig: Beim gesamten Rekrutierungsprozess sollten Sie stets sehr darauf achten, Ihre Unternehmensvision gut zu verkaufen – unabhängig davon, ob Sie per E-Mail suchen, einen Headhunter beauftragen, Stellenanzeigen in Tageszeitungen schalten oder Wunschprofile auf einer Online-Stellenbörse wie monster.com platzieren. Sie sollten Ihr Unternehmen den potenziellen neuen Mitarbeitern genauso verkaufen wie Ihren Kunden.

Das folgende Beispiel zeigt, dass ein Unternehmen seine Bewerberquote verdreifachen konnte, indem es seinen Slogan wie folgt verändert hat:

Der ursprüngliche Anzeigentext »Außergewöhnliche Möglichkeit! Schnell wachsendes Marketing-Unternehmen mit DAX-30-Kunden sucht Key Account Manager« wurde geändert zu: »Wann hatten Sie das letzte Mal Spaß während Ihrer Arbeit? Jetzt ist der perfekte Zeitpunkt, unserem Marketing-Unternehmen beizutreten. Genießen Sie alle Vorteile einer kleinen Agentur, die mit DAX-30-Kunden arbeitet. Wir sind nicht nur stolz auf das, was wir tun, sondern haben auch noch Spaß dabei. Ihre Kreativität und Energie ist genau das, was wir brauchen. (Dann folgt die eigentliche Stellenbeschreibung).
Wollen Sie wieder mit einem Lächeln auf den Lippen zur Arbeit gehen? Dann senden Sie Ihren Lebenslauf an:________«

Sollten Sie auf einen Headhunter zurückgreifen, müssen sie auch da sicherstellen, dass er eine mitreißende und überzeugende Beschreibung über Position und Unternehmen erstellt.

2.3 Das Auswahlverfahren

Soviel vorab: Die Vorstellungsgespräche sind der gefährlichste Teil des Recruiting-Prozesses. Empirische Studien haben gezeigt, dass auf Basis der persönlichen Vorstellungsgespräche viele Kandidaten eingestellt werden, die eigentlich nicht zum

Unternehmen passen.[28] Wenn wir uns vor Augen halten, wie schlecht und unstrukturiert viele Führungskräfte ihre Vorstellungsgespräche führen, würde es sich auch hier anbieten, besser einen Dartpfeil auf eine Liste potenzieller Kandidaten zu werfen, statt Zeit mit Interviews zu verschwenden. Die Wahrscheinlichkeit, auf Basis unstrukturierter Einstellungsgespräche den richtigen Kandidaten zu identifizieren, liegt statistisch bei gerade einmal 25 %.

Im Klartext: Ein Dartpfeil liefert eigentlich bessere Ergebnisse.

Mit anderen Worten: Vorstellungsgespräche müssen zwingend auf systematisierten, standardisierten und strukturieren Prozessen sowie auf wissenschaftlich abgesicherten Tests beruhen. In diesem Zusammenhang empfehlen wir Ihnen wärmstens das Buch »Topgrading« von Bradford Smart, einem Experten für strukturierte Einstellungsgespräche oder das Buch »Die Besten finden« von Jörg Knoblauch und Jürgen Kurz.[29]

Um die Qualität Ihrer Auswahlentscheidung zu verbessern, sollten Sie in Vorstellungsgesprächen auch Tests und Aufgaben einsetzen. Viele der besten Unternehmen lassen ihre Kandidaten anspruchsvolle und umfangreiche Tests absolvieren, die bis zu mehreren Stunden dauern können – erst recht, wenn es um Neubesetzungen von Führungspositionen geht. Auch Persönlichkeitstest sind durchaus sinnvoll, obwohl wir uns durchaus im Klaren darüber sind, dass darüber die Meinungen weit auseinander gehen, ob Persönlichkeitstests wirklich legitim, valide oder gar seriös sind. Dabei sollten Sie sich allerdings unbedingt an professionelle Anbieter halten. Wir können Ihnen beispielsweise das integrale Persönlichkeitsprofil von Integral Change Küchler/Klein, die Wiener Potenzialanalyse von Lackner/Kabas oder den PI Predictive Index empfehlen. Testen Sie nicht zu viele Kandidaten – vielleicht Ihre »Top 3« – sonst wird das Ganze zu teuer. Natürlich müssen Sie sich als Führungskraft zuvor ebenfalls dem entsprechenden Persönlichkeitstest unterziehen – nur so können Sie die Kandidaten auf sich abstimmen. Trotz sorgfältiger Vorbereitung und ausgeklügelter Struktur der Vorstellungsgespräche, muss der eigentliche Entscheidungsprozess nicht lange dauern: Es kam schon vor, dass wir Vorstellungsgespräche am Nachmittag geführt hatten, die Kandidaten am Abend online durch den Persönlichkeitstest schleusten und so in weniger als 24 Stunden eine Entscheidung treffen konnten.

Mit Abstand das Wichtigste, was Sie über einen Kandidaten herausfinden müssen (wir verwenden hier ganz bewusst das Wort »müssen«), ist, ob er zu Ihnen als Führungskraft passt. Hat er in etwa die gleichen Prinzipien, die gleiche Einstellung, Überzeugung und Haltung wie Sie? (Wir reden hier von »Core Values« – vgl. dazu auch »Das 4. Prinzip«). Das bedeutet aber auch: Sie müssen für sich ganz klar wissen, was Ihre eigenen Prinzipien, Einstellungen, Überzeugungen und Ihre eigene Haltung ausmacht. Sie sollten von nun an die folgenden drei K.O.-Kriterien für alle Kandidaten ansetzen:

28 Smart B.D (2012). Topgrading. 3. Aufl., Frankfurt; M. Smart B. D./Smart B. (1990). The Smart Interviewer: Tools and Techniques for Hiring the Best, Hoboken.

29 Knoblauch, J./Kurz, J. (2009). Die Besten finden und halten. 2. Aufl., Frankfurt/M.

1. Kann der Kandidat mir überzeugend vermitteln, dass er sich mit meinen Prinzipien identifizieren kann?
2. Hat der Kandidat eine positive Grundeinstellung? Das können Sie mit ein paar einfachen Tests herausfinden. Wer in wachstumsorientierten Unternehmen arbeiten möchte, muss zwingend eine positive Einstellung an den Tag legen. Nur Mitarbeiter mit einer positiven Grundeinstellung können auch in stürmischen Zeiten und Umbruchphasen ihren Beitrag zum Ganzen leisten.
3. Verfügt der Kandidat über die notwendige emotionale Reife?

Erst wenn Sie diese drei K.O.-Fragen mit »Ja« beantworten können, beginnen Sie, die Kandidaten fachlich zu testen. Konfrontieren Sie die Kandidaten einfach mit drei oder vier Problemen aus Ihrem Unternehmensalltag. Geben Sie den Kandidaten 30 Minuten Zeit, die Problemstellungen zu lösen. Danach arbeiten Sie 30 weitere Minuten mit dem Kandidaten seine Lösungswege durch. Auf diesem Weg bekommen Sie sehr schnell ein Gefühl dafür, wie die Kandidaten denken und wie die Zusammenarbeit mit ihnen funktionieren könnte. Nebenbei bemerkt, wir haben durch diese Methode schon oft gute Lösungsansätze für unsere eigenen aktuellen Probleme erhalten, selbst wenn wir die Kandidaten am Ende nicht eingestellt haben. Die Zeit, die Sie mit Interviews verbringen, ist also selten verschwendet.

Noch etwas: Viel zu selten wird die Probezeit als das verstanden, was sie ist – als ein beschränkter Zeitraum, während dessen sowohl Arbeitnehmer als auch Arbeitgeber sich gegenseitig prüfen, um dann definitiv zu entscheiden, ob die Zusammenarbeit funktioniert (oder auch nicht). Wir sind überzeugt: Eine Probezeit, die von beiden Seiten ernst genommen wird, ist nicht nur für den Arbeitgeber, sondern auch für den Kandidaten von großem Nutzen.

Bestimmt erkennen Sie bereits: Die richtigen Mitarbeiter für die richtigen Positionen zu gewinnen, ist nicht nur die erste, sondern auch eine der wichtigsten Aufgaben des Geschäftsführers. Widmen Sie ihr genügend Zeit.

Fast ebenso wichtig ist es aber auch, sich von unpassenden Mitarbeitern so schnell wie möglich wieder zu trennen. Das ist nicht nur aus arbeitsrechtlichen Gründen, sondern auch aufgrund der emotionalen Komponente oft eine der schwierigsten und unangenehmsten Aufgaben, die Sie als Führungsteam übernehmen müssen. Nur zu gern reden wir uns derartige Situationen schöner, als sie in Wirklichkeit sind, nur weil wir uns vor einer anstehenden Klärung drücken. Mehr noch: Zu schnell werden wir für die eigenen Themen blind und sehen das Offensichtliche nicht mehr. Genau aus diesem Grund holen sich selbst erstklassige Führungsteams regelmäßig Rat von außen durch externe Berater oder Coachs.

2.4 Die richtigen Dinge richtig tun: Das Modell

Das Modell, das wir als »Das-Richtige-richtig-Modell« bezeichnen (vgl. Abbildung 13), hilft uns auf sehr einfache Art und Weise, die fundamentalen Entscheidungen, Beziehungen und Funktionen eines Unternehmens zu erkennen. Auf der linken Seite stehen die drei »richtigen Dinge« – auf der rechten Seite steht, »wie man die Dinge richtig macht«. Fast alle betriebswirtschaftlichen Sachverhalte kön-

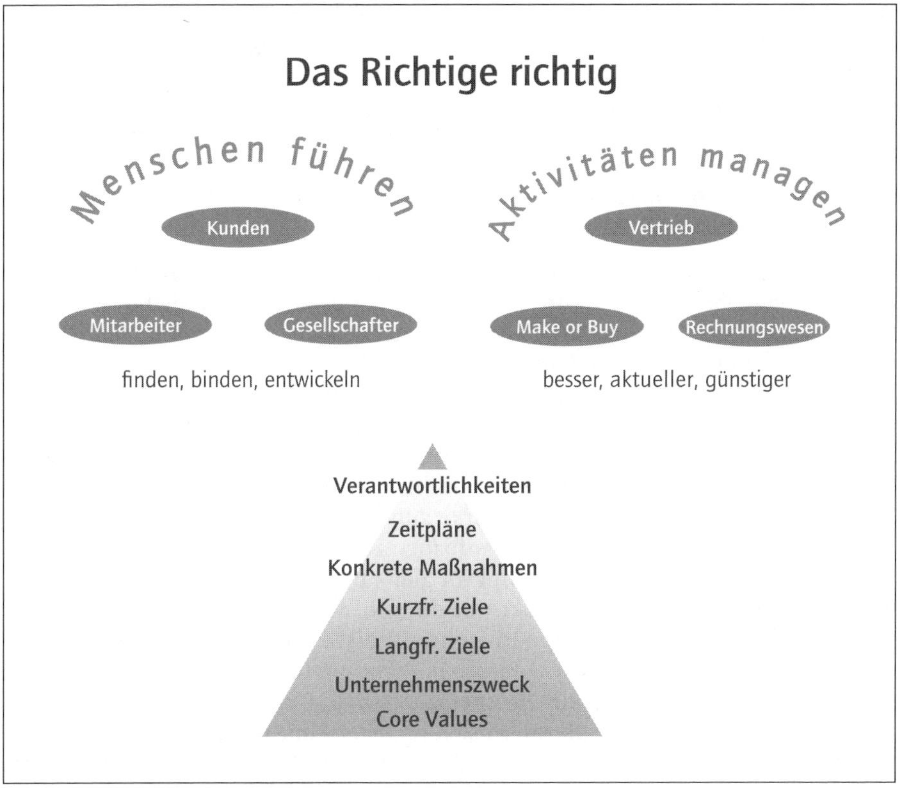

Abb. 13: Das-Richtige-richtig-Modell

nen in dieses Modell übertragen werden. Es liefert einen Rahmen, den Sie nutzen können, um die verschiedensten Theorien zu integrieren. Außerdem ist es ein nützliches Werkzeug, um Mitarbeitern die grundsätzlichen Strukturen Ihres Unternehmens zu erklären und um seine eigenen Quartalsprioritäten zu definieren.

Die Schlüsselfragen auf der linken Seite des Modells lauten:

- Hat Ihr Unternehmen ein funktionierendes, langfristig tragfähiges Geschäftsmodell?
- Kann Ihr Unternehmen mit dem, was es tut, wirklich Geld verdienen?
- Bietet Ihr Unternehmen Produkte oder Dienstleistungen an, die von so vielen Kunden geschätzt werden, dass Ihr Unternehmen genug Geld verdient?
- Haben Sie den X-Faktor für Ihr Unternehmen gefunden, der Sie von der Konkurrenz abhebt, Ihren Kunden wichtig ist und Ihnen einen Wettbewerbsvorteil liefert?
- Kann Ihr Unternehmen das beste Unternehmen in seiner Stadt, seiner Branche etc. werden?

Die Schlüsselfragen auf der rechten Seite des Modells lauten:

- Beherrscht Ihr Unternehmen die notwendigen Managementwerkzeuge und -prozesse, um Marktchancen für sich zu nutzen?
- Verfügt Ihr Unternehmen über die notwendige Disziplin und die notwendigen Regeln, Verhaltensweisen und Gewohnheiten, um bestehende Wettbewerbsvorteile zu verteidigen?
- Ist Ihre Organisation dergestalt strukturiert, dass Ihre Mitarbeiter ihr volles Potenzial entfalten können?

Wenn Ihr Umsatz und/oder Ihr Marktanteil doppelt so schnell wachsen wie bei Ihren Mitbewerbern, oder wenn Ihre Rendite die beste Ihrer Branche ist – dann haben Sie alles richtig gemacht. Obwohl die meisten Unternehmer ihr eigenes Unternehmen für einzigartig und unvergleichbar halten, gibt es immer gewisse Quellen, die es Ihnen erlauben, Branchenwerte zu ermitteln. Sollte sich dabei herausstellen, dass Ihre Branche als Ganzes schrumpft, sollten Sie umso dringlicher sicherstellen, dass Sie selber doppelt so schnell wachsen wie der nächste Mitbewerber. In dieser Situation müssen Sie sich den Löwenanteil der schrumpfenden Branche sichern. Sie müssen genügend Stärke aufweisen, um einen neuen Geschäftsbereich für sich und Ihre Mitarbeiter aufbauen zu können.

Die linke Seite des Modells benötigt vor allem unerschrockene Führung, um die wenigen strategischen Schlüsselentscheidungen zu treffen, insbesondere dann, wenn ein abrupter Kurswechsel nötig wird. In diese Kategorie fallen z. B. Microsofts Entscheidung, wichtige Ressourcen in Richtung Internet zu verschieben oder Bill Gates' Entscheidung, als CEO zurückzutreten.

Die rechte Seite des Modells stützt sich in erster Linie auf ein fähiges Managementteam, das eine gesunde Dosis an Disziplin und Prinzipien aufrechterhalten kann. Halten Sie sich vor Augen: Ein Unternehmen ist nichts anderes als »Mitarbeiter«, die gewissen »Aktivitäten« nachgehen. Entsprechend unterstützt dieses einfache Modell eine weit verbreitete, intuitive Vorstellung von Führung: Mitarbeiter zu führen und Aktivitäten zu managen.

Wir möchten einmal mehr auf die Parallelen zur Kindererziehung hinweisen: Wir lieben und achten unsere Kinder, doch müssen wir ab und zu klar, gerecht und konsequent vorgehen, wenn sie in eine »ungünstige« Richtung wandern. Wir sollten bei den »Maßregelungen« darauf achten, nur das Verhalten zu kritisieren – nie das Kind als Person. Wir sagen: »Sohn, du bist gut, aber was du gemacht hast, ist schlecht«, jedoch nie: »Sohn du bist schlecht«. Es ist wichtig, die Person von den Aktivitäten zu trennen. Genau das Gleiche gilt für Mitarbeiter. Wie bei Kindern, die erwachsen werden und »ausfliegen«, so gibt es auch im Unternehmen Situationen, in denen Führungskräfte Mitarbeiter entlassen müssen. Ein schöner Satz bringt dies auf den Punkt: Führung heißt dann sogar, »Deine Zukunft frei machen ...« – auch wenn im ersten Augenblick Wut und Tränen vorherrschen.

Wir wollen uns das Modell noch etwas genauer ansehen:

Die linke Seite repräsentiert die Mitarbeiter und die Beziehungen innerhalb des Unternehmens. Hier sind die wichtigsten Stakeholder-Gruppen jedes Unternehmens dargestellt: die Kunden inkl. der Zulieferer, die Mitarbeiter inkl. der Kooperationspartner sowie die Aktionäre bzw. Gesellschafter (ähnlich wie bei der Balanced Scorecard[30]). Die rechte Seite repräsentiert die Aktivitäten, die im Unternehmen vollzogen werden, um dem Markt möglichst reibungslos Produkte zu liefern. Hier sind die drei Hauptaktivitäten eines jeden Unternehmens dargestellt:

(i) etwas zu produzieren oder zuzukaufen
(ii) etwas zu verkaufen und
(iii) einen Soll-Ist-Vergleich für alle Aktivitäten zu führen (Controlling).

Diese drei Hauptaktivitäten widerspiegeln sich in den drei Top-Führungspositionen eines Unternehmens: dem Produktionsleiter (Chief Operating Officer/COO; Aktivität: produzieren oder zukaufen), dem Vertriebs- und/oder Marketingleiter (Aktivität: verkaufen) und dem kaufmännischer Leiter (Chief Financial Officer/CFO; Aktivität: Rechnungswesen, Soll-Ist Vergleich, Controlling). Der Geschäftsführer (CEO) fungiert als Leiter dieser drei Top-Führungspositionen.

Geschäftsführer (CEO): Gesamtleitung	
Produktion und Einkauf (Make or Buy)	Chief Operating Officer (COO)
Vermarktung und Verkauf (Vertrieb)	Vertriebsleiter/Marketingleiter
Soll-Ist-Vergleich aller Aktivitäten, Controlling, Buchhaltung (Rechnungswesen)	Kaufmännischer Leiter

Abb. 14: Hauptaufgaben der Geschäftsführung

2.4.1 Finden, binden, entwickeln

Auf der linken Seite des Modells (»die richtigen Dinge«) verfolgen Sie drei einfache Ziele: die drei Stakeholdergruppen finden, binden und entwickeln. Das klingt simpel, ist aber keineswegs einfach. Das Führungsteam hat die Aufgabe, klar zu definieren, welches Bedürfnis das Unternehmen bei welcher Kundengruppe befriedigen und wie es sich gleichzeitig nachhaltig von den Mitbewerbern unterscheiden möchte. Zusätzlich müssen Sie herausfinden, was für Kompetenzen Sie benötigen, um diese Bedürfnisse zu erfüllen. Wir benutzen hier bewusst den Begriff »Bedürfnis« anstelle von »Wünschen«. Kunden können einen Betrieb mit ihren Wünschen schnell in den Ruin treiben. Sie wünschen und wünschen und wünschen immer noch mehr – und dann kommt ein fokussierter Mitbewerber daher, der das tiefer liegende tatsächliche Bedürfnis stillt, und auf einmal ist der Kunde weg – und mit ihm das eigene Unternehmen ...

Auf der linken Seite geht es ganz einfach darum, stetig sehr gute Beziehung zu allen drei Interessengruppen aufzubauen, zu binden und weiterzuentwickeln. Wenn die Dinge in Ihrem Unternehmer einfacher werden, liegt es vermutlich daran, dass Ihnen genau das gelungen ist.

30 In diesem Ansatz geht es darum, dass Führungskräfte immer versuchen sollten, nicht nur eine oder zwei, sondern alle Interessengruppen zu befriedigen. (Vgl. Kaplan/Norton (1997). Balanced Scorecard: Strategien erfolgreich umsetzen. Stuttgart.

2.4.2 Besser, schneller, billiger

Auf der rechten Seite des Modells (»die Dinge richtig tun«) verfolgt das Unternehmen drei weitere Ziele: Jede Aktivität besser, schneller und billiger auszuführen. Das primäre Ziel muss es sein, die Herstellkosten der Produkte und Dienstleistungen im Vergleich zum Verkaufspreis immer weiter zu senken und gleichzeitig das Wertangebot, die »Value-Proposition«, zu verbessern, sodass Sie Ihre Preise immer an die Konkurrenz angleichen können, ohne Ihre Rendite zu gefährden. Die rechte Seite des Modells verkörpert die klassischen Merksätze: »billig kaufen, teuer verkaufen, ständiger Soll-Ist-Vergleich«.

Wenn Sie das »Das-Richtige-richtig-Modell« aus einer reinen Buchhalterperspektive betrachten, repräsentiert die linke Seite des Modells die Bilanz des Unternehmens; sie stellt dar, wer was schuldet und wer was besitzt. Die rechte Seite des Modells repräsentiert die Gewinn- und Verlustrechnung; sie stellt und die Einnahmen und Ausgaben dar und zeigt am Ende die Rendite.

Die sechs Kreise des Modells balancieren auf der Unternehmensvision, welche die Spitze der Planungspyramide darstellt. Mehr dazu werden Sie im folgenden Kapitel lesen, in dem wir zeigen, wie der kompakte Strategieplan erarbeitet wird. Es ist die Gesamtheit der Unternehmensvision, von den Prinzipien und Einstellungen (Core Values) bis hin zu den Verantwortlichkeiten, die klarstellt, wie die sechs Kreise konkret gelebt werden: Wer sind die Kunden, Mitarbeiter und Aktionäre und was sind die Aktivitäten, in denen sich das Unternehmen engagieren wird? Zu jedem Zeitpunkt sollten Sie beachten, dass sich die beiden Seiten stets zwischen Dynamik (= Umsatzsteigerung) und Stabilität (= Beziehungen) ausbalancieren. Nur wenn Sie diese Balance finden, wird sich Ihr Unternehmen gleichermaßen profitabel und nachhaltig entwickeln können. Konkret heißt das zum Beispiel: Sie sollten genügend Mitarbeiter haben und genügend Aktivitäten durchführen, aber auch den Ruf der Firma schützen und die Produktivität steigern.

2.4.3 Das Modell in der Praxis

Das »Das-Richtige-richtig-Modell« bietet nicht nur ein generelles Gerüst, sondern auch ganz praktische Empfehlungen für die Einführung der drei Rockefeller-Prinzipien.

Erstes Rockefeller-Prinzip: Prioritäten
Die richtigen Prioritäten für Ihr Unternehmen zu identifizieren, ist eine Ihrer wichtigsten Aufgaben überhaupt. Das Modell kann Ihnen dabei helfen. Betrachten Sie dazu die sechs Kreise als sechs potenzielle Prioritäten. Betrachten Sie jede Priorität einzeln und überprüfen Sie, welche im Moment die höchste Aufmerksamkeit benötigt. Überprüfen Sie auch, ob es aktuell eher um die linke (»finden, behalten, entwickeln«) oder eher um die rechte Seite (»besser, schneller, billiger«) geht.

Ein Beispiel: Angenommen, die aktuelle Strategie lautet »Wir steigern den Umsatz mit unseren vier größten Kunden um 25 % ...«, dann sollten Sie Ihren Schwerpunkt auf das »Entwickeln« legen. Wählen Sie entsprechend den Kundenkreis auf der linken Seite aus. Wenn die Strategie weiter lautet »... und reduzieren die Lieferzeit um 50%«, dann sollten Sie einen zweiten Schwerpunkt auf das »Schneller« legen. Wählen Sie nun rechts den »Soll-Ist Vergleichskreis«. Selbst wenn Ihr Unternehmen Probleme in allen sechs dargestellten Bereichen hat, kann in der Praxis nur an einem dieser Bereiche auf jeder Seite gearbeitet werden. Da alle diese Bereiche miteinander vernetzt sind, verbessern sich ohnehin alle Bereiche automatisch, sobald Sie auch nur einen Bereich verbessern. Doch welchen Bereich auswählen? Am liebstem würden wir an allen Bereichen gleichzeitig arbeiten. Wie auch immer – Sie werden schnell folgende Erfahrung machen: Wenn Sie sich gemeinsam mit Ihrem Team auf einen Bereich konzentrieren, ist dieser sehr schnell gelöst, und Sie können zum nächsten übergehen.

Zwei Analogien sind dabei hilfreich:
- Stellen Sie sich vor, dass jeder der Kreise einen drehenden Teller auf einem Stock darstellt. Zu jeder Zeit kann einer dieser Teller langsamer werden und Ihre sofortige Aufmerksamkeit beanspruchen.
- Stellen Sie sich jetzt die Kreise als Jonglierbälle vor. Wenn ein Jongleur die Bälle höher und höher wirft, macht er das immer zunächst nur mit einem Ball.

Dasselbe trifft auch auf Ihr Unternehmen zu. Stellen Sie deshalb frühzeitig klar, wer konkret für welchen Kreis verantwortlich ist. Wer ist verantwortlich für die Kundenakquise? Wer ist dafür verantwortlich, dass die Aktionäre/Gesellschafter zufrieden sind? Wer ist dafür verantwortlich, dass die Verkaufsmaschinerie richtig funktioniert?

Sich durch diese sechs Kreise und deren Treiber hindurch zu arbeiten – finden, behalten, entwickeln/besser, schneller, billiger – und nebenbei sicherzustellen, dass die Verantwortlichkeiten bzw. »Rechenschaftlichkeiten« klar geregelt sind, ist eine der wirkungsvollsten Führungsmethoden überhaupt. Wir haben bereits viele Führungsteams entsprechend geschult.

Zweites Rockefeller-Prinzip: Zahlen, Daten, Fakten

Um Ihr Unternehmen möglichst genau führen und steuern zu können, brauchen Sie aktuelle und genaue Zahlen, Daten und Fakten zu allen sechs Kreisen Ihres Unternehmens. Für mittelgroße Unternehmen besteht eine häufige Schwäche auf der linken Seite des Modells darin, einen Feedback-Prozess zu installieren, der mindestens so präzise ist wie wir es gemeinhin von der Buchhaltung erwarten. Auf der rechten Seite besteht die Schwäche meist darin, dass die Vertriebs- und Verkaufsdaten zu schleppend und zu unpräzise bei der Geschäftsführung eintreffen. Unserer Erfahrung und Beobachtung zufolge wehren sich Vertriebsteams häufig gegen konsequente Datenerfassung, da sie dies als reine Kontrolle verstehen. Die Verantwortung für die Datenerfassung auf der rechten Seite des Modells sollte deshalb bei der Geschäftsleitung liegen. Unter diesen Umständen fällt es dem Vertrieb schwerer, sich um genaue Daten zu drücken.

Drittes Rockefeller-Prinzip: Rhythmus

Mithilfe der sechs Kreise lässt sich auch der Teilnehmerkreis für die wöchentlichen Meetings leicht auswählen. Auf der rechten Seite sollten Produktion/Operations,

Verkauf und Rechnungswesen ihren eigenen Tages- und Wochenrhythmus verfolgen. Auf der linken Seite dagegen obliegt es der Geschäftsleitung, regelmäßige Termine mit Kunden, Mitarbeitern und Aktionären zu organisieren. Egal, welche Zeitabstände Sie konkret wählen – Sie sollten auf jeden Fall sicher stellen, dass in einem regelmäßigen Rhythmus (der bei mindestens 1x pro Woche liegen sollte) alle sechs Kreise beleuchtet und erfasst werden.

Organisationsstruktur

Die sechs Kreise veranschaulichen nicht nur die Rockefeller-Prinzipien, sondern liefern auch noch die Anleitung, wie Sie möglichst einfach Ihre Organisationsstruktur dem Wachstum anpassen können. Ab ungefähr $ 10 Millionen Umsatz werden die drei Grundfunktionen in den rechten Kreisen beginnen, sich aufzuteilen. Der Vertriebskreis teilt sich in Sales und Marketing auf, wobei jede dieser Funktionen ganz unterschiedliche Fähigkeiten benötigt. Der Make or Buy-Kreis spaltet sich in verschiedene Bereiche oder Produktlinien sowie in Forschungs- und Entwicklungsaktivitäten auf. Der Rechnungswesen-Kreis wiederum gliedert sich in mehrere Finanz-, Controlling- und Buchhaltungsabteilungen auf.

Gleiches gilt für die linke Seite. Auch hier werden spezifische Abteilungen aufgebaut, wie z. B. Key-Account-Abteilungen oder eine Abteilung, die sich nur auf die Mitarbeiter fokussiert – die Personal-/Human-Resources-Abteilung. Zusätzlich fängt das Unternehmen auch an, Teams um bestimmte Kundensegmente aufzubauen, um auf diese Weise die Produktteams der rechten Seite zu ergänzen.

Erkenntnisse aus der Verbindung des ersten und zweiten Prinzips: Es geht um das Was und das Wie

Kurz gefasst: Das »Das-Richtige-richtig-Modell« umfasst alle grundlegenden Entscheidungen, die ein CEO treffen muss, wenn er sein Geschäft vorantreiben will. Es hilft ihm, schnell zu erkennen, *was* zu tun ist.

Das integrale Wachstumsmodell (vgl. 1. Prinzip) hilft ihm dabei, *wie*, d. h. mit welcher Haltung und Intention, er das *was*, in welcher Wachstumsphase tun sollte.

Im weiteren Verlauf dieses Buches werden Sie für alle sechs Kreise des Modells einfache, praktische und sofort anwendbare Werkzeuge und Methoden finden – damit Ihr Unternehmen schnellstmöglich zu einem Top-Unternehmen aufsteigt.

3. Das dritte Prinzip: Die ganze Strategie auf einem Blatt

Keep it simple: Erst wenn Ihre gesamte Strategie auf einem einzigen Blatt Platz hat, ist sie in der Breite kommunizierbar. Wenn alle Mitarbeiter Ihre Strategie verstehen sollen, muss Ihre Strategie einfach sein.

Management Summary

Je größer Ihr Unternehmen wird und je schneller es wächst, desto schwieriger wird es, alle Mitarbeiter auf Kurs zu halten. Mehr noch: Es gibt ja nicht nur den einen Kurs – nein, es gibt Dutzende verschiedene Kurse, die tagtäglich zusätzlich mit wohlgemeinten E-Mails, Memos, Aufgaben- und Prozessbeschreibungen »ergänzt« werden. Um alle auf Kurs zu halten, betreiben wir bisweilen mit den verschiedensten Mitteln einen derart großen Aufwand, dass uns die Flut an oft widersprüchlichen Informationen gänzlich verwirrt. Durch solche Handlungsmuster unterbinden wir geradezu, dass unsere Mitarbeiter aktiv mitdenken und sich aktiv einbringen. »Bloß keine Fehler machen«, lautet die verbreitete Devise – so das traurige Ergebnis falsch verstandener Führung. Nicht die Mitarbeiter sind »faul und dumm«, sondern häufig werden die Mitarbeiter von unfähigen Führungskräften zu Passivität erzogen. Dabei gibt es eine sehr einfache und praktikable Methode, um jedem, wirklich jedem, Klarheit und Orientierung zu geben.

In diesem Kapitel werden wir Sie in die »Planungspyramide« und den »kompakten Strategieplan« einführen, ein simples und dennoch sehr wirkungsvolles Werkzeug, das den Weg Ihres Unternehmens in die Zukunft auf eine spannende Weise darstellt.

3.1 Die Planungspyramide: Den strategischen Rahmen bestimmen

Wenn Sie an die Zeit zurückdenken, als ihr Unternehmen gerade gegründet wurde und sie vor allem Probleme damit hatten, alle Aufgaben mit nur 3 oder 4 Mitarbeitern zu meistern, gab es vermutlich kaum je Diskussionen über Vision oder Strategie Ihres Unternehmens. Jeder Mitarbeiter identifizierte sich mit den Zielen Ihres Unternehmens so wie Sie selbst. Ihre Mitarbeiter wussten genauso gut wie Sie, welche Dinge wichtig waren. Eigentlich waren einfach alle Dinge wichtig. Nur selten beschwerten sich Mitarbeiter über Kommunikationsprobleme.

Doch mit jeder neuen Wachstumsphase und mit jedem neuen Mitarbeiter schrumpft Ihr Einfluss in Ihrem Unternehmen. Oft fangen wir in dieser Phase an, »unwichtige« strategische Entscheidungen zu delegieren, und wundern uns immer häufiger über das Tun und Lassen einzelner Mitarbeiter. Missverständnisse zwischen den Mitarbeitern werden häufiger. Jeder meint, nur sein Weg und seine Lösung seien richtig. Vielleicht fangen auch Kunden allmählich an, sich zu beschweren oder, schlimmer noch, zum Mitbewerber abzuwandern.

Die unangenehme Wahrheit ist einfach: Vision und Strategie sind Ihnen als unternehmerischer Kopf immer klar, doch auf dem Weg durchs Unternehmen scheint sich das alles zu verwischen. Wehmütig denken wir manchmal an früher zurück, an die Familiäre-phase, als wir eine Hand voll Mitarbeiter oder besser gesagt: Mitstreiter hatten und wir uns blind darauf verlassen konnten, dass alles eindeutig verstanden und umgehend umgesetzt wurde. Heute dagegen dauert es Tage, manchmal sogar Wochen, bis unsere direkten Untergebenen neue Anweisungen umsetzen. Und dann kann es sogar nochmals ein paar Wochen dauern, bis unsere Anweisungen selbst in den untersten Ebenen der Organisation angekommen sind.

Wenn Sie jetzt denken: »Ja genau, aber so ist es doch immer, sobald Unternehmen größer werden«, sollten Sie die Ohren spitzen. Denn es gibt bestimmte Werkzeuge, die Ihnen dabei helfen, mit der steigenden Komplexität Ihres Unternehmens umzugehen. Wohlgemerkt: Wir reden nicht von umfangreichen, teuren, datenbankbasierten und schulungsintensiven ERP-Systemen, sondern von bewährten, günstigen, einfachen, praktikablen und sofort anwendbaren Werkzeugen. Früher, in Zeiten des Wirtschaftswunders, konnten wir uns vielleicht den Luxus noch leisten, schlechte Kommunikation als Nebenwirkung des Erfolgs zu betrachten. Damals konnten viele Unternehmen gut damit leben, sich einen respektablen Marktanteil und ohne einen guten Ruf erarbeitet zu haben. Heute verhält sich dies eindeutig anders. Globalisierung, E-Commerce, neue Kommunikationstechnologien und verkürzte Innovationszyklen sind jene Schlagworte, die verdeutlichen: Auf eine klare, schnelle und eindeutige Kommunikation Ihrer Unternehmensstrategie können Sie heutzutage nicht mehr verzichten. Eine erstklassige Kommunikation ist essenziell für die Positionierung und die Überlebensfähigkeit Ihres Unternehmens.

Um im heutigen Umfeld wettbewerbsfähig zu bleiben, benötigt Ihr Unternehmen drei Dinge:

- ein strategisches Modell, welches Ihre Unternehmensstrategie definiert und ihre Umsetzung unterstützt;
- eine eindeutige Terminologie, die unternehmensweit einheitlich verwendet wird, um über diese Strategie zu sprechen;
- klar definierte Handlungsmuster und Routinen, mit denen Sie laufend evaluieren, wo Sie in Bezug auf die Unternehmensstrategie stehen.

Egal, was Sie im Hinblick auf eine Unternehmensstrategie tun – halten Sie es einfach. Besser noch: einfacher als einfach. Denn wer hat heutzutage schon Zeit, stapelweise strategische Konzepte zu lesen, geschweige denn sie zu verarbeiten? Deshalb: Fassen Sie Ihre strategischen Überlegungen kurz und prägnant auf einer DIN-A4-Seite zusammen, die Sie allen Mitarbeitern zeigen können. Das strategische Rahmenmodell, das sich aus unserer Erfahrung am besten für wachsende und sich entwickelnde Unternehmen eignet ist, ist die so genannte »*Planungspyramide*«.

Seit über 30 Jahren beraten und begleiten wir bei Gazelles wachsende und sich entwickelnde Unternehmen aller Art. Dabei konnten wir unzählige Male beobachten,

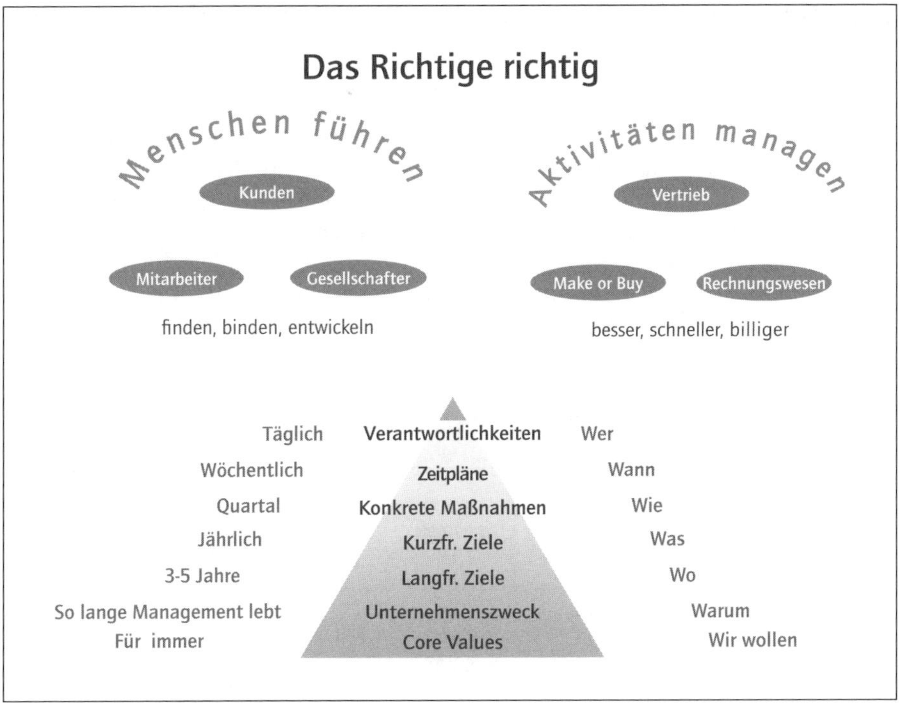

Abb. 15: Die Planungspyramide

wie eine Unternehmensstrategie gut umgesetzt wird – und wie nicht. Alles, was gut funktioniert hat, sprich die besten »Best Practices«, haben wir in der Planungspyramide zu einem prägnanten Modell verbunden. Die Planungspyramide veranschaulicht sehr klar, wie die einzelnen Bestandteile einer effektiven Unternehmensstrategie aufeinander aufbauen, namentlich:

- Einstellungen und Prinzipien (Core Values),
- Unternehmenszweck,
- langfristige Ziele,
- kurzfristige Ziele,
- konkrete Maßnahmen,
- Zeitpläne und
- Verantwortlichkeiten (Rechenschaft).

Die Planungspyramide ist die Basis, um Ihr gesamtes Unternehmen auf ein gemeinsames Ziel auszurichten, für eine einheitliche strategische Sprache zu sorgen, die Kommunikation zu vereinfachen und die Mitarbeiter vor Verwirrung und Missverständnissen zu bewahren. Die Planungspyramide bietet somit dem ganzen Unternehmen einen einfachen und klaren Orientierungsrahmen.

3.2 Der kompakte Strategieplan: Den strategischen Rahmen umsetzen

Das Instrument, mit dem Sie die Planungspyramide konkretisieren und umsetzen, ist der so genannte »kompakte Strategieplan«. Wir werden den kompakten Strategieplan weiter unten ausführlich erläutern. Damit Sie Ihre Vision entwickeln und schärfen können, werden wir Ihnen ein Gefühl für die Sprache der Strategen sowie für den von uns empfohlenen Strategieprozess geben.

Eine Vision ist gewissermaßen ein Traum mit einem Plan. Beachten Sie: Wenn Ihre Vision nicht alle sieben Ebenen der Planungspyramide (vgl. Abb. 15) umfasst, ist sie noch nicht vollständig. Im Grunde ist der kompakte Strategieplan nichts anderes als die um 90 Grad nach rechts gedrehte Planungspyramide.

<table>
<tr><th>Säule 1</th><th>Säule 2</th><th>Säule 3</th><th>Säule 4</th><th>Säule 5</th><th>Säule 6</th><th>Säule 7</th></tr>
<tr><td>Wir wollen</td><td>Warum</td><td>Wo</td><td>Was</td><td>Wie</td><td></td><td>Wann/Wer</td></tr>
<tr><td colspan="4">Menschen führen</td><td colspan="3">Aktivitäten managen</td></tr>
<tr><td>Core Values</td><td>Zweck</td><td>Ziele
3-5 Jahre</td><td>Sachziele
1 Jahr</td><td>Maßnahmen
(Quartal)</td><td>Motto</td><td>Verantwortlichkeit und Rechenschaft</td></tr>
<tr><td>Kern
Kompetenz</td><td>BHAG/
Vision</td><td>Garantie</td><td colspan="4">Kennzahlen</td></tr>
<tr><td colspan="7">SWOT</td></tr>
</table>

Abb. 16: Die Struktur des kompakten Strategieplans

Der kompakte Strategieplan sorgt gleichzeitig für horizontale und vertikale Ausrichtung. Er liefert ein logisches Gerüst zur Strukturierung Ihrer strategischen Überlegungen. Er stellt sicher, dass alle Elemente einer kompletten Strategie vorhanden sind. Gleichzeitig zwingt uns der begrenzte Platz, die Themen eindeutig zu priorisieren und in prägnante Worte zu fassen. Eine der wertvollsten Übungen für ein Team besteht darin, aus all den Themen, die wir bearbeiten sollten und könnten, die drei bis fünf wichtigsten und dringendsten auszuwählen.

Kein Unternehmen und kein Mensch kann sich auf mehr als drei bis fünf Prioritäten gleichzeitig konzentrieren. Der kompakte Strategieplan zwingt uns deshalb dazu, unsere Top-5-Prioritäten wie auch unsere absolute Top-1-Priorität zu definieren. Zu Beginn unserer Beratungstätigkeit haben wir an dieser Stelle noch von fünf bis sieben Prioritäten gesprochen – die Erfahrungen der letzten Jahre zeigten uns jedoch eindeutig, dass es besser ist, sich auf drei, maximal fünf Themen zu konzentrieren. In Summe führt das zu einer schnelleren, gezielteren und nachhaltigeren Unternehmensentwicklung.

Während Sie den kompakten Strategieplan für Ihr Unternehmen erstellen, sollten Sie ihn als eine Art Kreuzworträtsel ansehen. Alle Zeilen und Spalten stehen miteinander in Beziehung. Wenn Sie einzelne Kästchen noch nicht sofort ausfüllen können, z. B. das »verwegene Ziel« (BHAG©), dann widmen Sie sich zunächst den benachbarten Kästen, also dem Unternehmenszweck, den Kernkompetenzen und dem Markenversprechen. Leiten Sie dann daraus mögliche sinnvolle Inhalte für das verwegene Ziel ab.

Kompakter Strategieplan

Organisation: ________ **Mitarbeiter:** ________ **Datum:** ________

People (Stakeholder)

Mitarbeiter	*Kunden*	*Gesellschafter*
1	1	1
2	2	2
3	3	3

CORE VALUES (So "ticken" wir / nicht)	**ZWECK** (Warum gibt es uns?)	**ZIELE (3-5 JAHRE)** (Wo wollen wir hin?)	**SACHZIEL (1 JAHR)** (Was wollen wir erzielen?)

ZIELE (3-5 JAHRE)

Datum	
Umsatz	
EBIT	
Rendite	

Spielwiese

Wo?

Was?

Wem?

SACHZIEL (1 JAHR)

Geschäftsjahr	
Umsatz	
EBIT	
Rendite	
FCF	
Deb. Ziel	
Lagerumschlag	
Umsatz/MA	
Neukunden	

Aktivitäten *Haltungen leben, BHAG, Zweck*	***Vorstöße*** *Prioritäten für 3 – 5 Jahre*	***Schlüsselinitiativen*** *Die Jahres-Prioritäten*
1	1	1
2	2	2
3	3	3
4	4	4
5	5	5

Kernkompetenz	**Gewinn/X**	**Entscheidende Kennz. Markenversprechen**	**Entscheidende Kennz.: People (Bilanz)**
	BHAG®	**Markenversprechen**	**Entscheidende Kennz.: Prozess (G&V)**

Stärken 1 2 3

Schwächen 1 2 3

Abb. 17: Der kompakte Strategieplan - Seite 1

Kompakter Strategieplan

Prozess (Produktivitätstreiber)

Make/Buy	*Vertrieb*	*Rechnungswesen*
1	1	1
2	2	2
3	3	3

MASSNAHMEN (QUARTAL) (Wie machen wir das?)	MOTTO (QUARTAL/JAHR)	IHRE VERANTWORTUNG (Wer? / Wann?)

Quartal	
Umsatz	
EBIT	
Rendite	
FCF	
Deb.Ziel	
Lagerumschlag	
Umsatz/MA	
Neukunden	

Meilensteine

Die Quartals-Prioritäten	*Wer*
1	
2	
3	
4	
5	

Deadline	
Messbares Ziel/Entsch. Zahl	

Titel des Mottos

Skizze Anzeigentafel

Skizzieren Sie hier wie die Anzeigentafel aussehen könnte

Ihre Ziel-Kennzahl	*Ziel*
1	
2	
3	

Ihre Quartals-Prioritäten	*Wann*
1	
2	
3	
4	
5	

Entscheidende Kennzahl: People (Bilanz)

Entscheidende Kennzahl: Prozesse (G+V)

Feier

Belohnung

Entscheidende Kennzahl: People (Bilanz)

Entscheidende Kennzahl: Prozesse (G+V)

Chancen: 1 2 3

Risiken 1 2 3

Abb. 17: Der kompakte Strategieplan – Seite 2

3.3 Schritt für Schritt zum kompakten Strategieplan

3.3.1 Das Titelfeld

Lassen Sie uns nun Schritt für Schritt die einzelnen Teile des kompakten Strategieplans erläutern und ausfüllen. Schreiben Sie den Namen des Unternehmens oben auf die Seite 1. Schon das ist nicht banal: Sie würden sich nämlich wundern, wie viele Ihrer Mitarbeiter Abkürzungen benutzen, die nichts mit dem eigentlichen Namen der Firma zu tun haben. Der Name des Unternehmens ist auch deshalb wichtig, um den Geltungsbereich des kompakten Strategieplans zu bestimmen. Trifft er nur auf eine Abteilung zu? Oder wirklich auf das ganze Unternehmen? Vervollständigen Sie das Titelfeld, indem Sie das Datum und Ihren Namen eintragen.

3.3.2 SWOT-Analyse

Viele Strategieprozesse fangen mit einer SWOT-Analyse an – eine Analyse der Stärken (Strenghts), Schwächen (Weaknesses), Chancen (Oppertunities) und Risiken (Threats). Platz dafür finden Sie auf beiden Seiten des kompakten Strategieplans im unteren Bereich.

Viele Strategietagungen starten mit einer SWOT-Analyse. Als Leiter und Organisator einer Strategieklausur sollten Sie jedoch beachten, dass die Stärken und Schwächen erst im Laufe der Klausur sichtbar werden, insbesondere während der Hauptteil des »kompakten Strategieplans« erarbeitet wird. Für die Chancen und Risiken wenden wir die Top-5-Regel an. Listen Sie die fünf größten Chancen und Risiken auf, mit denen das Unternehmen in unterschiedlichen Zeithorizonten (Monat, Quartal, Jahr, mehrere Jahre) konfrontiert sein dürfte. Priorisieren Sie die Chancen und Risiken. Folgende Fragen helfen Ihnen dabei:

- Welches sind die drei bis fünf größten Chancen, um ihren Plan in den nächsten 24–36 Monaten weit zu übertreffen?
- Welches sind die drei bis fünf größten Risiken, die Ihren Plan zunichte machen könnten?

Anfänglich mag Ihnen diese Vorgehensweise sehr vereinfachend vorkommen, doch bemerken wir in vielen Workshops, wie wichtig es ist, über einen längeren Zeitraum zu verfolgen, wie sich z. B. Stärken, Schwächen, Chancen und Risiken verändern. Wenn wir uns diese mindestens einmal pro Quartal oder Jahr ansehen, fallen uns Veränderungen leichter auf. Es ist deshalb essenziell für den erfolgreichen Strategieprozess,

- alles schriftlich festzuhalten und
- zu beobachten, wie sich die einzelnen Elemente im Zeitverlauf verändern.

3.3.3 Einstellungen und Prinzipien (Core Values[31])

Sehen Sie sich jetzt bitte den Hauptteil der Seite an und nehmen Sie sich zuerst die linke Spalte vor. Sie repräsentiert die unterste Stufe der (um 90 Grad gedrehten) Planungspyramide. Hier tragen Sie die Core Values Ihres Unternehmens ein. Suchen Sie zu diesem Zweck jene fünf bis acht Aussagen, die auf Ihr Unternehmen bezogen klar formulieren, »wie wir sind« (und wie nicht) und »wie wir etwas tun« (und wie nicht). Stellen Sie sich die Aussagen so vor, als würden Sie Ihre eigenen Grundeinstellungen und Überzeugungen, Ihre Haltung, Ihr Selbstverständnis und Ihre Prinzipien in Worte fassen – diese Worte sind gleichzeitig auch die Quelle Ihrer Unternehmensvision.

Wenn Sie tiefer in das Thema »Core Values« einsteigen wollen, empfehlen wir Ihnen den Artikel »Bulding your company's Vision« von Jim Collins.[32] Collins hat außerdem gemeinsam mit Jerry Porras das Buch »Immer erfolgreich« (eng. Build to last) verfasst, das wir für eines der zehn besten Businessbücher aller Zeiten halten. Die nun folgenden Gedanken lehnen wir stark an Collins' Überlegungen an. Ein Hinweis: Wenn Sie sich über Ihre Core Values erst klar werden müssen, sollten Sie zunächst Kapitel 4 durcharbeiten.

Beachten Sie: Die Core Values haben an dieser Stelle mit Moral, Ethik oder sonstigen weltverbessernden Kategorien nichts zu tun. Es geht einzig darum, dass Sie »Ihre DNA« versprachlichen, dass Sie darlegen, welche Grundsätze zu beachten sind, um Ihrem Unternehmen angehören zu können. Wir festigen hier also die erste Phase der Unternehmensentwicklung, die familiäre Phase. Dass dem Ergebnis dann oft auch eine moralische oder ethische Dimension innewohnt, ist nicht weiter verwunderlich – schließlich ist eines der Kennzeichen des Homo Sapiens sein ethischer und moralischer Anspruch. Moralisch-ethische Ansprüche sollten jedoch keinesfalls den Ausgangspunkt der Core-Value-Diskussion in Ihrem Unternehmen bilden, vielmehr stellen sie einfach ein Teilergebnis eben jener Core-Value-Diskussion dar – nicht mehr und nicht weniger. Deshalb sei es nochmals in aller Deutlichkeit gesagt: Core Values sind die Prinzipien und Einstellungen, die Ihre Unternehmer- und Unternehmenspersönlichkeit ausmachen. Eine Diskussion, die Moral und Ethik an die oberste Stelle rückt, wäre nicht schon in der ersten Phase der Unternehmensentwicklung – der familiären Phase –, sondern erst in der sechsten Phase – der Gemeinschaftsphase – anschlussfähig und dienlich. Es lohnt sich, die Gemeinschaftsphase im Unternehmen zu verankern, sofern die Lernerfahrungen aller vorhergehenden Phasen in einer gesunden Form bereits integriert worden sind.

Wenn Sie an dieser Stelle einwenden, Ihr Unternehmen sei noch zu jung oder zu klein, um sich über Core Values Gedanken zu machen, so liegen Sie leider falsch. *Alle* Unternehmer und Unternehmen *haben* – häufig ungeschriebene – Einstellungen und Prinzipien. Die Existenz von Core Values hat nichts mit der Unternehmensgröße zu tun. Nur: Ab etwa 50 Mitarbeitern ist es definitiv allerhöchste Eisenbahn, dass Sie im Führungsteam Ihre Einstellungen und Prinzipien in klare und

31 Vgl. zu »Core Values« auch Anhang 3, Nachbemerkungen zur Übersetzung, S. 182.

32 Jim Collins, Building your company's Vision. In: Harvard Business Review IX/X 1996. Download unter www.hbr.com oder www.jimcollins.com. – leider ist dieser Text nicht in deutscher Sprache verfügbar.

einfache Worte fassen. Bei Gazelles wussten wir von unserem ersten Tag an ganz genau, welches unsere Einstellungen und Prinzipien sind, sprich: Welche Haltung und Überzeugung unsere Wachstumsstrategie antreibt und welche Art von Mensch zu uns passt.

Kommen Unternehmer und Führungsteams erstmals mit dem Thema Core Values in Berührung, sehen sie häufig den praktischen Nutzen nicht. Doch glauben Sie uns: Core Values bilden ein äußerst tragfähiges Fundament für jene Geschäftsprozesse, die das Thema »Mensch« betreffen, also insbesondere für HR-, Kommunikations- und Führungsprozesse.

3.3.4 Unternehmenszweck

Haben Sie Ihre Core Values formuliert und in einer Feedbackschleife von Ihren Mitarbeitern »absegnen« lassen, gehen Sie zur nächsten Säule des Strategieplans: dem Unternehmenszweck. Dieser beschäftigt sich mit einer Reihe berühmt-berüchtigter W-Fragen:

- Warum tut dieses Unternehmen, was es tut?
- Was ist der Zweck unseres Tuns?
- Warum und mit welcher Absicht gehen wir tagtäglich zur Arbeit in diese Firma?
- Wieso habe ich als Unternehmer/Wieso haben wir als Führungsteam eine derartige Leidenschaft, für das, was wir tun?
- Was würde fehlen, wenn es uns nicht mehr gäbe?
- Wofür brennen wir? Was ist unsere eigentliche Leidenschaft?

Der Unternehmenszweck ist gleichsam das Herz des Unternehmens. Er zeigt außerdem, weswegen manch nebensächlich erscheinende Dinge einen Geschäftsführer auf die Palme bringen können, während andere Themen und Probleme, die vielleicht viel kostenintensiver sind, einfach kommentarlos vorüberziehen.

Oft dreht sich der Unternehmenszweck um ein einziges Wort oder Bild. Häufig geht er auf den ursprünglichen Impuls zurück, aus dem heraus die Firma gegründet wurde. Die folgenden Beispiele sollen zeigen, wie es bekannten Firmen gelungen ist, ihren Unternehmenszweck in ein einziges Wort bzw. ein einziges Bild zu fassen:

- Wal-Mart: Robin Hood
- Disney: Fröhlichkeit
- Nike: Wettstreit
- 3M: Innovation
- Microsoft: Omnipräsenz
- Starbucks: Auszeit

Der Unternehmenszweck von Gazelles dreht sich z. B. um das Wort »Freiheit«. Unser Bedürfnis nach Freiheit wird z. B. sehr stark herausgefordert durch überflüssige Bürokratie im Unternehmen. Das stellt uns die Haare im Nacken auf! Wenn Sie herausfinden, was Ihren Geschäftsführer oder Sie auf die Palme bringt, dann sind Sie dem Zweck des Unternehmens schon sehr nahe gekommen.

Einer unserer Favoriten ist übrigens immer noch Wal-Mart: »Wir geben normalen Menschen die Möglichkeit, Dinge zu kaufen, die sich normalerweise nur Reiche leisten können.«

3.3.5 Aktivitäten und BHAG[33]

Sehen Sie sich nun wieder die Doppelseite mit dem kompakten Strategieplan an. Unterhalb von »Zweck« finden Sie einen Bereich mit »Aktivitäten« und dem »BHAG«.

Im Kästchen »Aktivitäten« in der Mitte der 2. Spalte halten Sie mögliche konkrete Maßnahmen und Aktionen fest, die Sie als Führungsteam innerhalb der nächsten 90 Tage durchführen könnten, um die Core Values sowie den Unternehmenszweck bewusst zu leben. Überprüfen Sie mindestens ein Mal pro Quartal Ihre »Core Values« sowie Ihren »Zweck«. Hinterfragen Sie kritisch: Sind Core Values und Zweck noch zutreffend und passend? Werden sie von uns allen echt gelebt? Sobald Einstellungen, Prinzipien und Zweck verwischen oder nicht konsequent genug umgesetzt werden, entnehmen Sie der Aktivitätenliste konkrete nächste Schritte, die Sie unternehmen, um die gesamte Mannschaft wieder auf das definierte Ziel auszurichten.

Das »BHAG« (Big Hairy Audacious Goal) klingt ausgesprochen etwa wie »BIIIII-HÄÄÄÄÄG«. Es ist Ihr »großes, haariges und verwegenes Ziel«. Wie der Name schon verrät, ist es ein hohes, auf 10 bis 25 Jahre angelegtes Ziel – ähnlich wie Kennedys legendäre Vision, einen Menschen auf den Mond zu bringen, obwohl noch nicht einmal die Technologien dafür entwickelt waren. Das soll uns und unseren Mitarbeitern mit Bildern und Schlagwörtern Richtung und Orientierung geben. Es soll das Ziel, das wir als Unternehmer und Führungsteam verfolgen, in Worte oder Bilder fassen. Es soll bewusst mindestens 10 Jahre in die Zukunft reichen, also einen Zeitabschnitt beleuchten, der außerhalb unseres rationalen Planungshorizonts liegt. Der Grund für die Wahl dieses weiten Zeithorizonts: Es sollen keine konkreten Diskussionen darüber entstehen können, ob oder wie realistisch das BHAG ist!

Vielmehr soll das BHAG ein attraktives, verwegenes und großes Ziel beinhalten, etwas, was wir alleine unmöglich schaffen könnten. Das BHAG soll jenseits der Ratio liegen. Es soll unsere Kreativität und unseren Arbeitswillen anspornen. Es soll uns inspirieren, ständig präsent sein und uns zusammenschweißen, es soll uns helfen, sehr langfristig in eine bestimmte Richtung zu gehen ... und auf einmal kann es dann rasant auf uns zukommen .... Das BHAG sollte gleichwohl nicht großspurig sein, sondern klar die Grundlagen Ihres Unternehmens widerspiegeln (Einstellungen/Prinzipien, Zweck, Markenversprechen etc.). Das BHAG von Microsoft für die 1990er war z. B. »einen Computer auf jedem Schreibtisch und in jedem Haus«, für dieses Jahrzehnt ist es »Software jederzeit an jedem Ort und überall« –

33 Erfolgreiche Unternehmen fordern sich selbst heraus und setzen sich ehrgeizige Ziele. Collins und Porras verwenden den Begriff »Big Hairy Audacious Goals«, um das zu beschreiben. Übersetzt bedeutet das ungefähr »große haarige verwegene Ziele«.

alles Schritte auf dem Weg zur Omnipräsenz. Das ursprüngliche BHAG von Nike war, Adidas zu vernichten – sicher ein wettbewerbsorientiertes Ziel, welches zu Nikes Firmenkultur passt. Sollte Sie das abstoßen, ist Nike definitiv kein Unternehmen, bei dem Sie sich bewerben sollten.

Wenn Sie mehr zum BHAG wissen wollen, ist wiederum Jim Collins' Artikel »Building Your Company's Vision«[34] empfehlenswert.

3.3.6 Langfristige Ziele und Spielwiese

Als Nächstes wenden Sie sich bitte den Feldern »Ziele (3–5 Jahre), also den langfristigen Zielen«, und »Spielwiese« zu.

Die Spalte 3 »Ziele 3–5 Jahre« beschreibt, wo Sie das Unternehmen in drei bis fünf Jahren sehen. Neben den quantifizierbaren Zielen im oberen Teil der Spalte sollten Sie auch definieren, auf welcher »Spielwiese« Sie konkret in den kommenden drei bis fünf Jahren Ihre Einstellungen und Prinzipien, Ihren Unternehmenszweck und Ihr BHAG »ausleben« wollen. In welchem Bereich wollen Sie in den nächsten Jahren die Nr. 1 oder Nr. 2 werden? In welchem geografischen Markt? Mit welchem Produkt, welchen Dienstleistungsangeboten? Welchen Marktanteil wollen Sie konkret erreichen? Seien Sie sich bereits jetzt klar darüber, dass sich Ihre Spielwiese noch oft verändern kann und wird. XeroX änderte z. B. seine Spielwiesenüberschrift von »Kopiergeräte« zu »Dokumente«, nachdem das Unternehmen seinen Fokus von der Produktion von Fotokopierern auf das Dokumentenmanagement verschoben hatte.

Die Spielwiese ist nicht dazu gedacht, all Ihre Aktivitäten einzuschließen. Es geht hier darum festzulegen, wo Sie eine dominierende Position einnehmen wollen. Ein Beispiel: Bei IntegralPartners.de liegt unser geografischer Fokus auf Deutschland, Österreich und der Schweiz. Wir sind zwar auch in Frankreich und Ungarn tätig, doch stellen diese beiden Länder bloß einen Nebenschauplatz dar. Unsere Hauptprodukte sind Workshops für Führungskräfte, in denen wir Methoden vermitteln, die Unternehmen zu besserem und schnellerem Wachstum verhelfen. Unsere Zielgruppe sind Unternehmen mit 10–500 Mitarbeitern bzw. mit einem Umsatz von € 1 Million bis € 200 Millionen. Selbstverständlich haben wir auch den einen oder anderen Kunden, der nicht in diese Größenordnungen fällt, doch liegen diese sehr kleinen oder sehr großen Kunden nicht in unserem Kernbereich. Unsere Spielwiese heißt also »ein- bis zweitägige Wachstumsprogramme für mittelständische Firmen in D/A/CH«.

3.3.7 Markenversprechen

Als Nächstes sollten Sie das Schlüsselbedürfnis definieren, das Sie bei Ihren Kunden erfüllen wollen. Die Befriedigung dieses Schlüsselbedürfnisses stellt Ihr messbares Markenversprechen dar. Die Messbarkeit ist hierbei äußerst wichtig – denn

34 Jim Collins, Building your company's Vision. In: Harvard Business Review IX/X 1996. Download unter www.hbr.com oder www.jimcollins.com

wie sollten Sie sonst wissen können, ob Sie ihr Markenversprechen halten oder nicht?

Beispiele: Das Markenversprechen von FedEx lautet »Lieferung bis 10 Uhr morgens.« Von diesem messbaren Versprechen lassen sich alle anderen messbaren Prozesse ableiten. Weitere Beispiele für messbare Markenversprechen sind:

- BMW: Fahrspaß basierend auf Sportlichkeit und innovativen Technologien
- ThyssenKrupp: Treiber für Innovationen, die das Leben besser machen
- DM: Unsere Qualitätsmarken punkten mit hoher Qualität, niedrigem Preis und möglichst umweltfreundlicher Herstellung
- Ikea: Lebensqualität durch schöne und funktionale Wohnlösungen zu günstigen Preisen
- Apple: Intuitive Benutzerführung und außergewöhnliches Design
- McDonalds: Schnelligkeit, Beständigkeit, Spaß für Kinder
- Southwest Airlines: niedrigere Preise, viele Flüge, viel Spaß.

In Kapitel 9 wird das Thema Markenversprechen weiter vertieft.

Zwei Begriffe haben mit dem Markenversprechen *nichts* zu tun – »Qualität« und »(Mehr)Wert«. Beide Begriffe sind viel zu unspezifisch und bilden nichtssagende, aber attraktive Worthülsen. Sobald wir sie in unser Markenversprechen aufnehmen, lehnen wir uns entspannt zurück und meine unsere Arbeit getan zu haben. Doch gerade hier ist es wichtig zu verdeutlichen, »wie« und »womit« wir Qualität und Wert zu erzeugen meinen. Und vor allem:

- Nimmt das der Kunde wahr und ist er bereit dafür (mehr) Geld zu zahlen?
- Welche Angebote Ihres Unternehmens schaffen Wert?
- Warum sind diese Angebote wertvoller für Ihre Kunden als die Angebote der Konkurrenz?
- Um wie viel sind sie wertvoller (aus Kundensicht)?

Und »Qualität« könnte man auch dahingehend umschreiben, dass Sie ständig daran arbeiten, Ihre Versprechen zu erfüllen. Sie haben eine hohe Qualität wenn, Sie es erfüllen, und eine niedrige, wenn Sie es nicht erfüllen.

- Welche Maßnahmen ergreifen Sie tatsächlich und konkret, um diese Qualität zu halten und zu erfüllen?

3.3.8 Strategische Vorstöße und Kernkompetenzen

Definieren sie jetzt drei bis fünf strategische Vorstöße und Kernkompetenzen, die nötig sind, um Ihre Spielwiese zu dominieren, Ihr Markenversprechen einzuhalten und Ihre quantifizierbaren Ziele zu erreichen.

Welches sind die fünf oder sechs wichtigsten Initiativen, die Sie in den nächsten drei bis fünf Jahren durchziehen müssen, um Ihr langfristiges Ziel zu erreichen (Sachziel)? Das ist einfacher gefragt als getan. Dieser Teil des Prozesses verlangt von Ihnen und Ihrem Team, die wesentlichen strategischen »Schachzüge« zu erarbeiten, die Ihr Unternehmen an die Spitze bringen werden.

3.3.9 Jahresziele und Schlüsselinitiativen

Sie sind nun durch die halbe Pyramide durch und erreichen die Ebene der kurzfristigen Ziele. Ab jetzt wird es konkreter. In der vierten Spalte beschäftigen Sie sich ausschließlich mit der Frage: Was muss Ihr Unternehmen im kommenden Jahr erreichen, um die langfristigen Ziele zu erreichen? Nach der Quantifizierung Ihrer Jahresziele oben in der Spalte erarbeiten Sie in Ihrem Team, welche 3–5 Schlüsselinitiativen konkret durchgeführt werden müssen, um das operative Jahresziel zu erreichen, wodurch Sie wiederum einen wesentlichen Schritt in Richtung langfristiges Ziel vorankommen. Diese Schlüsselmaßnahmen sind so etwas wie Ihre persönlichen Neujahres-Vorsätze, mit dem Unterschied, dass Sie die Schlüsselmaßnahmen definitiv nicht verschieben können.

3.3.10 Die entscheidende Kennzahl

Ein weiterer sehr wichtiger Bestandteil der Zieleebene der Pyramide ist es, jene entscheidende Kennzahl abzuleiten, die Ihre Top-Jahrespriorität am besten misst. Diese entscheidende Kennzahl sollte die kritischen Punkte im Herzen Ihres Geschäftsmodells sowie die kritischen Punkte in den Kernprozessen widerspiegeln, jene Punkte also, die Ihr Geschäft im Kern beeinflussen – sowohl im positiven wie im negativen Sinne. Um Ihre entscheidende Kennzahl zu identifizieren, können Sie z. B. über folgende Fragen nachdenken:

- Welcher Faktor hat den größten Einfluss auf Ihre Zielerreichung?
- Welche ist die Hauptschwäche in Ihrem Geschäftsmodell, die behoben werden muss?
- Welches ist der größte Stein, der in Ihrem Schuh drückt?
- Was lässt Sie nachts nicht schlafen?
- Weshalb verlieren Sie Kunden?

Eine entscheidende Kennzahl könnte z. B. die Auslastungsrate von Servicepersonal sein. Beachten Sie, dass Sie die entscheidende Kennzahl jedes Jahr ändern müssen. Auf diese Weise stellen Sie sicher, dass Ihre geballte Energie jedes Jahr auf eine andere Stelle im Unternehmen fällt.

Wir empfehlen die Verwendung von einer, besser zwei entscheidenden Kennzahlen, idealerweise eine aus der Bilanz und eine aus der Gewinn- und Verlustrechnung. Bewährt hat sich, immer einen zweiten wichtigen Bereich zu suchen, der eine Balance zu der ersten entscheidenden Kennzahl schafft. Wenn Sie z. B. vermehrt Ihre Lagerbestände reduzieren, sollten Sie auch die Lieferfähigkeit messen, damit Sie nicht auf der einen Seite den Bestand optimieren, aber auf der anderen Seite Kundenzufriedenheit verlieren.

3.3.11 Quartals-Maßnahmen und Meilensteine

Als Nächstes beschäftigen Sie sich mit den Maßnahmen und Meilensteinen für die nächsten 90 Tage – also all den »Wie-machen-wir-das-konkret-Dingen«. Dazu teilen Sie das Jahresziel in vier kleine Quartalsziele auf, die Quartal für Quartal in die Erreichung des Jahreszieles münden. Am besten stellen Sie sich vor, als handele es sich um drei bis fünf aufeinander folgende 13-Wochen-Missionen, die Ihnen die Prioritäten für das ganze Jahr liefern. Wir nennen diese Quartals-Missionen auch »Meilensteine« (Steven Covey spricht in diesem Zusammenhang von »Rocks«[35]). Meilensteine sind die stets sichtbaren Prioritäten, die wir neben dem gesamten Tagesgeschäft angehen und im laufenden Quartal lösen müssen.

Wichtig: Auch hier müssen Sie jeweils die entscheidende Kennzahl entwickeln, die Ihnen zeigt, welche Fortschritte Sie tatsächlich Woche für Woche verzeichnen. Das Messen der wöchentlichen Fortschritte ist zudem eine gute Möglichkeit, um Ihre Mitarbeiter tiefer in Ihre Business-Themen einzuführen.

Nun haben Sie bereits zwei entscheidende Kennzahlen, und zwar eine für das Jahr und eine für das Quartal.

3.3.12 Motto, Anzeigentafel und Feier

Betrachten Sie nun Ihre Meilensteine, Ihre entscheidenden Kennzahlen und Ihre Jahresziele. Versuchen Sie aus diesen ein Jahres- und Quartals-Motto abzuleiten. Ein Motto fokussiert die Mitarbeiter noch stärker auf die Top-Prioritäten und bringen, wenn Sie es richtig ernst meinen, eine Menge Spaß und zusätzliche Motivation ins Unternehmen. Überlegen Sie, wie Sie die entscheidende Kennzahl messen und wo ggf. eine ansprechende Anzeigentafel angebracht wird, damit alle zu jedem Zeitpunkt sehen können, wo Ihr Unternehmen steht. Und bitte: Feiern Sie gemeinsam mit Ihren Mitarbeitern, wenn das Unternehmen seine Ziele erreicht hat. Stehen Sie erst am Beginn eines neuen Quartals, malen Sie sich gemeinsam mit den Führungskräften und Mitarbeitern möglichst oft und detailliert aus, wie Sie gemeinsam den Quartalserfolg feiern werden.

3.3.13 Planen

Bevor Sie sich die nächste Spalte der Pyramide vornehmen, nehmen Sie bitte Ihren Kalender zur Hand und setzten Sie bereits jetzt das nächste Quartalsmeeting fest. Das wird nämlich der Zeitpunkt sein, um das nächste Quartal zu planen und Ihr Motto für das nächste Quartal zu erarbeiten. Planen Sie einen ganzen Tag für jedes Quartalsmeeting ein. Die richtigen Meilensteine und konkreten Schritte zu erarbeiten ist nicht so einfach, wie es zunächst klingen mag. Aber der Aufwand lohnt sich: Je sorgfältiger Sie das Quartal planen, desto reibungsloser und effektiver werden Sie Ihre Ziele erreichen. Planung ist einmal mehr das halbe Leben.

35 Covey, S.R. (2012). Die 7 Wege zur Effektivität. Prinzipien für persönlichen und beruflichen Erfolg. 24. Aufl., Offenbach.

3.3.14 Individuelle Quartalsverantwortlichkeit

Bis hierher haben Sie sich mit der Ausrichtung des gesamten Unternehmens beschäftigt. Die siebte Spalte ist ausschließlich für die Verantwortlichkeiten einzelner Mitarbeiter oder Abteilungen vorgesehen. Die Spalten eins bis sechs, insbesondere Spalte fünf »Quartals-Maßnahmen und Meilensteine«, beschreiben konkret den Weg, den Ihr Unternehmen im großen Rennen um Marktanteile und Wettbewerbsvorteile einschlägt. Die siebte Spalte regelt, welchen Beitrag die jeweilige Abteilung oder Person in diesem Rennen zu leisten hat.

Auf den Punkt gebracht:

- Quartalsplanung = Landkarte für das Rennen
- Persönliche Verantwortlichkeit = Ihre Rolle im Rennen

3.3.15 Zeitpläne

Der vorletzte Schritt in der Planungspyramide sind die Zeitpläne. Diese sollten Sie auf einem separaten Kalender eintragen. Hier werden die einzelnen Aktionen, strategischen Vorstöße, Jahres-Schlüsselinitiativen, Quartals-Maßnahmen und Verantwortlichkeiten der vorigen Spalten in eine chronologische Ordnung gebracht: Was muss bis wann erledigt sein? Was gehen wir als Erstes an? Was passiert als Nächstes? Zwischen welchen Aktivitäten bestehen Abhängigkeiten? Behalten Sie all diese Fragen im Hinterkopf, wenn Sie Ihre Zeitpläne erstellen. Geben Sie jeder Ihrer Führungskräfte die komplette Verantwortung für eine Aktivität, Meilenstein oder Initiative. Tragen Sie Ihren Führungskräften auf, innerhalb der nächsten 48 Stunden schriftlich darzulegen, was sie bis wann zu tun gedenken, um die jeweilige Quartals-Verantwortlichkeit zu erfüllen. Ein A4-Blatt mit drei Spalten für »was«, »wer« und »bis wann« reicht völlig aus.

Während Sie und Ihr Führungsteam sich durch die Einzelheiten der Zeitplan-Spalte kämpfen, sollten Sie sich stets vergegenwärtigen, dass nichts in Ihrem Unternehmen erledigt wird, das nicht bei irgendjemandem auf irgendeiner wöchentlichen »To-Do-Liste« auftaucht. Hören Sie auf, in Monaten zu denken, und brechen Sie all Ihre Kennzahlen, Deadlines und Ergebnisse auf Wochen herunter. Das mag zwar mühsam sein und pedantisch wirken, aber es dient Ihnen, Ihrem Führungsteam und Ihrem Unternehmen.

3.3.16 Rechenschaft (Accountability)

Die Pyramide schließt mit dem wohl wichtigsten Thema überhaupt ab – Rechenschaft ablegen.

Nun wird definiert, welcher Mitarbeiter genau für welche Aktivität Rechenschaft ablegen muss. Wir haben aus einem guten Grund nicht das Wort »verantwortlich oder zuständig« benutzt, da es oft Situationen gibt, in denen mehrere Mitarbeiter für dieselbe Sache zuständig sind, aber es darf immer *nur eine einzige* Person geben, die für eine Sache Rechenschaft leisten muss. Das bedeutet, dass er oder sie der Sache eine Stimme verleiht. Erinnern Sie sich immer daran: Haben mehrere Mitarbeiter für dieselbe Sache »den Hut auf«, hat keiner den Hut auf.

3.4 Die richtigen Dinge richtig tun: Ihr kompakter Strategieplan

Gratulation! Sie haben den kompakten Strategieplan fertiggestellt. Versuchen Sie nicht, Ihr Dokument nochmals zu überarbeiten, nachdem Sie alles einmal ausgefüllt haben. Der Sinn der Sache ist nicht, die perfekten Worte zu finden. Es geht nur darum, ein praktisches Instrument für den täglichen Gebrauch zu haben, das auf einer Seite alles ausdrückt, was Ihr Unternehmen ist und ausmacht. Dieses eine Blatt wird es Ihnen und Ihrem Unternehmen ermöglichen, das Potenzial, das in Ihnen und Ihren Mitarbeitern steckt, gezielt und in abgestimmter Art und Weise zu entfalten

Das Wichtigste zuletzt: Unternehmerischer Erfolg ist zu etwa 1 % auf eine inspirierende Vision zurückzuführen – und zu 99 % auf die konsequente Ausrichtung aller Mitarbeiter auf ein gemeinsames Ziel. Deshalb: Nutzen Sie Ihren kompakten Strategieplan jeden Tag dafür, dass Ihr Unternehmen das Richtige richtig tut.

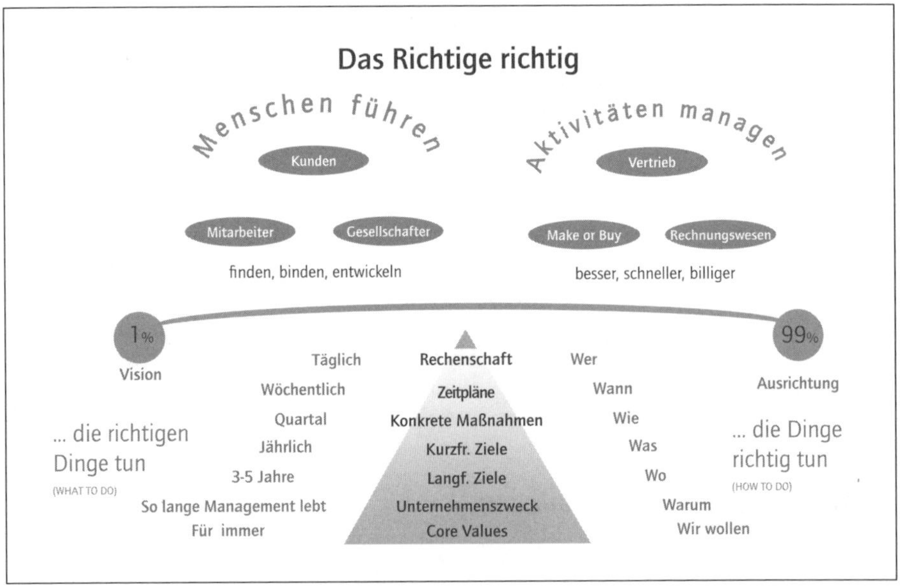

Abb. 18: Ausrichtung (Alignment) entscheidet

4. Das vierte Prinzip: Orientierung durch Core Values

Sagen Sie allen, »wie Sie ticken« – erst das schafft echte Orientierung.

Nutzen Sie Ihre Core Values, um Ihre Firma erfolgreich zu führen!

Management Summary

Mit drei Handlungsleitlinien schaffen Sie eine starke Unternehmenskultur:

1. Wenige Regeln ...
2. ... oft wiederholen ...
3. ... und sich selbst auch an diese Regeln halten.

Eine starke gemeinsame Kultur führt zu besseren Leistungen, größerer Rentabilität und reibungsloseren Abläufen. Eine starke Unternehmenskultur, die durch eine Handvoll Regeln – Ihre Core Values – angetrieben wird, bringt noch zahlreiche weitere Vorteile mit sich. Sie vereinfacht z. B. das Führen und Delegieren, reduziert Bürokratie, hilft Ihren Mitarbeitern, schwierige Entscheidungen in Ihrem Sinne zu treffen und bringt Klarheit in alle zwischenmenschlichen Beziehungen im Unternehmen. In diesem Kapitel finden Sie ein Tool, um sich über Ihre Core Values klar zu werden, sowie acht weitere Instrumente, mit denen Sie Ihre Core Values im Alltag zum Leben erwecken. Sie werden außerdem sehen, wie Sie Ihre Core Values konkret dazu nutzen können, um bestimmte Prozesse effizienter zu gestalten z. B. die interne Unternehmenskommunikation (Information der Mitarbeiter), Recruiting-Prozesse, Vorstellungsgespräche oder Zielvereinbarungs- und Leistungsbeurteilungsprozesse. Zusätzlich finden Sie mit unserem individuellen Leistungsbeurteilungsbogen einen hervorragenden Leitfaden, um hilfreiche und aufbauende Leistungsbeurteilungsgespräche zu führen.

Hatim Tyabji schaffte es, den Umsatz von Verifone, einem Unternehmen für die Verrechnung von Kreditkartentransaktionen, um 2000 %, von $ 30 Millionen auf $ 600 Millionen zu steigern. Rückblickend sieht Tyabji seinen Schlüssel zum Erfolg in einem kleinen Büchlein, in dem er selber damals in acht verschiedenen Sprachen die Grundeinstellungen und Prinzipien seines Unternehmens erklärte. »Die letzten 6 Jahre habe ich damit verbracht, meine 8 Prinzipien ständig zu wiederholen.« So Hatim, bevor er sein Unternehmern für $ 1,3 Mrd an Hewlett-Packard verkaufte. Dadurch gelang es Tyabji, eine globale, starke, schlagkräftige, partnerschaftliche und kollegiale Führungskultur schaffen. Alle Führungskräfte hatten ein gemeinsames Verständnis vom Unternehmen. Sie drückten sich ähnlich aus und dachten in ähnlichen Kategorien. Auch das gegenseitige Vertrauen im Führungsteam war groß.

Ähnliches berichtet auch Tony Hsieh, geschäftsführender Gesellschafter von Zappos Inc. Lad Vegas (www.zappos.com). Er übernahm im Jahr 1999 die Leitung eines Onlineshops für Schuhe und baute den Shop bis 2009 von $ 1 Million Umsatz auf einen Umsatz von $ 1 Milliarde aus! Hsiehs Credo lautet: Ausschließlich Mitarbeiter einstellen, die zu den Core Values des Unternehmens passen – auch wenn sie noch so tolle Qualifikationen mitbringen. Tony Hsieh geht noch weiter: Potenziellen neuen Mitarbeitern, die bereits das intensive Callcenter-Training erfolgreich absolviert haben, bietet er bis zu $ 2000 in bar an, falls sie den Job bei Zappos nicht annehmen. Tony Hshieh möchte sich damit frühzeitig vor Mitarbeitern schützen, die nur des Geldes wegen bei ihm anfangen, die also nicht primär dazu beitragen möchten, Zappos zu einem der kundenfreundlichsten Unternehmen der Welt zu machen. Früher oder später würden diejenigen, die nur des Geldes wegen bei Zappos arbeiten, sowieso gekündigt.

Core Values sind nicht Werte

»Core Values« begegnen uns in den USA als Führungsallheilmittel begegnet und dort wahre Motivationswunder zu vollbringen vermag. Die deutsche Übertragung von »Core Values« lautet »Werte«. Doch bemerken wir, dass eine Wertediskussion oder Unternehmensleitbilddiskussion eher bescheidene Jubelschreie und Motivationsschübe bei Führungsteams oder Mitarbeitern hervorruft. Was ankommt ist, dass neben der Last durch die Flut an Arbeits-, Ablauf-, Prozessanweisungen und weiteren Geschäftsordnungen noch eine weitere Last drauf gelegt wird – nämlich die auf einer moralischen und ethischen Ebene. Werte haben im Deutschen eine eher schwere und ethisch/moralische Dimension: Wir sollen nicht nur fleißig, bestimmt und produktiv sein, sondern zudem noch freundlich, rücksichtsvoll, zuvorkommend, umweltschonend, Ressourcen sparend, der 3. Welt helfend und gemeinschaftlich denkend sein. Im Grunde ist das die beste Voraussetzung, um den letzten Funken Dynamik bei Führungsteams und Mitarbeitern zum Erlöschen zu bringen. Leider beobachten wir das in der Praxis all zu oft. Trotzdem fragt niemand, ob da vielleicht etwas falsch verstanden wurde ...

Schauen wir uns nochmal an, aus welcher Haltung heraus in Amerika die Diskussion um »Werte« bzw. »Core Values« geführt wird: Wir sehen, dass es nicht primär um moralische Aspekte geht. Vielmehr geht es darum, dass Führungskräfte ihren Mitarbeitern mitteilen, wie sie denken und was sie von den Mitarbeitern erwarten. Da die USA ein Einwanderungsland ist, sind Teams und Management seit jeher damit konfrontiert, dass in einem Team Mitarbeiter mit ganz unterschiedlichen Anschauungen, Prinzipien und Wertesystemen arbeiten: Asiaten, Europäer, Hispanier und Afro-Amerikaner – alle mit ganz eigenen kulturellen Prägungen. Um sich als Führungskraft verständlich zu machen, ist es daher essenziell, alle in Kenntnis darüber zu setzen, welche Prinzipien und Handlungen hier in dieser Unternehmenskultur angesagt sind. Der Chef muss sagen »wie er tickt«, was seine Prinzipien und Einstellungen sind, damit die Mitarbeiter eine Orientierung bekommen. Je genauer alle wissen »wie Sie als Chef ticken«, desto höher ist die Wahrscheinlichkeit, dass Mitarbeiter Entscheidungen in Ihrem Sinne Treffen, wenn Sie einmal nicht in der Firma sind. Es geht also um die Basis des Delegierens und des Skalierens in Ihrem Unternehmen.

Je genauer alle wissen, welche Überzeugungen, Einstellungen, Prinzipien und Haltungen – wir verwenden hierfür den Begriff Core Values – wir als Führungskräfte haben, desto besser können sich alle daran orientieren. Alle können aktiv mitdenken und jeder Einzelne kann sich effektiver einbringen. Damit schaffen wir die Grundlage für eine gesunde Basis: nämlich Sicherheit. Der Einzelne weiß, was von ihm erwartet wird, was hier angesagt ist – und was nicht.

Somit etablieren Sie mit dem Formulieren und Ausarbeiten Ihrer Core Values ganz bewusst die familiäre Phase im Unternehmen und schaffen Vertrauen und Sicherheit. Auf diesem Vertrauen und dieser Sicherheit können sich Mitarbeiter weitaus besser einbringen.

4.1 Die richtigen Worte finden: Mission zum Mars

Wenn Sie bereits Ihre Einstellungen und Prinzipien (Core Values) in Worte gefasst haben, können Sie den folgenden Abschnitt überspringen – ansonsten sollten Sie unbedingt aufmerksam weiter lesen.

Sich vor ein leeres weißes Blatt Papier zu setzen und darauf seine innersten Core Values niederzuschreiben, das kann ein ziemlich frustrierendes und fruchtloses Unterfangen sein. Wir haben schon Firmen gesehen, die zig-tausend Euro ausgegeben haben, um sich über ihre Core Values klar zu werden. Am Ende fanden sie sich nur allzu oft mit einer Liste von leeren Worthülsen wieder, die zwar die Einzigartigkeit und Stärke der existierenden Kultur nicht wirklich beschrieben, aber auf allen möglichen Tassen, Postern, T-Shirts und Baseball-Mützen prangten.

Dabei existiert eine erstaunlich schnelle und nicht zuletzt auch vergnügliche Methode, die Grundeinstellungen und Prinzipien eines Unternehmens zu identifizieren und in Worte zu fassen. Auch diese Methode wurde von Jim Collins in seinem bereits mehrfach erwähnten Artikel vorgeschlagen. In 30 Minuten erhalten Sie damit eine relativ gute Vorstellung davon, was Ihr Unternehmen ausmacht. In ein bis zwei Stunden erarbeiten Sie ein fix und fertiges Dokument. Jim Collins nennt diesen Prozess »die Mission zum Mars«.

Und so geht's: Versammeln Sie eine repräsentative Gruppe von Mitarbeitern aus allen Bereichen Ihres Unternehmens oder, wenn Ihnen das lieber ist, einfach Ihr Führungsteam. Sagen Sie der Gruppe, dass sie so tun soll, als gäbe es ein paar marsianische Anthropologen, die unsere Unternehmenskultur verstehen wollten. Jeder Anwesende soll nun eine Liste von fünf Mitarbeitern aufstellen, die wir zum Mars schicken können. Einziges Auswahlkriterium: Die »Auserwählten« dürfen sich *nicht* hier im Raum befinden. (Wenn Sie ein Start-up-Unternehmen leiten, umfasst ihre Liste meist nur die vier Gründer, was auch in Ordnung ist). Das Problem bei der Mission: Die marsianischen Anthropologen verstehen unsere Sprache nicht. Sie wissen nicht, was eine gute Powerpoint-Präsentation ist. Sie lernen ausschließlich durch Beobachtung. Für die Mission zum Mars sollen also jene fünf Mitarbeiter ausgewählt werden, die Ihr Unternehmen am prägnantesten verkörpern. Welches sind die fünf Mitarbeiter, die allein durch ihr Handeln den Marsianern den bestmöglichen Eindruck über Ihr Unternehmen vermitteln? Aufgepasst: Suchen Sie nicht nur Leute aus, die gut präsentieren können. Wählen sie einfach jene fünf Mitarbeiter aus, die den Marsianern einen guten Eindruck davon vermitteln, was Ihr Unternehmen ausmacht.

Wenn jeder im Raum Anwesende seine Fünferliste erstellt hat, eruieren Sie, welche drei Namen am häufigsten genannt werden. Beachten Sie bitte, dass das Ganze nur ein Gedankenexperiment darstellt und dass der Inhalt der Gespräche über die abwesenden Personen unbedingt vertraulich behandelt werden muss. Starten Sie nun mit der Person, die die meisten Stimmen erhalten hat, und überlegen Sie:

- Wer ist das?
- Wie macht er/sie seine/ihre Arbeit?
- Was macht er/sie anders als die anderen?
- Was würden Kunden oder Kollegen über ihn/sie sagen?
- Warum ist er/sie für das Unternehmen wertvoll?
- Was würde uns fehlen, wenn er/sie nicht mehr da wäre?

Nach einer gewissen Zeit werden Sie gewisse Themen und Muster erkennen. Wenn die Formulierungen, die dabei verwendet werden, nicht so geschliffen oder hilfreich klingen, wie Sie es sich vielleicht vor dem Meeting erhofft hatten, ist das nicht weiter schlimm. Denken Sie daran: Sie wollen die wahren Core Values Ihres Unternehmens finden – und keine abgedroschene Werbeversion davon.

Wenn Sie die eben beschriebene Übung durchführen, sollten Sie mit einem gewissen Biss dran bleiben und konkrete Handlungen und Verhaltensmuster identifizieren, die für alle beobacht- und nachvollziehbar sind. Ein Beispiel aus unserer Beratungspraxis: In einem Team sind wir auf das Merkmal »Integrität« gestoßen. Wolfgang verkörperte dieses Merkmal außergewöhnlich gut. Frage: »Was macht denn Wolfgang konkret, dass wir seine Integrität erkennen können?« Antwort: »Oh, das ist einfach, Wolfgang macht immer das Richtige, ohne dass wir es ihm sagen müssen, auch die unangenehme Sachen.« Wir leiten daraus folgendes Prinzip ab: Mitarbeiter, die die Core Values des Unternehmens auf vorbildliche Weise verkörpern, tun stets das Richtige und Notwendige, auch wenn sie niemand dabei beobachtet.

Jim Collins schreibt dazu: » ... Es gibt keine Liste von Core Values, die allgemeingültig ist. Ein Unternehmen muss nicht zwangsläufig Core Values haben wie Kundenservice (kein Core Value von Sony), Qualität (kein Core Value von Wal-Mart) oder Teamwork (kein Core Value von Nordstrom). Ein Unternehmen hat vielleicht trotzdem Strategien um Themen aufgebaut, die nicht unbedingt als Core Values definiert wurden, die aber gleichwohl absolut im Mittelpunkt stehen. Ein Unternehmen muss auch keineswegs zwangsläufig humanistische Core Values haben, auch wenn viele Unternehmen in diese Richtung gehen. Entscheidend ist nicht, welche Core Values ein Unternehmen hat, sondern DASS es überhaupt welche hat.«[36]

Wenn Sie sich dem Ziel annähern und allmählich die passenden Worte und Bilder finden, um die Einstellungen und Prinzipien Ihres Unternehmens zu beschreiben, dann steigt meist die Stimmung im Raum. Wie Sie wissen können, dass Sie am Ziel angekommen sind? Nun: Die Gänsehaut auf Ihren Armen wird es Ihnen verra-

36 Collins, J. (1996). Building your company's Vision. In: Harvard Business Review IX/X 1996. Download unter www.hbr.com oder www.jimcollins.com.

ten. Wenn Ihre Mitarbeiter erst einmal Ihre tiefsten Überzeugungen und Motivationen aus freien Stücken als ihre eigenen benennen, dann sind Sie bei den Core Values Ihres Unternehmens angekommen. Jetzt müssen Sie nur noch ein bisschen an den Formulierungen feilen, bis sie prägnante Schlüsselwörter oder -sätze erhalten, die Klarheit geben und Orientierung vermitteln.

Ein Beispiel: Abb. 19 zeigt die Core Values bei Gazelles, Integral Partners und Pad Publisher:

Gazelles.com	Integralpartners.de	Pad Publisher
Wir handeln, wie wir sprechen.	Wir denken und handeln interdisziplinär.	Wir verkaufen, was wir haben.
Wir wollen begeisterte Kunden.	Wir sind standhaft durch Ehrlichkeit.	Wir sind herzlich und freundlich.
Wir bieten erstklassige Qualität für weniger Geld.	Wir lassen uns ein, um zu verstehen.	Wir reagieren sofort auf Kunden und Kollegen.
Wir würdigen die geistigen Urheber.	Unser Handeln bietet immer eine Brücke.	Fairness, wir übervorteilen niemanden.
Wir sind alle auch selber Entrepreneurs.	Wir haben das große Ziel immer vor Augen.	Wir sind kompetent, verbindlich und bleiben dran.
Wir geben niemals, aber auch wirklich niemals auf.	Wir betreiben Veränderung mit Konsequenz und spielerischem Elan.	Wir sind begeistert und ziehen auch die Gummistiefel an.

Abb. 19: Core Values von Gazelles, Integral Partners und Pad Publisher.

Die »Mission zum Mars« ist immer eine sehr eindrucksvolle und aufschlussreiche Teamübung. Einmal führten wir die Mission zum Mars mit einem jungen Geschäftsführer durch, der seine gesamte oberste Führungsriege mit zum Workshop brachte. Die Gruppe hatte zwar ziemlich schnell ihre fünf Favoriten ausgewählt, aber die meisten Vorschläge missfielen dem Geschäftsführer. Dann fielen drei Worte: Bauen, Eleganz und Design. Man konnte die Freude in den Augen des CEOs erkennen. Das Wort »Bauen« erinnerte ihn an seine Kindheit und daran, wie er mit seinem Vater an Projekten arbeitete. Das Unternehmen arbeitet an Software-Lösungen für Bauunternehmen. »Eleganz« und »Design« knüpfte sehr gut an seine Ungeduld an, die immer dann entstand, wenn man ihn mit einer Lösung konfrontierte, die noch unbeholfen wirkte. Er konnte sich sofort mit den beiden Worten identifizieren und es berührte ihn sehr, dass die Führungsebene seines Unternehmens ähnlich dachte wie er.

Was an diesem Tag passiert war, erwies sich als sehr wichtig für die Zukunft dieser Software-Firma. Die Kommunikation lief in zwei Richtungen. Das Führungsteam konnte erkennen, welche Worte den Geschäftsführer motivierten, und der Geschäftsführer konnte dem Führungsteam einen noch tieferen Sinn dieser Worte erschließen.

Manche mögen an dieser Stelle kritisch fragen, ob es denn für ein Unternehmen überhaupt wichtig sei, dass Mitarbeiter, Geschäftsführer und Führungsteams ein gemeinsames Verständnis ihrer Core Values haben? Wir meinen: Ja, und zwar ohne Einschränkung. Wenn die Firma nicht über Ihre Core Values kommunizieren kann, kann kein gemeinsames Verständnis der Core Values entstehen und die Firma driftet ab. Irgendwann verlieren die Führungskräfte verlieren ihren Mut. Falls es dem Unternehmen jedoch gelingt, sich auf ein gemeinsames Verständnis seiner Core Values zu einigen, wird eine sehr tiefe Übereinstimmung und eine klare Ausrichtung auf das gemeinsame Ziel erreicht. Und gerade diese Ausrichtung aller und das gemeinsame Verständnis untereinander kann das Unternehmen enorm weit voran bringen.

4.2 Core Values in der Praxis: Acht Tools für den Alltag

Haben Sie Ihre Core Values gefunden und formuliert, geht es darum, diese im Unternehmen zu verbreiten, sie am Leben zu erhalten und neue Mitarbeiter (oder akquirierte Unternehmen) damit vertraut zu machen. Denken Sie daran: 1 % des Erfolgs lässt sich auf die Vision zurückzuführen, 99 % auf die Ausrichtung.

Diese Grundeinstellungen und Prinzipien Tag für Tag zu wiederholen und permanent nach ihnen zu leben, ist der schwierigste Teil des Prozesses. Eine Führungskraft muss mehr tun, als Zettel aufzuhängen und T-Shirts mit den Core Values zu bedrucken. Um die Core Values am Leben zu erhalten, müssen Sie kreativ werden. Sie müssen sich viele verschiedene Wege einfallen lassen, um permanent ein und dieselbe Botschaft zu verbreiten – ohne dass diese langweilig wird, aber so, dass jeder einzelne Mitarbeiter jeden Tag daran erinnert wird. In den nächsten Abschnitten stellen wir Ihnen acht verschiedene Tools vor, die Sie dabei unterstützen.

4.2.1 Geschichten erzählen (Storytelling)

Gute Geschichten kommen an. Die meisten großen Führungspersönlichkeiten verpacken ihre Botschaften in Geschichten. Geschichten sind dabei nicht nur das Stückchen Zucker, damit die Medizin geschluckt wird; es geht um weitaus mehr! Wir ermutigten einen unserer Mandanten, doch ab und zu Geschichten aus seinem Leben und seiner langjährigen Erfahrung zu erzählen, statt immerfort zu maßregeln. Er beherzigte unseren Rat. Die Folge: Seine Beziehung zum Führungsteam und den Mitarbeitern verbesserte sich rasch. Das Beispiel zeigt: Geschichten erzählen nährt und stärkt Beziehungen. Das, was in Geschichten zwischen den Zeilen gesagt wird, vermittelt oft mehr Orientierung und Verständnis als 1000 genaue Anweisungen. In Geschichten finden sich oft auch Erklärungen dafür, wie bestimmte, etwas schwieriger zugängliche Core Values entstanden sind. Erzählen Sie Geschichten, statt Moralpredigen zu halten und Ihre Mitarbeiter zu maßregeln – und fügen Sie am Ende immer an: »Und das ist der Grund, weswegen XY eine unserer Core Values repräsentiert.«

Die »Mission zum Mars« ist ein idealer Zeitpunkt, um die Technik des Geschichtenerzählens im Business-Kontext einzuführen. Binden Sie Geschichten ein, wo immer sie zum Kontext passen: bei Führungsfragen, strategischen Überlegungen, Mitarbeiterentscheidungen etc. Sie können gerne auch ab und an bereits bekannte Geschichten erzählen, sollten aber trotzdem immer wieder neue Geschichten vortragen. Je besser die Mitarbeiter diese Einstellungen und Prinzipien mit alltäglichen Dingen verbinden können, desto relevanter und nützlicher werden die Core Values für sie.

Gewöhnen Sie sich z. B. an, im Monatsmeeting jeweils von einem Vorfall wertschätzend zu berichten, der in einer besonderen Art und Weise einen Core Value Ihres Unternehmens veranschaulicht. Sie haben doch ein Monatsmeeting, bei dem die gesamte Mannschaft zusammen kommt, oder?? Am schnellsten finden Sie solche Geschichten, wenn Sie bei den wöchentlichen Managementteam-Meetings Ihre Kollegen nach Vorschlägen fragen. Sie haben doch ein wöchentliches Managementteam-Meeting, oder??

Wenn Sie zu denjenigen gehören, die noch keine regelmäßigen monatlichen Gesamtteam-Meetings oder noch keine wöchentlichen Managementteam-Meetings abhalten, sollten Sie unverzüglich damit beginnen. Doch mehr dazu später.

4.2.2 Stellenausschreibungen und Einstellungsgespräche

Die Begriffe, Regeln und Geschichten, die Ihre Core Values veranschaulichen, lassen sich auch hervorragend bei der Rekrutierung und Auswahl neuer Mitarbeiter einsetzen. Nicht nur Ihre bestehenden, sondern auch alle neuen Mitarbeiter sollten sich mit den Core Values Ihres Unternehmens wohl fühlen und sich mit ihnen identifizieren. Benutzen Sie die Sprache Ihrer Core Values in Ihren Stellenausschreibungen. So werden Sie genau bei jenen potenziellen Bewerbern Interesse wecken, die sich von diesen Einstellungen und Prinzipien angesprochen fühlen und die sich später auch damit identifizieren können. Bereiten Sie eine Reihe von Fragen vor, mit denen Sie in Vorstellungsgesprächen die Einstellung des Kandidaten zu Ihren Core Values testen können. Ein Beispiel: Wir bei Gazelles suchen nach Mitarbeitern mit einem unternehmerischen Hintergrund (Core Value: »Wir sind alle auch selber Entrepreneurs«). Wir fragen die Bewerber konkret nach Beispielen, wie sie mit einer eigentlich unlösbaren Aufgabe umgegangen sind (Core Value: »«Wir geben niemals auf«). Wenn wir dann die Auswahlentscheidung treffen, bewerten alle Interviewer den Bewerber im Hinblick auf unsere Core Values. Unser oberstes Ziel ist es, sicher zu stellen, dass die neuen Mitarbeiter zu uns passen.

Zappos bietet an dieser Stelle erneut ein sehr anschauliches Beispiel:[37]

Prinzip und Grundeinstellung (Core Value)	Interviewfragen (Beispiele)
Liefere Kunden »Wows« durch perfekten Service!	Nennen Sie mir ein paar Beispiele aus Ihrem Leben, in denen Sie andere Menschen durch Ihre besondere Leistung überrascht haben. Gibt es eine Geschichte aus Ihrem Berufsleben? Teilen Sie uns ein Beispiel mit, bei dem Sie im beruflichen Kontext etwas Herausragendes gemacht haben, es jedoch niemand mitbekommen hat. Welches ist das beste berufsbezogene Kompliment, welches Sie jemals erhalten haben? Denken Sie an Ihren letzten Job. Woran erkannten Sie, dass Ihr Kunde zufrieden war?
Sorge für Spaß und sei ein wenig schräg!	Machen Sie gerne auch mal etwas, was anderen Spaß bereitet, und gehen dabei auch außergewöhnliche Wege? Was haben Sie in Ihrer letzten Arbeitsstelle getan, um mehr Spaß zu erleben? Wie schräg sind Sie auf einer Skala von 1–10?
Gehe Wagnisse ein, sei kreativ und offen!	Würden Sie sich eher als vorsichtigen oder als risikobereiten Menschen bezeichnen, der schwierige Dinge mit Kreativität angeht? Sind Sie eher mehr oder weniger kreativ als der Durchschnitt, und warum? Beschreiben Sie uns eine Situation, in der Sie jemandem eine unangenehme Information übermitteln mussten. Worum ging es und wie sind Sie vorgegangen?
Strebe nach Wachstum und Lernen!	Streben Sie nach persönlicher Entwicklung? Wollen Sie persönlich wachsen? Welches ist der »beste« Fehler, den Sie jemals gemacht haben? Sind sie bereit, sich auf wahrhaftiges Lernen einzulassen? Gab es schon Situationen in Ihrem Leben, die wahrhaftiges Lernen erforderten? Welche Bücher lesen Sie, um sich weiterzuentwickeln? An welchem Bereich Ihrer Persönlichkeit arbeiten Sie aktuell?
Sei begeistert und entschlossen!	Wenn Sie sich etwas fest vorgenommen haben, sind Sie dann bereit, es auch gegen Widerstände durchzusetzen? Gibt es dafür Beispiele aus Ihrem Leben? Bei welchen anderen Firmen haben Sie sich beworben? Und warum?
Schaffe mehr mit weniger!	Was würden Sie aufgrund Ihrer bisherigen Berufserfahrung sagen: Was kann Ihr Chef tun, damit Sie bestmögliche Arbeitsergebnisse liefern? Können Sie mir beispielhafte Situationen aus Ihrem Berufsleben nennen, in denen Sie »Engpass-Situationen« gemeistert haben?
Schaffe einen positiven und familiären Team-Spirit!	Ist Ihnen Gemeinschaftssinn wichtig? Was verstehen Sie unter Teamarbeit? Ist es Ihnen wichtig, selbst ein Mitglied eines echten Teams zu sein? Warum? Nennen Sie mir bitte eine Situation, als Sie in einem Team arbeiteten und einer nicht mitzog. Was haben Sie gemacht?
Nimm Veränderungen offen an und treibe sie voran!	Wie gehen Sie in der Regel mit Veränderungen um? Können Sie eine exemplarische Situation aus Ihrem Leben nennen? Gab es Situationen in Ihrem Leben, die sich unerwartet positiv entwickelt haben, nachdem Sie die Veränderungen »aktiv« gestaltet haben? Nennen Sie mir eine Situation, in der Sie eine unpopuläre Meinung vertreten haben. Sind Sie dafür eingestanden? Was ist passiert?

Abb. 20: Interviewfragen bei Zappos zur Ermittlung von Core Values bei Bewerbern

37 Zappos Interview Questions, www.zappos-insights.com

Wir empfehlen, in Einstellungsgesprächen immer den gleichen Fragenkatalog zu verwenden. Dadurch legen Sie sich die Grundlage, um Ihre Wahrnehmung im Hinblick auf bestimmte Muster zu schärfen. Wenn Sie immer die gleichen Fragen stellen, können Sie sehr schnell erkennen, ob der Betreffende im Vergleich zu den anderen Bewerbern eine kreative und interessante Antwort gegeben hat. Nach einiger Zeit brauchen Sie nur noch Sekunden, um das zu erkennen.

Auch Ihre Mitarbeiter sollten die gleichen Interviewfragen wie Sie verwenden, um die jeweiligen Core Values zu hinterfragen. Dadurch schaffen Sie sich die Voraussetzung, um Einstellungsgespräche effizient delegieren und sich effektiver mit anderen Interviewern über einen bestimmten Kandidaten austauschen zu können.

4.2.3 Einführungsprogramme für neue Mitarbeiter

Sobald Sie einen Kandidaten eingestellt haben, müssen Sie ihn so schnell wie möglich mit Ihrer Unternehmenskultur vertraut machen. Orientierung geben bedeutet in dem Zusammenhang, dem neuen Mitarbeiter gegenüber die Core Values des Unternehmens wiederholt und mit Nachdruck zu vermitteln.

Courtney Dickinson von Sapient, einer weltweit tätigen Unternehmens- und Technologieberatung organisierte beispielsweise ein einwöchiges »Ausbildungslager (in Anlehnung an die Ausbildungslager »Boot-Camps« der Militärs). Der Sinn und Zweck dieser Veranstaltung bestand darin, den neuen Software-Ingenieuren und -Entwicklern zu zeigen, was es konkret bedeutet, in einem kundenorientierten Umfeld zu arbeiten. Während des Camps wurden die Core Values des Unternehmens in erfahrungsbasierten Lerneinheiten verwendet, was extrem gut funktionierte: »Ich wünschte, ich könnte meinem früheren Arbeitgeber über Sapients Core Values berichten. Dann würde er verstehen, warum ich das Unternehmen verlassen habe«, erzählt ein Mitarbeiter, »denn die Core Values von Sapient widerspiegeln das, woran ich selber glaube.« Am Anfang waren diese Boot-Camps freiwillig, aber nachdem sie sich so sehr bewährt hatten, wurden sie zur Pflichtveranstaltung. »Keiner, der nicht beim Boot-Camp war, hat es lange bei uns ausgehalten.«

Wie bereits erwähnt geht Tony Hsieh bei Zappos sogar so weit, dass er nach Abschluss des zweiwöchigen Einführungstrainings den neuen Mitarbeitern $ 1000 bis $ 2000 in bar anbietet, wenn sie den neuen Job doch nicht annehmen.

4.2.4 Leistungsbeurteilung

Core Values sollten nicht nur als Leitlinien für die Auswahl und Einführung neuer Mitarbeiter dienen, sondern auch das Gerüst für Leistungsbeurteilungssysteme darstellen. Mit ein wenig Kreativität kann jeder Core Value mit einem Leistungskriterium verknüpft werden. Probieren Sie es aus: In Abbildung 21 finden Sie ein Musterbeispiel eines individuellen Quartalsplans, der sich direkt aus dem kompakten Strategieplan ableitet (vgl. Kapitel 3.2).

Beispiel eines individuellen Quartalsplans	
Name: ______________	Unternehmen: ______________
Core Values	Entscheidende Kennzahl
1. ***Wir handeln, wie wir sprechen*** Ich werde *mindestens einen Kunden pro* Woche persönlich anrufen.	1. **80 % begeisterte Kunden** Ich werde *360-Grad-Feedbacks durchführen.*
2. ***Wir wollen begeisterte Kunden*** Ich werde *unsere Prozesse zu 100 % bei den* Kunden einführen.	2. **Operative Prozesse verbessern** Ich werde *die Coaching-Verantwortung an* Dirk delegieren.
3. ***Wir bieten beste Qualität für weniger Geld*** Ich werde *Druck- und Vertriebskosten* für das Buch reduzieren.	Markenversprechen, Verantwortlichkeiten und Meilensteine
4. ***Wir würdigen die geistigen Urheber*** Ich werde *unsere Quellen immer angeben.*	1. ***Sofort anwendbare Werkzeuge*** Ich werde *standardisierte Umsetzungsprozesse entwickeln.*
5. ***Wir sind alle auch selber Entrepreneurs*** Ich werde *alles nötige tun, um meine* Kunden erfolgreich zu machen.	2. ***Entwickeln der Coachs*** Ich werde *Dirk das nötige Know-how vermitteln, damit er alle Prozesse selber durchführen kann.*
6. ***Wir geben niemals, aber auch wirklich niemals auf*** Ich werde *nicht aufgeben, die Leistung* aller Mitarbeiter zu steigern.	3. ***Zahlungsverkehr*** Ich werde *Rechnungen umgehend schreiben* und versenden.

Abb. 21: Beispielhaft ausgefüllter individueller Quartalsplan eines Mitarbeiters von Gazelles

Sollten Sie allen Ihren Mitarbeitern ein Mitarbeiterhandbuch aushändigen, können Sie analog jedes Kapitel um eine Grundeinstellung oder ein Grundprinzip Ihres Unternehmens aufbauen.

4.2.5 Anerkennung und Belohnung

Wenn Sie sich fragen, aufgrund welcher Kriterien Sie Anerkennung und Belohnung aussprechen sollen – die Antwort liegt auch hier in den Core Values. Wenn Sie Anerkennung und Belohnung offiziell mit den Core Values Ihres Unternehmens verknüpfen, schaffen Sie unternehmensweit Klarheit darüber, wie ernst Sie es mit den Core Values meinen. Zusätzlich schaffen Sie sich dadurch eine weitere Quelle für das Storytelling (Kapitel 4.2.1). Wir empfehlen, jedes Mal wenn Sie Anerkennung aussprechen oder Belohnungen vergeben, die dazugehörigen Core Values hervorzuheben.

Wir bei Gazelles nutzen beispielsweise oft das Quartals-Meeting, um Kollegen, die eines unserer Prinzipien beispielhaft vorgelebt haben, zu würdigen.

4.2.6 Interne Newsletter

Wieso sollten Sie sich das Gehirn über einen originellen Titel für Ihren Newsletter zerbrechen, wenn Sie doch einfach einen Satz oder ein Wort aus Ihren Core Values verwenden können? Nehmen Sie bitte nicht den Zeitpunkt (z. B. den Beginn eines neuen Quartals) als Aufhänger für Ihren Newsletter, sondern versuchen Sie, ihn um Themen zu konzipieren, die eng mit Ihren Core Values zusammenhängen. Veranschaulichen Sie die Themen mit konkreten Geschichten – Geschichten über Mitarbeiter, die Ihre Core Values gelebt und damit besondere Leistungen erbracht haben. Ihre Leserschaft wird begeistert sein und eine ganz neue Bindung zu Ihnen als Kunde, Lieferant oder Arbeitgeber aufbauen.

4.2.7 Themen

Vermutlich erhalten Sie bei der Lektüre dieses Buches allmählich den Eindruck, eine kaputte CD anzuhören, die sich ständig wiederholt. Und trotzdem ist es so: Ihre Core Values sind auch die offensichtlichsten Quellen für Ihre Quartals- und Jahresmottos. Greifen Sie auf Ihre Core Values zurück, um die gesamte Belegschaft zu ermutigen, unermüdlich daran zu arbeiten, Ihr Unternehmen zu verbessern. Milliken Inc., ein Textilunternehmen aus South Carolina, macht immer einen seiner sechs Core Values zum Quartalsmotto. Damit konzentrieren sich alle Mitarbeiter automatisch auf das ausgewählte Thema und werden entsprechende Verbesserungen vorantreiben. Detaillierte Anweisungen erübrigen sich dadurch so gut wie vollständig. Die Hotelkette Ritz-Carlton stellt in dieser Hinsicht ein Extrembeispiel dar. Sie erhebt jeden Tag eines Ihrer Prinzipien zum Tagesmotto.

Sowohl bei Milliken als auch bei Ritz-Carlton wird ein Rhythmus entwickelt, der dabei hilft, die Core Values durch ständige Wiederholung immer im Blick zu behalten. Sie können Ihre Mitarbeiter beispielsweise auch dazu anregen, regelmäßig ein »Core-Value-Audit« durchzuführen und das Ergebnis den Führungskräften – durchaus mit einer Prise Humor gewürzt – zu präsentieren. Solche kleinen Aktionen leisten möglicherweise einen größeren Beitrag zur Verwirklichung der Core Values im Unternehmensalltag als groß angelegte Strategien oder Kulturveränderungsprogramme. Viele kleine Aktionen erhalten den Dialog über die Core Values am Leben und bewirken eine laufende Weiterentwicklung der Grundeinstellungen und Prinzipien Ihres Unternehmens. Was auch immer Sie tun – Ihre Core Values dürfen nicht verstauben!

Wir sind der Meinung, dass die Geschäftsführung die Core Values beliebig oft wiederholen kann, ohne lächerlich zu wirken – aber nur so lange die Geschäftsführung diese Prinzipien selber vorlebt und solange die Mitarbeiter diese Prinzipien als relevant und nützlich betrachten.

Weitere Anlässe und Aufhänger, die Sie zur Betonung der Core Values verwenden können, sind z. B.:

- Wenn Sie eine Entscheidung treffen, beziehen Sie sich auf eines Ihrer Prinzipien.

- Wenn Sie etwas positiv hervorheben oder sich über etwas ärgern, beziehen Sie sich auf eines Ihrer Prinzipien.
- Wenn Probleme mit Kunden entstehen, vergleichen Sie die Situation mit dem Idealzustand, wie er sich in Ihren Core Values widerspiegelt.
- Dasselbe gilt für die Kritik oder Bedenken Ihrer Mitarbeiter – wägen Sie sie mit Ihren Prinzipien ab.

Und noch einmal: Viele kleine Aktionen sind viel wirkungsvoller als umfangreiche Change-Projekte!

4.2.8 Wenige Regeln – häufige Wiederholungen – Vorbild sein

Ihre Mitarbeiter haben ein Recht darauf zu wissen, was von ihnen erwartet wird, worauf sie achten sollen, wie genau sie sich engagieren, wie sie mitdenken können. Sie wollen verstehen, wie sie sich zu verhalten haben, um Sie und Ihre Kunden zufrieden zu stellen. Ihre Mitarbeiter wissen es zu schätzen, wenn sie darauf hingewiesen werden, wenn sie eine Sache noch nicht richtig machen.

Ihre Core Values werden all das für Sie erledigen, sofern Sie sich die Zeit nehmen, sie zu definieren und überlegen, welche Anlässe Sie dafür nutzen können, die Core Values im Unternehmen zu verankern. In schnell wachsenden Unternehmen hört man häufig den Einwand: »Wir haben nicht die Zeit, um Core Values oder ähnliche Dinge zu finden!«.

Vertrauen Sie unserer 30-jährigen Erfahrung, unseren über 100 Coachs und den weltweit 20.000–30.000 Unternehmen, welche die in diesem Buch vorgeschlagenen Management-Prinzipien und -tools anwenden. Wir haben schon viele Unternehmen über Jahre begleitet. Unabhängig davon, in welcher Wachstumsphase sich diese Unternehmen befanden – jedes hat sich die Zeit dafür genommen, sich über seine Core Values klar zu werden. Und keines hat es jemals bereut!

Füllen Sie nun zum Schluss dieses Kapitels Ihren eigenen persönlichen Verantwortlichkeitsplan aus (Abb. 22):

Mein persönlicher Verantwortlichkeitsplan	
Name	Unternehmen
Core Values	**Entscheidende Kennzahl/Aktivität**
1. ______ Ich werde ______ ______	1. ______ Ich werde ______ ______
2. ______ Ich werde ______ ______	2. ______ Ich werde ______ ______
3. ______ Ich werde ______ ______	3. ______ Ich werde ______ ______
Unternehmensziele	**Markenversprechen oder andere Verantwortlichkeiten**
1. ______ Ich werde ______ ______	1. ______ Ich werde ______ ______
2. ______ Ich werde ______ ______	2. ______ Ich werde ______ ______
3. ______ Ich werde ______ ______	3. ______ Ich werde ______ ______
Von all den oben genannten Punkten, wird mein wichtigster und erster Beitrag sein (wählen Sie etwas, das sowohl Ihnen als auch dem Unternehmen sehr wichtig ist): ______ Ich werde diesen Beitrag in den kommenden 90 Tagen umsetzen.	

Mein erster wesentlicher Beitrag ist

Abb. 22: Arbeitsblatt – Mein persönlicher Verantwortlichkeitsplan

5. Das fünfte Prinzip: Ausrichtung und Fokus

Definieren Sie Ihre Top-Prioritäten und richten Sie die gesamte Organisation darauf aus!

Management Summary

»Wer zu viele Prioritäten hat, hat keine Prioritäten.«

Diese alte Redensart sollten Sie jederzeit beherzigen. Jedes Führungsteam hat die Aufgabe, die drei bis fünf wichtigsten Prioritäten des Unternehmens in der gesamten Organisation klar zu kommunizieren. Die ganze Belegschaft muss wissen, was konkret bearbeitet und erreicht werden muss, um das Unternehmen auf die nächste Stufe zu heben. Jede Führungskraft muss aber auch ihre individuellen drei bis fünf Top-Prioritäten bestimmen und mit den Prioritäten des Unternehmens abstimmen. Der »Management Accountability Plan« (MAP), den wir Ihnen in diesem Kapitel vorstellen, hilft Ihnen dabei. Am Schluss des Kapitels finden Sie außerdem eine einfache Checkliste, mit der Sie die absolute Top-1-Priorität bestimmen können.

Ist Ihnen auch schon aufgefallen, was wir Menschen auf uns nehmen, nur um dringend anstehende Dinge zu umgehen? Man könnte meinen, es gäbe keine bessere Zeit, das Büro aufzuräumen, als unmittelbar vor einer Präsentation oder einer Deadline in einem großen Projekt. Und wer ist besser dafür geeignet, das Familien-Fotoalbum zu sortieren, als die Person, die den Schrank aufräumen sollte? Nun, so sind wir eben. Wir verbrauchen viel Energie, um den unangenehmen Wahrheiten und Aufgaben aus dem Weg zu gehen.

5.1 Priorisieren als zentrale Managementaufgabe

Es ist ja nicht so, als wüssten wir nicht, was wir zu tun hätten. Es ist einfach nur so, dass wir das, was wir tun müssten, nicht tun. Dieses Kapitel will Ihnen deutlich machen, dass eine Ihrer wichtigsten Managementaufgaben darin besteht, Ihren Mitarbeitern die fünf wichtigsten Prioritäten zu vermitteln – jene wenigen, wirklich wichtigen Dinge, die zu lösen und zu erreichen sind, um Ihr Unternehmen auf die nächste Stufe zu heben. An dieser Stelle ist zu betonen: Auch die Führungskräfte müssen Ihre persönlichen Prioritäten definieren und in Einklang mit denen des Unternehmens bringen. Nur wenn die Prioritäten auf allen Ebenen aufeinander abgestimmt sind, kann das Führungsteam seine Vorbildrolle mit einer gewissen Leichtigkeit leben und mit Begeisterung Spitzenleistungen erbringen.

Der Managementberater Ivy Lee arbeitete Anfang des 20. Jahrhunderts mit Bethlehem Steel Corp. zusammen, lange bevor es zu einem der größten unabhängigen Stahlunternehmen der Welt wurde. Lee sagte damals zum CEO Charles Schwab:

»Mithilfe unseres Wissens werden Sie effektiver führen können«. Schwab reagierte darauf empört. »Wir brauchen hier nicht mehr Wissen, sondern mehr Taten! Ich zahle Ihnen, was immer Sie wollen, wenn wir mit Ihrer Hilfe die Dinge, von denen wir bereits wissen, dass wir sie tun sollten, auch tatsächlich tun.«

Lee nahm dankend an. »In 20 Minuten zeige ich Ihnen, wie Sie Ihr Unternehmen dazu bringen, mindestens 50 % mehr zu leisten als bisher.« Er bat Charles Schwab, die fünf wichtigsten Aufgaben aufzulisten, die am nächsten Tag zu erledigen waren. Danach sollte Schwab diese Aufgaben nach ihrer Wichtigkeit ordnen. Dann sagte Lee zu Schwab: »Herr Schwab, holen Sie morgen die Liste heraus und fangen Sie bei Nummer 1 an. Schauen Sie jede Viertelstunde auf die Liste, bis Sie Nummer 1 erledigt haben. Dann erst gehen Sie zu Nummer 2 und arbeiten so nach und nach alle fünf Punkte auf der Liste ab. Sollten Sie bis zum Feierabend vielleicht nur eine oder zwei der Aufgaben geschafft haben – seien Sie unbesorgt. Sie haben ja die Gewissheit, immer an der wichtigsten momentan anstehenden Aufgabe zu arbeiten, also können die anderen warten. Und ab heute beenden Sie bitte jeden Tag mit dem Erstellen der neuen Liste für den darauf folgenden Tag, und beginnen Sie jeden Arbeitstag mit einem Blick auf die Liste.«

Am kommenden Vormittag stellte Ivy Lee dieses Vorgehen dem gesamten Managementteam von Bethlehem Steel vor. Er gab allen Managern den Auftrag, die Methode während sechs Wochen konsequent zu befolgen und erst nach Ablauf dieser Zeitspanne eine Evaluation vorzunehmen. »Dann«, so Lee wörtlich, »senden Sie mir einen Scheck über jene Summe zu, die Sie für angemessen halten.« Bereits zwei Wochen später erhielt Lee einen Scheck über $ 25.000 – damals eine königliche Bezahlung (der Durchschnittslohn lag bei 2 $ pro Tag). Charles Schwab legte dem Scheck eine kleine Notiz bei. Lee hätte ihm die beste Lektion seines Lebens erteilt.

Unsere Erfahrung zeigt: Unternehmen, die das hier vorgeschlagene Prinzip der Priorisierung verstehen (die also sowohl ihre Top-5-Prioritäten als auch ihre absolute Top-1-Priorität klar definieren und in die Tat umsetzen), kommen entspannt voran und entwickeln sich prächtig.

5.2 Klare Prioritäten setzen mit dem Management-Accountability-Plan (MAP)

In Kapitel 3 haben Sie die Planungspyramide kennen gelernt, die Sie dabei unterstützt, Ihre langfristigen Ziele auf konkrete Maßnahmen für das bevorstehende Quartal herunterzubrechen. Haben Sie sich die Mühe gemacht, diesen Kaskadierungsprozess einmal konsequent zu durchdenken, dürfte es nicht mehr allzu schwierig sein, Ihre Top-5-Prioritäten und Ihre absolute Top-1-Priorität zu identifizieren. Überlegen Sie, was das Unternehmen heute braucht, um weiter in der geplanten Richtung voranzukommen, und zwar in der Geschwindigkeit, die der Markt verlangt. Halten Sie sich dabei die Ihrem Unternehmen inne wohnende Dynamik vor Augen. Die Dynamik bestimmt, welchen konkreten Zeithorizont Sie wählen – denn es müssen nicht unbedingt jährliche Prioritäten sein, die Sie sich setzen. Wenn Ihr Unternehmen jährlich 20 bis 50 % wächst, wenn es sich also vier

Mal schneller bewegt als ein »normales« Unternehmen, dann müssen Sie eigentlich ein Quartal wie ein ganzes Geschäftsjahr betrachten. Und wenn Ihr Unternehmen jährlich um mehr als 100 % wächst, sich also zehn Mal schneller bewegt als der Durchschnitt, dann sollten Sie eigentlich jeden einzelnen Monat so behandeln wie ein ganzes »normales« Geschäftsjahr.

Sobald Sie die Top-5-Prioritäten und die Top-1-Priorität für Ihr Unternehmen definiert haben, muss jeder in Ihrem Führungsteam sich selber seine eigenen Top-5-Prioritäten und die Top-1-Priorität erarbeiten. Ermutigen Sie alle, sich darüber konkret Gedanken zu machen. Top 5 sind gleichzeitig eine sehr bewährte Basis für alle Leistungsbewertungsprozesse. Leiten Sie nun Ihr Führungsteam an, das gleiche mit der nächsten Führungsebene durchzuführen, bis alle im Unternehmen die Top-5-Prioritäten und die Top-1-Priorität der Vorgesetzten und die eigenen kennen. Sobald Sie den Prozess tiefer und weiter, auch durch das Leistungsbewertungssystem voran bringen, schaffen Sie etwas Magisches: eine echte gegenseitige Abstimmung und Ausrichtung auf ein gemeinsames Ziel. Sobald das ganze Unternehmen aufeinander abgestimmt ist, sieht jeder auf jedem Level, was Sie sehen und strebt nach denselben Zielen wie Sie. Es ist oftmals hilfreich, ein monatliches oder vierteljährliches Meeting abzuhalten, in dem die Top-5-Prioritäten und die Top-1-Priorität des Unternehmens überprüft werden. Zusammen mit Ihren Core Values fügen sich diese 5 Prioritäten zu den »Handvoll Regeln«, die die Entscheidungen des nächsten Quartals antreiben.

Damit aus Ihren Top-5-Prioritäten und Ihrer absoluten Top-1-Priorität mehr wird als eine Liste auf einem Stück Papier, sollten Sie den Management-Accountability-Plan (MAP; Management-Verantwortlichkeits-Plan) anwenden. Wenn Sie dieses Managementtool benutzen, können Sie die Verantwortungs- und Rechenschaftsbereiche so verteilen, dass die Aufgaben auch tatsächlich erledigt werden. Und Sie behalten stets den Überblick. Bitte gehen Sie auch hier pragmatisch vor – der MAP ist keine wissenschaftliche Doktorarbeit. Innerhalb von 24 bis 48 Stunden, nachdem Sie die Unternehmens-Prioritäten definiert haben, bestimmen Sie, wer für was verantwortlich ist und wer bis wann zu liefern hat. In den MAP gehören Verantwortlichkeiten, Teil-Verantwortlichkeiten, Ressourcenbedarf, Deadlines und Teil-Deadlines. Füllen Sie den MAP gewissenhaft aus, da das Resultat ein sehr konkreter Strategieumsetzungsplan für die kommenden vier Quartale sein wird. Der MAP zeigt Ihnen im Detail, welche Maßnahmen durchgeführt und welche Meilensteine erreicht werden müssen, damit sich das Unternehmen wie gewünscht entwickelt.

Nochmals: Führen Sie diesen Prozess im ganzen Unternehmen ein. Jeder Mitarbeiter soll seinen eigenen MAP erstellen.

MAP
Management-Accountability-Plan

Manager: ____________________
Meilensteine: ____________________
Übergeordnete Ziele: ____________________
Geschichte: ____________________

	Aktionen	Wer	Wann	Benötigte Mittel
1. Quartal				
2. Quartal				
3. Quartal				
4. Quartal				
Nächstes Jahr				
Übernächstes Jahr				

Abb. 23: Der Management-Accountability-Plan (MAP)

Hört sich alles ziemlich einfach an, oder? Leider müssen wir Sie enttäuschen. Es kann ziemlich schwierig und schmerzhaft sein, die Top-5-Prioritäten und die absolute Top-1-Priorität zu identifizieren und anschließend konsequent zu verfolgen. Sollte die Endauswahl Ihrer Prioritäten ein gewisses Unbehagen verursachen, beschäftigen Sie sich wahrscheinlich mit den falschen Top-5-Prioritäten, und erst recht mit der falschen Top-1-Priorität.

5.3 Die absolute Top-1-Priorität erkennen

Ein sehr anschauliches Beispiel dafür, wie schwierig es sein kann, seine absolute Top-1-Priorität anzugehen und umzusetzen, bot der Golf-Profi Tiger Woods zu Beginn des Jahres 2000. Nachdem Gewinn der Golf »Masters« Turinerreihe galt er als der »Golden Boy« des Golf – lukrative Werbeverträge und Presse-Hype inklusive. Dann endete seine Erfolgsserie. Böse Stimmen bezeichneten seine Erfolge bereits als »Strohfeuer«. Im darauf folgenden Jahr gewann er kein einziges Turnier. Doch dann meldete er sich mit einem fantastischen Comeback zurück. Was war passiert?

Tiger Woods berichtete öffentlich über die Gründe für seinen Wiederaufstieg: Er hatte ein ganzes qualvolles Jahr damit verbracht, seinen Abschlag zu verändern. Er dachte, er könne nur dann zum besten Golfer aller Zeiten werden (sein erklärtes Ziel), wenn er seinen Abschlag veränderte. Während eines ganzen Jahres war dies seine absolute Top-1-Priorität. Eine Zeitlang waren seine Turnierresultate desaströs, trotzdem hielt er durch. Tiger Woods hatte sich selbst ungeschönt hinterfragt und dabei erkannt, wo seine größte Schwäche lag. Er identifizierte seine absolute Top-1-Priorität und tat alles, um »die Sache durchzuziehen« und die schmerzhafte Zeit zu überstehen.

5.4 Die sieben wunden Punkte eines Unternehmens

Im letzten Teil dieses Kapitels beschäftigen wir uns mit den sieben häufigsten wunden Punkten eines Unternehmens und wir zeigen auch, wie einige der Unternehmen, mit denen wir zusammengearbeitet haben, durch die konsequente Umsetzung ihrer Top-1-Prioritäten damit fertig geworden sind.

5.4.1 Zu klein, um konkurrenzfähig zu sein

Oft ist größer besser. Einer unserer Kunden, ein Produktionsunternehmen, hatte sehr hart an der Verbesserung einzelner Themen gearbeitet, wie z. B. Prozessoptimierung, Verbesserung der Kundenorientierung, Aufbau einer begeisternden Unternehmenskultur etc. Der CEO trieb all diese Themen mit Elan voran, obwohl er insgeheim wusste, dass sein Unternehmen keine Chance hatte. Es hatte einen riesigen Konkurrenten. Ihm war klar, dass er auf lange Sicht nicht als Gewinner hervorgehen würde. Egal wie sehr er und seine Mitarbeiter sich auch anstrengten, sobald dieser Konkurrent ein bestimmtes Thema mit den für ihn verfügbaren

Ressourcen und Mitarbeitern anging, waren all seine Anstrengungen umsonst. Damokles war sein dauernder Begleiter.

Langsam wuchs in ihm die Einsicht: Wollte er nicht untergehen, so musste er dem übermächtigen Konkurrenten gewachsen sein. Dies wiederum war nur möglich, wenn er selber zu einem sehr großen Unternehmen wurde. Also entschloss sich unser Kunde, mit einem anderen, größeren Unternehmen zu fusionieren. Doch wie konnte er potenzielle Käufer anziehen?

Ziemlich rasch wurde klar, dass sein Unternehmen als erstes der Branche seine Dienstleistungen auch im Internet anbieten musste. Mit diesem Ziel vor Augen stellte er alle anderen Prioritäten zurück. Fast ein ganzes Jahr lang arbeitete der CEO mit einem Programmierer daran, das Unternehmen im Internet zu präsentieren. Der Rest des Führungsteams leitete derweil das Unternehmen. Am Ende baute unser Kunde die führende Online-Handelsplattform seiner Branche auf. Auf einmal war man dem ehemals übermächtigen Konkurrenten ebenbürtig. Daraufhin verkaufte unser Kunde sein Unternehmen an einen dritten großen Marktteilnehmer, der seinerseits den ehemaligen Konkurrenten nun wie einen kleinen Fisch aussehen ließ. Sie sehen: Dieser CEO hat seine wichtigste Priorität erkannt und alles dafür getan, diese umzusetzen. Und es hat sich ausgezahlt.

5.4.2 Das Unternehmen hat keinen Spielmacher

Die meisten wachsenden Unternehmen unterschätzen die große Bedeutung von Personalmanagement und Personalentwicklung. Wie oft haben wir es schon erlebt, dass ein Unternehmen über die eigenen altgedienten und treuen Mitarbeiter hinausgewachsen ist! Aber anstatt mutige Entscheidungen im Sinne des Unternehmens zu treffen – sprich: die betroffenen Mitarbeiter/Abteilungen entweder weiter zu entwickeln oder zu entlassen – bauen CEOs häufig überflüssige administrative Abläufe und Kontrollmechanismen auf, um die schwächelnden Mitarbeiter/Abteilungen zu »stärken«. Ihre absolute Top-1-Priorität sollte es sein, solche Mitarbeiter lieber früher als später auszutauschen.

Niemand entlässt gerne Mitarbeiter. Deshalb bezeichnen wir solche Entscheidungen auch als »traurige Entscheidungen«. Als Unternehmer müssen Sie oft mutige Entscheidungen treffen – aber eben manchmal auch traurige. Und auch traurige Entscheidungen müssen, wenn sie wichtig sind, absolute Top-1-Priorität genießen.

Ein Unternehmen, mit dem wir zusammengearbeitet haben, brauchte unbedingt einen kaufmännischen Leiter. Der Geschäftsführer wollte aber das nötige Budget nicht bereitstellen und entschied, diesen Part zusätzlich selbst zu übernehmen. Sinkende Umsätze und Gewinne waren die Folge. Als wir ihn endlich überzeugen konnten, einen qualifizierten kaufmännischen Leiter einzustellen, dauerte es nur wenige Monate, und das Unternehmen war wieder profitabel und wuchs. Deshalb lautet unsere dringliche Bitte an Sie: Hüten Sie sich davor, zu viele Hüte zu tragen! Tragen Sie einen, aber diesen bitte richtig!

Was aber, wenn Sie erkennen, dass Sie selbst derjenige sind, der eigentlich ersetzt werden müsste? – Das ist wohl eine der schwierigsten Situationen überhaupt.

Wir wissen alle, dass man andere Fähigkeiten braucht, um ein Unternehmen zu führen als um ein Unternehmen aufzubauen. Auch Bill Gates kam zu dieser Erkenntnis. Zu einem bestimmten Zeitpunkt erkannte er, dass er sein Unternehmen am besten unterstützen könnte, indem er wieder jene Rolle annahm, die er am besten ausfüllte: die des Visionärs. »Lassen Sie Steve Ballmer Vorstandsvorsitzender werden«, war wahrscheinlich einer der schlauesten Sätze, die Bill Gates je gesagt hat.

5.4.3 Das Geschäftsmodell funktioniert nicht mehr

Vielleicht sind Sie in einem ungünstigen Geschäftsfeld tätig. Vielleicht hat das Geschäftsmodell, mit dem Sie Ihr Unternehmen gegründet haben, ausgedient. Wie auch immer – insgeheim wissen Sie, dass Ihr Unternehmen nie mehr richtig rentabel ist, geschweige denn wachsen wird.

Solche Unternehmen werden als »lebende Tote« bezeichnet. Sie überleben, werden aber keine großen Dinge mehr vollbringen. Sie sind zu klein zum Wachsen und zu groß zum Sterben. Wenn Sie ein solches Unternehmen besitzen oder leiten, möchten wir Ihnen einen ernst gemeinten Rat geben: Es ist höchste Zeit auszusteigen.

Lesen Sie nicht zu schnell weiter, selbst wenn Sie denken, bei Ihrem Unternehmen handele es sich sicher um keinen lebenden Toten. Überlegen Sie sich: Gibt es in Ihrem Unternehmen möglicherweise auch nur einzelne Bereiche oder Produkte, die in die Kategorie »lebende Tote« fallen? Wenn ja, dann ist unser Rat wiederum klipp und klar: Steigen Sie aus! Treffen Sie mutige Entscheidungen – und auch traurige.

5.4.4 Jemand anders kontrolliert das Schicksal des Unternehmens

Es passiert leider zu oft. Irgendjemand erwirbt die Kontrolle über einen Schlüsselbereich Ihres Geschäfts. Sie müssen zwar nicht sofort die Rollläden herunterlassen – eine derartige Situation sollten Sie aber als ein sehr ernstes Problem ansehen.

Als Netscape einige seiner wichtigsten Kunden – z. B. AOL – an Microsoft verlor, stürzte das Unternehmen in eine tiefe Krise. Dasselbe passierte Donald Burr von PeopleExpress, einer Billig-Airline aus den 1980er-Jahren. Als American Airlines das Reservierungssystem Sabre entwickelte und aufbaute, vergingen keine vier Monate und PeopleExpress war pleite. PeopleExpress konnte der einfachen Buchungssystematik von Sabre einfach nichts entgegensetzen. Die Lektion ist klar: Wenn einer Ihrer Konkurrenten die Kontrolle über eine Schlüsselbeziehung, ein wichtiges Patent, eine neue Technologie oder eine lebenswichtige Lieferkette gewinnt, sollten Sie schnell eine gute Antwort darauf finden – andernfalls bekommen Sie große Probleme. In Kapitel 9, wenn wir Ihr Markenversprechen und den X-Faktor beleuchten, werden wir auf diese Thematik noch detaillierter eingehen.

5.4.5 Das Unternehmen braucht eine Kriegskasse, um konkurrenzfähig zu sein

Wir nennen es das Fedex-Dilemma: Man kann unmöglich zu einem wichtigen »Player« in seiner Branche werden, wenn man nicht schnell und kraftvoll aus den Startblöcken kommt. Wir kennen den Vorstand eines Telekommunikationsunternehmens, der dieses Dilemma unglaublich gut verstanden hat. Mit dem Wissen im Hinterkopf, dass sein Unternehmen nicht lange überleben würde, wenn es nicht schnell wachsen würde, verbrachte er monatelang jede Minute damit, Kapital anzuhäufen. Am Ende erhöhte er seine Mittel mit einem attraktiven Finanzierungsdeal um zusätzliche $ 210 Millionen. Diese Kapitalspritze füllte seine Kriegskasse, die er dazu brauchte, um konkurrenzfähig zu sein. Das Fedex-Dilemma ist übrigens einer der besten Gründe, um an die Börse zu gehen.

5.4.6 Das Unternehmen erhält nur dann neues Kapital, wenn es wächst

Wir erzählen Ihnen jetzt eine Geschichte, an die Sie immer denken sollten, wenn Sie neues Kapital brauchen. Einer der Teilnehmer unseres Studiengangs »Master of Business Dynamics« (MBD) war felsenfest davon überzeugt, seine absolute Top-1-Priorität bestünde darin, $ 10 Millionen einzuwerben. Die ganze Geschäftsführung widmete sich diesem Ziel – was gut war. Allerdings führte dieser einseitige Fokus auch dazu, dass das operative Geschäft keine Aufmerksamkeit mehr erfuhr – was umso schlechter war. Das Ergebnis? Der Umsatz stagnierte während zwei aufeinander folgenden Quartalen. Der Unternehmenswert fiel in den Keller und alle möglichen Investoren flüchteten so schnell sie konnten.

Der CEO traf dann die schwierige, aber richtige Entscheidung, sich von dem Ziel zu verabschieden und sich wieder auf das operative Geschäft und die Verkaufsaktivitäten zu konzentrieren. Infolgedessen machte er die gesamte Belegschaft zu Verkäufern, sich selbst und auch den CFO eingeschlossen. Während der darauf folgenden drei Monaten traf er sich mit der Geschäftsführung täglich in einem »War Room«, um die Fortschritte zu besprechen. Am Ende der drei Monate hatte das Unternehmen ein Umsatzwachstum von 40 % erzielt. Dieser Erfolg ermöglichte es dem Vorstand schließlich, das notwendige Kapital einzuwerben, nur diesmal zu viel besseren Konditionen.

5.4.7 Das Unternehmen muss schrumpfen, um zu überleben

Ein weiteres Beispiel eines MBD-Abgängers: Der Geschäftsführer einer Hypothekenbank war in den ersten sieben Jahren ihrer Unternehmensexistenz davon überzeugt, dass die höchste Priorität darin läge, mehr Märkte, mehr Produkte, mehr Kunden und mehr Standorte zu finden, um seine Expansionsstrategie zu verfolgen. Eines Tages kollabierte ein Großteil seines Industriezweiges aufgrund struktureller Veränderungen. Der einzige Grund, weswegen es dieses Unternehmen heute noch gibt, ist, dass sich der Geschäftsführer sofort dazu entschloss, 240 seiner 300 Mitarbeiter zu entlassen. Für eine lange Zeit schien er wie ein großer Verlierer. Aber durch sein schnelles Handeln blieb das Unternehmen so lange am Leben, bis sich die Branche wieder erholt hatte. Oftmals sind Geschäftsführer nicht bereit, die nötigen Einsparungen schnell und im erforderlichen Umfang vorzunehmen, was zu einem langen und schmerzhaften Untergang des Unternehmens führt.

5.5 Fazit

All diese Beispiele zeigen eine Sache ganz klar: Ihre absolute Top-1-Priorität zu verfolgen ist wahrscheinlich das schmerzhafteste, frustrierendste und entmutigendste, was Sie je als Geschäftsführer erleben werden. Die Top-1-Priorität dürfen Sie niemals auf die leichte Schulter nehmen, und wir können Ihnen nur raten, das Ganze nicht alleine durchzustehen. Tiger Woods zum Beispiel stützte sich auf die klare und ehrliche Meinung seines Trainers Butch Harmon. Sie brauchen ähnlich starke und kluge Unterstützung von einem Ihrer Geschäftsführer, Ihrem Coach oder Berater oder Ihrem Mentor. Aber die ganze Anstrengung wird sich lohnen. Und Ihre Mitarbeiter und Investoren werden letztlich Ihren mutigen Führungsstil anerkennen und honorieren.

Und was ist Ihre absolute Top-1-Priorität?

1. Ihr Unternehmen ist einfach zu klein, um konkurrenzfähig zu sein – Sie sollten mit einer größeren Firma fusionieren.
2. Ihr Unternehmen hat keinen Spielmacher – Solange die Position unbesetzt bleibt, werden die meisten anderen Anstrengungen verpuffen.
3. Ihr Geschäftsmodell funktioniert nicht mehr – Es gibt schlichtweg keine Möglichkeit mehr, mit Ihrem Unternehmen Geld zu verdienen.
4. Jemand anders bestimmt Ihr Schicksal – Ihr Unternehmen hat die Kontrolle über einen Schlüsselfaktor seines Geschäfts an einen Konkurrenten verloren.
5. Sie brauchen € 200 Millionen in der Kriegskasse, um eine konkurrenzfähige Größe zu erreichen.
6. Sie können kein neues Kapital einwerben, solange Sie nicht auf den Wachstumspfad zurückkehren.
7. Sie müssen rasch schrumpfen, um keine Verluste mehr zu schreiben und einen neuen Versuch wagen zu können.

Abb. 24: Checkliste – Welches ist Ihre absolute Top-1-Priorität?

6. Das sechste Prinzip: Engagement und Motivation durch das Quartalsmotto

Sorgen Sie für einen Grund zum Feiern!

Management Summary

Sobald Sie die wichtigsten Prioritäten für das bevorstehende Quartal definiert haben, sollten Sie Ihre Mitarbeiter mobilisieren und für diese Themen begeistern. Denn nur begeisterte, emotional berührte Mitarbeiter werden alles geben. In diesem Kapitel zeigen wir Ihnen anhand konkreter Fallbeispiele, wie Sie Ihre Unternehmensziele und -prioritäten emotional aufladen können. Sie lernen in dem Zusammenhang, inspirierende Bilder und Botschaften zu finden und zu formulieren. Außerdem werden wir Ihnen zeigen, wie Sie die Fortschritte Ihres Unternehmens messen und wie Sie Ihre Erfolge feiern können. Schließlich präsentieren wir Ihnen zwei Instrumente, mit denen Sie begeisternde Events zum jeweiligen Quartalsmotto vorbereiten können – Events, bei denen der Funke auf Ihre ganze Belegschaft überspringen wird!

Was unterscheidet ein trockenes Konzeptpapier von einer gelebten Strategie? Unserer Erfahrung nach: eine begeisternde Botschaft oder ein inspirierendes Bild. Kurz: ein übergreifendes Thema, das zieht. Ein Thema, das zieht, verwandelt ein betriebswirtschaftliches Ziel in eine unternehmensweite Mission. Dieses Kapitel wird Ihnen zeigen, wie Sie jede Ihrer internen Kampagnen zu einer lebendigen und mitreißenden Angelegenheit werden lassen können.

Große Führungspersönlichkeiten haben schon immer verstanden, welche Kraft in einer kurzen Botschaft, in einem Motto liegt. Der Slogan »No Taxation without Representation!« (»keine Steuern ohne parlamentarische Repräsentation«)[38] entwickelte beispielsweise im amerikanischen Unabhängigkeitskrieg eine ungeheure Sogkraft. »No Taxation without Representation« war das Motto, welches die Boston Tea Party von einem Ereignis in ein Symbol verwandelte. Und Martin Luther King Jr. baute seine gesamte Vision von einer gerechteren Gesellschaft auf seiner berühmten »I Have a Dream«- Ansprache auf. Visionäre verstehen intuitiv, was die meisten Geschäftsführer noch lernen müssen: Man braucht eine Idee oder ein fesselndes Bild, um seine Botschaft bei den Zuhörern zu verankern. Um Menschen dazu zu bringen, Barrikaden zu erstürmen, muss man Ihnen eine Vision bieten, die nicht nur ihren Kopf, sondern auch ihr Herz anspricht.

38 Der Ausdruck wurde von Jonathan Mayhew in einer Predigt in der Old West Church in Boston zum ersten Mal verwendet. Die abgewandelte Form »Taxation without representation is tyranny« (dt. Besteuerung ohne Vertretung ist Tyrannei) wird James Otis zugeschrieben.

Führungskräfte, denen es gelingt, die Gefühle und Wünsche der Mitarbeiter anzusprechen, bringen bessere Ergebnisse. Das ist mittlerweile eine allgemein anerkannte Tatsache und vielfach praktizierte Managementpraxis. Jim Kouzes und Barry Posner zeigen in Ihrem wegweisenden Buch »The Leadership Challenge«[39], welch positive Wirkung es hat, wenn die Geschäftsführung die Herzen der Teams und Mitarbeiter erreicht (»to encourage the heart«): Ein gemeinsames Bewusstsein, im gleichen Boot zu sitzen und in die gleiche Richtung zu streben, entsteht – und zwar fast wie von selbst. Diesen Effekt konnten wir schon oft beobachten und erfahren, sowohl bei unseren Kunden als auch in unseren eigenen Unternehmen. Wir waren beispielsweise dabei, als Michael Dell seine Mitarbeiter zusammentrommelte und sie mobilisierte, einen Angriff von Compaq abzuwehren. Er erklärte damals Compaq den Krieg – und erklärte seine eigenen Büros zur Kriegszone. Michael Dell zog Armeekleidung an, hängte im Firmenhauptsitz Tarnnetze auf und redete so auf seine Verkaufs- und Produktionsmitarbeiter ein, als würde er sie auf ein »Himmelfahrtskommando« vorbereiten. Die Wirkung von Michael Dells Auftritt war überwältigend und für die Firma möglicherweise lebenswichtig.

Etwa zeitgleich wurde das vergleichsweise kleine Unternehmen America Online (AOL) von Microsoft angegriffen. Daraufhin enthüllte der damalige CEO von AOL, Ted Leonsis, einen riesigen Dinosaurier, den er »Microsoft« taufte. In den darauf folgenden Wochen wurde dieser Dinosaurier durch die verschiedenen Niederlassungen von AOL geschickt – als Trophäe für jene Abteilungen und Teams, die Microsoft (dem eigentlichen Dinosaurier) einen Gegenschlag verpasst hatten.

Ein weiteres eindrucksvolles Beispiel: Mark Moses, der Vorstand von Platinum Capital, kam einmal zu einem Meeting – auf einem Elefanten reitend. Warum? Weil er eine große Wachstumsinitiative startete und er seine Mitarbeiter dazu anregen wollte, in großen Dimensionen zu denken. Bis heute ist das Bild des Elefanten im Unternehmen lebendig und präsent – als Symbol für Risikobereitschaft und den Willen voran zu kommen.

6.1 Ein zugkräftiges Quartalsmotto finden und formulieren

Gute Themen fallen nicht vom Himmel. Am kraftvollsten sind jene Themen, die wir aus den quantitativen Zielen ableiten. Betrachten Sie bitte nochmals Ihren kompakten Strategieplan. Wählen Sie anhand des Plans Ihre Top-1-Priorität aus und stimmen Sie Ihre entscheidende Kennzahl darauf ab. (Wir erinnern uns: diese eine wichtige Zahl, auf die das Unternehmen besonders achten soll.) Dann führen Sie ein Brainstorming durch und überlegen sich ein passendes Motto. Das Motto sollte den Effekt haben, dass sich Ihre Mitarbeiter jederzeit an die entscheidende Kennzahl erinnern.

Auch in diesem Zusammenhang können kleine Dinge Großes bewirken: Ein Vorstand schenkte z. B. seinen Geschäftsführern Armbanduhren, auf denen die drei Hauptprioritäten sowie die dazugehörigen kritischen Kennzahlen eingraviert waren. Wann auch immer die Geschäftsführer auf die Uhr blickten, wurden sie an

39 Kouzes J. M./Posner, B (2008). The Leadership Challenge, Weinheim.

die Ziele erinnert – und daran, dass Ihnen die Zeit davonläuft. Eine ziemlich einfache, aber sehr effektive Idee – genauso wie die Idee des CEOs der Phillips-Group, der die Mitarbeiterversammlung auf der Ladefläche eines Trucks, direkt an der Laderampe, durchführte. Das zentrale Thema des entsprechenden Quartals lautete »Operational Excellence«. Gab es eine bessere Möglichkeit, die ungenannten Helden des operativen Geschäfts zu würdigen, als die Versammlung an ihrem – wenig gewürdigten – Arbeitsort durchzuführen?

Der Film Apollo 13 lieferte mit dem Satz »Failure is not an option!« (»Scheitern ist keine Option«) vielen Unternehmen den Stoff für ihr Quartalsmotto. Mark Gordon, der Chef von Synergy Networks, wollte z.B. seinen Unternehmensgewinn steigern. Er unterteilte dieses Ziel in drei Teilziele. Der Weg zum großen Unternehmensgewinn stellte sich somit als ein dreistufiger Prozess dar. Gordon überlegte sich, wie er die drei Stufen fassbar machen und veranschaulichen könnte. Welches Ding hat denn drei Stufen? – Eine Rakete, natürlich. Also zog sich Mark Gordon einen entliehenen Raumanzug über und präsentierte ein Schaubild, das die drei Gewinnziele als dreistufige Rakete visualisierte. Während er sein Team zu Großem anstachelte, warf er außerdem noch Spielzeuge mit Weltraumthemen unter die Zuhörer.

Eine weitere sinnvolle Quelle für Ihr Quartalsmotto finden Sie in Ihren Core Values, den Grundeinstellungen und Prinzipien Ihres Unternehmens. Wählen Sie einen bestimmten Core Value pro Quartal aus und setzen Sie ihn dafür ein, einen bestimmten Aspekt Ihrer Aktivitäten bzw. einen bestimmten Bereich Ihres Unternehmens zu verbessern. Außerdem stärken Sie damit Ihre Firmenkultur und untermauern Ihre Einstellungen und Prinzipien. Wenn wir schon von den Core Values reden: Es macht Sinn, in Ihrem Quartalsmeeting die Core Values des Unternehmens auf den Prüfstand zu stellen und für jedes einzelne Grundprinzip einen Bezug zum Quartalsmotto herzustellen.

Welches Motto Sie auch immer wählen – Sie sollten dabei alle Mitarbeiter im Hinterkopf haben. Die Arbeiten des Harvard-Psychologen Howard Gardner und seine darauf aufbauende Theorie der multiplen Intelligenzen zeigen, dass wir mindestens sieben[40] verschiedene Formen von Intelligenz unterscheiden müssen:

1. sprachliche Intelligenz
2. logisch-mathematische Intelligenz
3. visuell-räumliche Intelligenz
4. körperlich-kinästhetische Intelligenz
5. musikalisch-rhythmische Intelligenz
6. zwischenmenschliche Intelligenz
7. intrapersonale Intelligenz

Jede dieser Intelligenzformen stützt sich auf eine andere Art des Lernens und wird über einen anderen Sinneskanal angesprochen (vgl. Abb. 25). Wenn Sie nun als Führungskraft ein Event zu Ihrem zentralen Thema/Quartalsmotto organisieren, sollten Sie versuchen, die Teilnehmer über so viele Sinneskanäle wie möglich zu er-

40 Wobei Gardner mittlerweile sogar von 9 spricht. Vgl: Gardner, H./Heim, M. (2005). Abschied vom IQ: Die Rahmen-Theorie der vielfachen Intelligenzen. Stuttgart.

reichen und damit so viele Intelligenzformen wie möglich zu mobilisieren. Integrieren Sie in Ihren Event nicht nur Sprache und Bilder, sondern auch Musik und Klänge, Gerüche und Gefühle, schaffen Sie Raum für Diskussionen, Gedankenspiele und soziale Interaktion, verwenden Sie Sprichwörter, Metaphern aus Kunst und Film oder schwelgen Sie in Kindheitserinnerungen.

Eine Hilfe stellt die Checkliste für ein Meeting zum Quartalsmotto dar (Vgl. Abb. 26)

6.2 Fortschritte tagesaktuell verfolgen

Wie hält man das Motto über die Kick-off-Veranstaltung hinaus am leben? Wie wird aus einem Motto ein Auftrag, eine Mission? Zum Beispiel, indem Sie die Fortschritte, die das Unternehmen in Bezug auf die entscheidende Kennzahl macht, tagesaktuell verfolgen – und unternehmensweit kommunizieren. Halten Sie Ihre Belegschaft stets über den »aktuellen Spielstand« auf dem Laufenden – die Wirkung dieser Maßnahme kann Wunder wirken.

Mark Gordons dreistufige Rakete hat z. B. immer einen Teil verloren, sobald eine Etappe erreicht wurde. Dieses Bild visualisierte den Fortschritt auf eindringliche Art und Weise und erinnerte die Mitarbeiter jedes Mal aufs Neue an die Ziele und das Quartalsmotto. Mehr noch: Jedes Mal, wenn ein weiterer Teil der Rakete entfernt wurde, gab es einen zusätzlichen Gehaltsbonus.

Ein weiteres Unternehmensbeispiel: Sapp Bros. Leasing, ein großes US-amerikanisches LKW-Leasing-Unternehmen, die mittlerweile von den Gründern erfolgreich an Chancellor Corp. verkauft wurde, wollte 100 neue Leasingverträge bis St. Patricks' Day[41] abschließen. Es verwendete ein großes Poster mit 100 Kleeblättern, um die Fortschritte zu verfolgen. Jedes Mal, wenn ein neuer Leasingvertrag abgeschlossen wurde, wurde ein weiteres Kleeblatt abgenommen. Auch hier wurde ein Gehaltsbonus parallel zur Zielerreichung ausgeschüttet.

Fortschritte müssen nicht zwingend quantifizierbar sein. Bei AOL wusste man immer, sobald der Dinosaurier in einer anderen Abteilung gelandet war, dass ein erfolgreicher Angriff auf Microsoft hinter ihnen lag. Der wandernde Dinosaurier war AOL's symbolische »Anzeigetafel«, die den Spielstand in Bezug auf das ausgegebene Motto darstellte. Die Wirkung solcher »Anzeigetafeln« ist in allen Beispielen offensichtlich. Wichtig an dieser Stelle: Dies ist nicht der Moment für kleine Grafiken mit winziger Schrift. Sorgen Sie dafür, dass Ihre Anzeigetafeln auffallen. Niemand soll sie übersehen können.

Die Konzeption und Ausgestaltung der Anzeigetafel ist im Übrigen eine ideale Gelegenheit, um gerade jene Mitarbeiter mit einzubeziehen, die normalerweise wenig mit Quartals- oder Jahreszielen in Berührung kommen. Bei dem oben genannten Leasing-Unternehmen wurde das Kleeblatt-Diagramm zum Beispiel von einem Mitarbeiter aus dem Front-Office entworfen, der hier sein künstlerisches Ta-

41 Der St. Patrick's Day ist der am 17. März begangene Gedenktag zu Ehren des am 17. März 461 oder 493 gestorbenen irischen Nationalheiligen Patrick.

lent einbringen konnte. Auch Sie beschäftigen sicherlich Mitarbeiter in Ihrem Unternehmen, die zu Ähnlichem fähig sind – und diese warten nur darauf, gefragt zu werden.

6.3 Wertschätzen, belohnen, feiern

Der Begriff »Belohnung« erhält bisweilen einen negativen Beigeschmack. Verbreitet ist insbesondere die Ansicht, dass das Engagement der Mitarbeiter »erkauft« wird, sobald eine Belohnung angeboten wird.

Doch versuchen Sie es einmal anders zu sehen. Unsere Auffassung ist: Mitarbeiter wollen wissen, woran sie sind und vor allem wann sie bestimmte Ziele erreicht haben. Vergleichen Sie das ein wenig mit dem Gefühl am letzten Schultag. Können Sie sich noch daran erinnern, wie gut Sie sich damals gefühlt haben? Falls Sie damals ein Geschenk bekamen, war das sicher wunderbar; aber das wirklich Tolle am letzten Schultag war doch eher, dass man das Klassenziel erreicht hatte. Man wusste, dass man es geschafft hatte.

Im Job verhält sich das nicht viel anders. Niemand wird einen hart verdienten Bonus ablehnen, doch ist dieser eigentlich bloß das Sahnehäubchen auf dem Kuchen. Die wirkliche Belohnung, die wirkliche Befriedigung werden Ihre Mitarbeiter daraus ziehen, dass sie gemeinsam ein Ziel erreicht haben. Wenn die gemeinsame Zielerreichung materiell honoriert wird, stellt dies einfach einen zusätzlichen Anreiz dar. Oder anders formuliert: Etwas Öl im Getriebe hat noch nie geschadet.

Letztendlich kommt es darauf an, aus welcher inneren Haltung heraus Sie die »Belohnung« anbieten. Achten Sie darauf, eine innere Haltung der Wertschätzung dafür anzunehmen, dass jemand ein Ziel erreicht hat. Sollten Sie sich dabei ertappen, dass Sie eine Belohnung nur ausschreiben, um die Mitarbeiter im Sinne bestimmter Ziele zu »manipulieren«, dann lassen Sie es bitte gleich bleiben. Mitarbeiter durchschauen diese Taktik schneller, als Sie denken – und Ihre Autorität und Glaubwürdigkeit als Führungskraft wäre damit lädiert.

Ein Beispiel: Das uns bereits bekannte Unternehmen McKinney Lumber aus Alabama/USA hatte nur ein Ziel – es wollte die Kundenbindungsrate steigern. Sobald die Kundenbindungsrate ein bestimmtes Niveau erreicht hatte, spendierte die Firma ein Hotdog-Essen. Auf dem nächst höheren Level bestand der Preis in Hühnchen grillen. Und wenn das höchstmögliche Kundenbindungslevel erreicht wurde, dann gab es Steaks, zubereitet von der Geschäftsführung höchstpersönlich. Ein Steak umsonst ist sicherlich etwas Schönes – doch reicht ein Steak aus, um die Mitarbeiter für ein unternehmerisches Ziel, ein Motto zu begeistern? Vermutlich nicht. Das Steak erfüllte den Zweck, gemeinsam erreichte Ziele zu feiern – und das Ende der Quartalskampagne zu markieren. Denken Sie daran: Es ist auch für Sie und Ihr Unternehmen enorm wichtig, Anlässe zu finden, bei denen Sie zusammen mit Ihren Mitarbeitern gemeinsam erzielte Erfolge feiern können. Sie werden feststellen, dass solche Erfolgsfeiern Ihre Firmenkultur viel stärker positiv beeinflussen als die obligatorischen Standard-Weihnachts- und Sommerfeste. Sie sollten also Anlässe finden, bei denen Sie (ja Sie!) ganz persönlich die Mitarbeiter feiern und wertschätzen können.

Beispiel gefällig? Nur zu: John Anderson, ehemaliger Chef des Büroausstattungsunternehmens Gormans Business Interiors aus Detroit, entwickelte ein Spiel namens Gormanopoly, ein Abklatsch von Monopoly. In diesem Spiel wurden Punkte im Prinzip für alles vergeben, wofür man einen Anreiz schaffen, einen Preis ausloben, eine Belohnung in Aussicht stellen konnte. Man konnte Punkte erhalten für erreichte Gewinnziele, für das schnellere Eintreiben offener Forderungen, für die Verbesserung des Kundenservices, für Gesundheits- und Fitnessförderung und so weiter. Auf einer Anzeigetafel wurde der Spielstand angezeigt. Jedes Team wurde dort durch ein Schiff repräsentiert. Sieger des Spiels war jenes Team, dessen Schiff als erstes die Ziellinie überquerte. Jedes Team, das die Ziellinie überquerte, gewann eine Kreuzfahrt in die Karibik. Im ersten Jahr waren alle drei teilnehmenden Teams erfolgreich. Das Unternehmen zahlte gerne die $ 32.000 für die Kreuzfahrten, denn das Ganze war ein Riesenerfolg, wie sich der frühere CEO Anderson später erinnert. »Es war nicht nur gut für das Unternehmen, es bescherte uns auch eine wahnsinnig gute Presse – ohne dass wir viel dafür tun mussten. Selbst unsere Kunden fingen an, sich zu engagieren und lernten dabei viel über unsere Firmenkultur. Außerdem war das Spiel auch ein großartiges Recruiting-Tool.« Zwischenzeitlich konnte auch John sein Unternehmen erfolgreich verkaufen.

Ein zweites Fallbeispiel: Das PR-Unternehmen RMR benutzte ein All-inclusive-Paket nach Montego Bay, Jamaika, als Anreiz. Der Geschäftsführer Robyn Sachs kommentierte dies so: »Sie [=die Mitarbeiter, A.d.Ü.] konnten sich diesen Preis verdienen, indem sie einen Brutto-Umsatz von $ 2.7 Millionen erreichten. Anscheinend war das Ziel zu niedrig gesteckt, denn wir erreichten $ 2.9 Millionen und ›durften‹ 50 Mitarbeitern den Jamaika-Urlaub bezahlen. Es war großartig! Das Ziel hielt jeden Mitarbeiter fokussiert – und das Spiel machte gleichwohl weiterhin Spaß. Dabei konnten wir zusätzlich erleben, wie das ganze Unternehmen als großes Team zusammenarbeitet.«

Im darauf folgenden Jahr gab es bei RMR einen finanziellen Bonus für das Erreichen der Jahresziele. »Obwohl das Spiel auch diesmal wieder gut lief«, berichtet Robyn Sach, »der Jamaika-Trip war ein emotionales und gemeinsames Ereignis, das alle motiviert und zusammengeschweißt hatte. Im Vergleich dazu wirkte das Geld blass und leblos. Die Magie des Vorjahres blieb gänzlich aus, obwohl der nun angesetzte Geldbetrag ziemlich genau den Kosten der Jamaikareise entsprach.«

Die Erfahrungen, die wir hier mit Ihnen teilen, finden Ihren Widerhall auch in den Forschungsarbeiten von Kouzes/Posners im Buch »The Leadership Challenge«. Das Ziel eines guten Mottos besteht nämlich nicht darin, eine gute Idee zu haben, diese gut zu präsentieren, die Fortschritte nachzuhalten oder gemeinsam zu feiern. Es geht vielmehr darum, die Herzen Ihrer Mitarbeiter zu begeistern! Nur wenn Ihnen dieses Kunststück gelingt, werden Sie tatsächlich außerordentliche Erfolge erzielen.

Intelligenztyp	Geeignete Aktivitäten	Geeignete Materialien	Sinnvolle Strategien zur Vermittlung bzw. Aufnahme	Bei der Präsentation zu beachten
Sprachlich	Lesungen, Diskussionen, Wortspiele, Storytelling, Tagebuch/Journal schreiben	Bücher, Hörbücher, Schreibmaschinen, PCs, Stempelsets, etc.	Lesen, schreiben, diskutieren, zuhören	Lehren durch Geschichtenerzählen
Logisch-mathematisch	Gedankenspiele (BRAIN TEASERS), Probleme lösen, wissenschaftliche Experimente, Kopfrechnen, Zahlenspiele, kritisches Denken, etc.	Rechner, Rätsel, mathematische Spiele, wissenschaftliche Instrumente und Apparaturen, etc.	Quantifizieren, kritisch hinterfragen, konzipieren	Sokratisches Fragen
Visuell-räumlich	Bildliche Darstellungen, künstlerische Aktivitäten, Gedankenspiele, Mindmapping, Metaphern, Visualiserungen, etc.	Grafiken, Landkarten, Videos, Pinsel und Leinwand, Flipchart, optische Täuschungen, Kameras, Fotos, etc.	Sehen, zeichnen, visualisieren, ausmalen, Mindmap erstellen	Technik des Sketching und Mindmapping
Körperlich-kinästhetisch	Erfahrungslernen, Theater, Tanzen, Sport, den Tastsinn anregende Aktivitäten, Entspannungsübungen, etc.	Bauklötze, Baumaterial, Ton, Sportausrüstung, Geschicklichkeitsspiele	Bauen, spielen, berühren, Bauchgefühl entwickeln, tanzen	Einsatz von Gestik und dramatischem Ausdruck
Musisch-rhythmisch	Superlearning, Rappen, Songs mit einer Botschaft	Aufnahmegerät, Tonträger (CD, iPod ...), Musikinstrumente	Singen, rappen, zuhören	Rhythmisches Sprechen, Intonation bewusst einsetzen
Zwischen-menschlich	Kooperatives Lernen, Tutoring, gemeinnützige Arbeit, soziale Anlässe, Rollenspiele	Brettspiele, Partyausstattung, Verkleidungsutensilien für Rollenspiele, etc.	Unterrichten, zusammen arbeiten, mit Respekt interagieren	Dynamische Interaktion mit den Teilnehmern
Intrapersonal	Individualisierte Anweisungen, selbstständiges Lernen, Weiterbildungskurse, Steigerung des Selbstbewusstseins	Selbst- und Persönlichkeitstests, Tagebücher/Journale, Unterlagen für Projekte, etc.	Bezug zum persönlichen Leben herstellen, als Entscheidungskriterium heranziehen	Einbringen von Gefühlen in die Präsentation

Abb. 25: Multiple Intelligenzen für das Quartalsmotto nutzen

Checkliste: Meeting zum Quartalsmotto vorbereiten		
Wer ist verantwortlich?		
Wann werden Sie das Meeting abhalten?		
Thema/Motto des Meetings?		
Wie werden Sie während des Meetings tun, um die multiplen Intelligenzen adäquat anzusprechen?		
	Sprachlich	
	Logisch-mathematisch	
	Visuell-räumlich	
	Körperlich-kinästhetisch	
	Musisch-rhythmisch	
	Zwischenmenschlich	
	Intrapersonal	

Abb. 26: Checkliste – Meeting zum Quartalsmotto vorbereiten

7. Das siebte Prinzip: Mitarbeiter-Feedback effektiv nutzen

Mitarbeiter-Feedback – eine unerschöpfliche Innovationsquelle. So lösen Sie die Probleme in Ihrem Unternehmen!

Management Summary

40 % der Arbeitszeit beschäftigen sich Ihre Mitarbeiter mit wiederkehrenden Problemen. Sie sollten deshalb unbedingt einen Feedbackprozess einrichten, der die sich ständig wiederholenden Probleme in Ihrer Organisation aufdeckt. Machen Sie den Feedbackprozess für alle nachvollziehbar, indem Sie täglich, mindestens jedoch wöchentlich Maßnahmen, Ergebnisse und Kennzahlen kommunizieren, die einen direkten Zusammenhang mit diesem Feedbackprozess haben. Wir zeigen Ihnen auch, wie Sie die Wirkung des Feedbacks auf die Zukunft Ihrer Firma bzw. auf Ihre cleveren und entscheidenden Kennzahlen messen können. Am Ende des Kapitels finden Sie schließlich einen Leitfaden mit 6-Punkte-Plan, der Sie und Ihre Mitarbeiter dahin bringen wird, einmal identifizierte Probleme auch tatsächlich zu lösen.

Warum mögen viele Menschen Ihren Job nicht? Was macht manche Menschen unproduktiv? Die Antwort: Immer wiederkehrende Probleme und Streitereien. Wir reden hier von jenen nur allzu bekannten Situationen, Problemen und Fehlern, die immer wieder auftreten, ohne dass sie irgendjemand behebt. Wiederkehrende Probleme sind auch gleichzeitig das Schlimmste für Ihre Kunden.

Verstehen Sie uns nicht falsch: Menschen mögen Herausforderungen. Wenn Probleme ein- oder zweimal auftreten, strengen wir uns an, um sie zu lösen. Eine Lösung für ein Problem zu suchen – und zu finden –, das kann Ihre Mitarbeiter aufbauen und Ihr Selbstwertgefühl stärken. Die Probleme der Kunden zu lösen ist das Herzstück einer Firma. Kunden, deren Probleme man erfolgreich gelöst hat, sind häufig besonders loyal, wodurch sich neue Geschäftsmöglichkeiten für Ihr Unternehmen eröffnen.

Doch wiederkehrende Probleme sind aus einem völlig anderen Holz geschnitzt. Sie sind wie der stete Tropfen, der den Stein höhlt – jeden Tag wird die Motivation der Beteiligten mehr und mehr untergraben. Das Ergebnis: frustrierte Partner, Mitarbeiter und Kunden.

Wie bereits erwähnt verzehren wiederkehrende Probleme mehr als 40 % der Arbeitszeit eines durchschnittlichen Mitarbeiters. Die Zahl ist deshalb so hoch, weil ein Problem nie nur das Problem einer einzelnen Person ist. Die Person, die ein Problem entdeckt, muss mit Sicherheit mit mehreren Kollegen darüber sprechen – und das nicht nur einmal. Wenn allerdings das Problem ignoriert oder durch ein »Heftpflaster« – eine Notlösung – nur kurzfristig provisorisch behoben wird, ist keine Verbesserung möglich.

Um den Prozess der Problembehebung tatsächlich in Gang zu bringen, müssen Sie sichtbar und aktiv das Arbeitsumfeld in Ihrem Unternehmen verbessern. Sammeln Sie systematisch Informationen, Zahlen, Daten und Fakten über all die Dinge, die Ihren Mitarbeitern Probleme und Scherereien bereiten. Machen Sie dies zur Chefaufgabe – Sie können mit Sicherheit davon ausgehen, dass Ihre Kunden ähnliche Probleme haben wie Ihre Mitarbeiter. Somit gewinnen Sie aus den Problemen und Scherereien Ihrer Mitarbeiter gute Anhaltspunkte dafür, wie Sie Ihre Kunden besser bedienen und »abholen« können. Sie sehen: Die Probleme Ihrer Mitarbeiter und Kunden sind für Sie eine einmalige Chance!

Zwei außergewöhnliche Manager haben uns zu dieser Ansicht inspiriert: Jack Welsh und Michael Dell. Jack Welshs Management-Ansätze fußten fundamental auf den Prinzipien des Six-Sigma-Ansatzes[42] – und zwar nicht nur aus Gründen der Qualitätssicherung, sondern auch aus Gründen der Rentabilität. Wenn Sie es schaffen, dass Ihre Prozesse zu 99.997 % perfekt – also fehlerfrei – funktionieren, verleiht man Ihnen einen schwarzen Gürtel. Hervorragende Prozesse = hervorragende Ergebnisse = weniger Probleme – so einfach lässt sich Six Sigma zusammenfassen.

Doch erst als wir Michael Dell kennen lernten, verstanden wir, wie einfach und wirkungsvoll ein Problemlösungssystem sein kann, das systematisch das Feedback von Kunden und Mitarbeitern sammelt. Anfang der 1980-er Jahre, als Dell Computer noch ein kleines Unternehmens namens »PCs Limited« war, mussten die Mitarbeiter von Michael Dell wöchentliche Listen führen. Er drängte seine Mitarbeiter dazu, alle Probleme, Ärgernisse, Beschwerden, Bedenken, Fragen, Ideen und Vorschläge, die entweder ihnen selbst oder ihren Kunden durch den Kopf gegangen waren, auf dieser Liste zu notieren. Diese Listen wurden am Donnerstagabend eingesammelt. Dell nahm sie mit nach Hause, um sie zu lesen und um nach Mustern und Trends zu suchen. Durch diese wiederkehrende Routine konnte er nach einigen Monaten tatsächlich Muster und Trends erkennen. Seither plante er jeden Freitagmorgen ein Meeting, das schnell als »Stunde des Grauens« bekannt wurde. In diesen Meetings saßen alle Mitarbeiter zusammen und überlegten sich Lösungen zu einigen (aber nicht zu allen Problemen), die durch die Datenanalyse zum Vorschein gekommen waren.

Selektiv zu sein war Dells Geheimnis. Michael Dell hatte das Konzept der vernetzten und verketteten Sachverhalte sehr früh verstanden: Wenn er jede Woche auch nur ein Prozent seiner Probleme löst oder nur ein Prozent seiner Produkte oder Dienstleistungen verbessert, werden die durch diese Verbesserungen erzielten zusätzlichen Erträge Jahr für Jahr größer.

---

42 Six Sigma (6σ) ist ein statistisches Qualitätsziel und zugleich eine Methode des Qualitätsmanagements. Ihr Kernelement ist die Beschreibung, Messung, Analyse, Verbesserung und Überwachung von Geschäftsvorgängen mit statistischen Mitteln. Die Ziele orientieren sich an finanzwirtschaftlich wichtigen Kenngrößen des Unternehmens und an Kundenbedürfnissen. Die größte Popularität erlangte der Six-Sigma-Ansatz durch die Erfolge bei General Electric (GE). Diese Erfolge sind stark mit dem Namen Jack Welch verbunden, der 1996 Six Sigma bei GE einführte und dafür im Jahre 2002 von der International Society of Six Sigma Professionals (ISSSP) während der zweiten ISSSP-Leadership-Konferenz mit dem ISSSP Premier Leader Award ausgezeichnet wurde.

Doch aufgepasst: Hüten Sie sich davor, zu viele Probleme auf einmal lösen zu wollen – denn dann kann aus dem Problemlösungssystem schnell ein eigenes Problem werden. Machen Sie bitte aus Ihrem neuen Problemlösungsprozess keinen weiteren administrativen Klotz am Bein Ihrer Mitarbeiter!

7.1 Informationsbeschaffung: Seien Sie ermutigend, empfänglich und umsetzungsbereit

Um loszulegen, können Sie Ihren Mitarbeitern drei Fragen stellen:

1. Womit sollten wir anfangen?
2. Womit sollten wir aufhören?
3. Und was sollten wir weiterhin machen?

Machen Sie zwei Durchgänge. Im ersten Durchgang sollen Ihre Mitarbeiter ihre eigene Perspektive einnehmen, im zweiten Durchgang die Perspektive der Kunden. Diese erste Befragung wird Ihren Mitarbeitern die Chance geben, sich Dinge von der Seele zu reden – erst recht, wenn sie vorher noch nicht die Möglichkeit dazu hatten (siehe Abb. 27). Sammeln Sie die Informationen, organisieren Sie ein Meeting und überlegen Sie sich gemeinsam Lösungen für die geschilderten Probleme. Vermeiden Sie, dass das Ganze zur Routinearbeit wird. Probleme zu lösen sollte Spaß machen. Berichten Sie in Ihrem internen Newsletter regelmäßig über die Fortschritte in Ihrem Verbesserungsprozess und über konkrete gelöste Probleme. Der Newsletter ebnet den Weg zur Einführung eines systematischen, kontinuierlichen Verbesserungsprozesses, der auf einem manuellen oder elektronischen Protokollierungssystem beruht – konkret: auf Zetteln an einer Pinnwand, die sich auf dem Weg zur Kaffeemaschine oder Kantine befindet, oder auf einer Excel-Liste auf dem Firmenserver.

Dieser Verbesserungsprozess wird Ihre Mitarbeiter und Kunden dazu ermutigen, wiederkehrende Probleme aufzuzeichnen. Sagen Sie Ihren Mitarbeitern, dass Sie über alles informiert werden wollen, was ihnen unnötig Zeit raubt oder Ärger verursacht. Fordern Kunden Dinge, die wir noch nicht anbieten? Wann werden Kunden aufgrund unserer internen Prozesse unnötig »schikaniert«? Sie könnten sogar einen wöchentlichen Wettbewerb einführen und jenen Mitarbeiter prämieren, der die wertvollsten Hinweise für Verbesserungen erhalten hat – bis im Unternehmen daraus eine Gewohnheit geworden ist. Um es klar auszudrücken: Nutzen Sie das gleiche System auch in der Geschäftsführung, es ist nicht nur für Ihre Mitarbeiter gedacht. Erstellen Sie im Führungsteam eine eigene Liste: Welches sind die Top-10-Probleme, die unseren Job mühsam machen?

Aus unserer Sicht haben sich zusätzlich folgende vier Fragen bewährt, die sie regelmäßig Ihren Kunden stellen sollten (siehe Abb. 28):

1. Was ist Ihr (Ihr Kunde ist hier persönlich gemeint) Fokus für dieses Jahr? Woran werden Sie durch Ihre Vorgesetzten gemessen?
2. Welche Neuigkeiten gibt es in Ihrer Branche?
3. Was hören Sie über unsere Mitbewerber?
4. Wo stehen wir im Vergleich mit den Mitbewerbern?

Es ist essenziell, dass Sie (a) verstehen, wie Ihr Kunde innerhalb seines eigenen Systems persönlich beurteilt wird, und (b) dass Sie sich selber aus Sicht des Kunden verstehen und erst dann Ihren Kunden danach befragen, wie Sie im Vergleich mit dem Wettbewerb abschneiden. Aus unserer Sicht ist es absolut notwendig, dass alle Führungskräfte in Ihrem Unternehmen mindestens ein, besser zwei Telefonate wöchentlich mit Kunden führen. Nur so können Sie Ihr Ohr nah am Markt haben.

Sorgen Sie dafür, rohe, ungeschönte Daten zu erhalten. Wir wollen keine Schuldigen suchen, sondern Muster und Trends erkennen. Selbst wenn ein Problem sofort gelöst wurde, erfassen Sie es, denn zu einem späteren Zeitpunkt hilft auch dieses Problem, Muster und Trends zu erkennen. In der Hotelkette Ritz Carlton müssen die Mitarbeiter jedes noch so kleine Vorkommnis protokollieren und am Ende des Tages ihrem Manager berichten (Ritz Carlton Hotels gewann nicht zufällig zweimal den Malcolm Baldridge Preis[43] für herausragenden Service und Qualität).

Sammeln Sie die Daten nicht nur – nutzen Sie diese auch! Sie werden keine schnellere und einfachere Möglichkeit finden, Ihr Führungsteam darin zu unterstützen, Zeit zu sparen, die Arbeitsbedingungen der Mitarbeiter zu verbessern sowie die Zufriedenheit der Kunden zu steigern.

7.2 Mit Feedback richtig umgehen

Ihr Problemlösungssystem funktioniert nur dann einwandfrei, wenn Sie stets eine offene, empfängliche Haltung an den Tag legen. Ihre Mitarbeiter dürfen nicht das Gefühl haben, dass das Feedback in ein schwarzes Loch fällt. Suchen Sie deshalb gleich am Anfang nach Problemen, die Sie schnell lösen können. Wenn z. B. der Mülleimer in den Damentoiletten zu klein ist, ersetzen Sie ihn sofort mit einem neuen, größeren. Falls Sie auf größere und komplexere Probleme stoßen (z. B. IT- oder Abrechnungsfragen), stellen Sie ein Team zusammen, das sich der dringlichsten Probleme annimmt und Ihnen regelmäßig Bericht erstattet.

Sie können eigentlich nie voraussagen, wie viel Problem-Input Sie erhalten werden. Falls sich Ihr Team schwer damit tut, Feedback zu geben, sollten Sie keine negative Kritik üben, sondern konsequent an den wenigen Dingen arbeiten, die Ihr Team Ihnen berichtet. Die Beteiligung am Feedbackprozess wird steigen, weil die Mitarbeiter erkennen, dass sich aufgrund des Feedbacks tatsächlich etwas verändert hat – weil sie verstanden haben, dass Sie es ernst meinen. Es kann Ihnen aber auch passieren, dass Sie zu viel Feedback erhalten. In diesem Fall sollten Sie keinesfalls Dinge vorschnell aussortieren. Schauen Sie vielmehr danach, ob sich nicht einige Themen miteinander verbinden lassen. Arbeiten Sie mit den »Rohdaten« (dem O-Ton Ihrer Mitarbeiter), auch wenn das heißt, dass Sie 1.784 Einträge vorhalten müssen – so viele Problemmeldungen erhielten z. B. wir, als wir diese Methode bei einem Kunden eingeführt hatten. Seien Sie sich stets bewusst: Ihre Mitarbeiter beobachten ganz genau, ob Ihre Beiträge bedacht werden oder nicht.

43 Das US-Pendant zur europäischen EFQM sowie zum DGQ und zum Ludwig-Erhard-Preis in Deutschland [A.d.Ü].

Fassen Sie verschiedene Eingaben nicht zusammen, sondern geben Sie diese in Ihrer »Rohform« an das gesamte Team zurück. Die einzige Ausnahme besteht, wenn ein Feedback persönliche Attacken enthält. Diese Rückmeldungen müssen vertraulich und persönlich behandelt werden.

7.3 Über Fortschritte berichten

Menschen wollen Veränderungen sehen, noch während die Dinge passieren. Vor ein paar Jahren führte beispielsweise der Dekan der Columbia Business School eine Pinnwand für Beschwerden und Verbesserungsvorschläge ein. Sobald der Dekan »vermerkt, behoben« hinter ein Thema schrieb, wussten die Studierenden und Mitarbeiter der Business School, dass das entsprechende Problem auch tatsächlich behoben war. Die Themen auf eine solche Art und Weise abzuschließen, ist ebenfalls sehr wichtig. Lassen Sie Ihre Mitarbeiter wissen, welche Themen gerade bearbeitet werden und welche bereits gelöst wurden.

Ein weiteres Beispiel bietet ein lokales Lebensmittelgeschäft in Eugene, Oregon: Ein Kunde beschwerte sich. Ein bestimmtes Produkt würde nicht mehr angeboten. Daraufhin nahm sich der Ladenbesitzer die Zeit, einen Text aufzusetzen, in dem er diese Entscheidung erklärte. Diese Seite wurde dann neben der Originalbeschwerde aufgehängt, sodass jeder sehen konnte, wie in diesem Geschäft auf Beschwerden eingegangen wird. Dieses Vorgehen brachte zwar den Kunden das abgesetzte Produkt nicht wieder, aber sie verstanden nun wenigstens, weswegen es nicht mehr angeboten wurde.

Viele Unternehmen achten penibel auf das Eingangsdatum der Beschwerden. Sie sind bestrebt, alle Eingaben zügig abzuarbeiten und dafür zu sorgen, dass nichts unter den Tisch fällt und unbearbeitet bleibt. Ein Baustoffgroßhändler in Boston verfuhr folgendermaßen: Jedes Problem wurde auf einem großen Poster notiert. Die Poster brachte man auf der Außenwand des Unternehmens an, wo sie so lange hängen blieben, bis das Problem gelöst war.

7.4 Leitfaden zur Problemlösung

Nachdem wir das Mitarbeiter-Feedbacksystem in groben Zügen erklärt haben, möchten wir ein wenig ins Detail gehen. Halten Sie sich vor Augen: Falsch umgesetzt wird Mitarbeiterfeedback zur Zeitverschwendung oder, noch schlimmer, zu einer neumodischen Version einer Firmenhexenjagd. Passen Sie auf, dass Ihnen das nicht passiert. Um am Ball zu bleiben, sollten Sie regelmäßig mit dem Sechs-Punkte-Problemlösungsplan arbeiten, den Sie am Ende dieses Kapitels finden (Abb. 29).

Bei den ersten drei Punkten des Leitfadens geht es darum, Ihre Probleme unter die Lupe zu nehmen, deren Relevanz und genaue Ausprägung zu überprüfen, um dann sicherzustellen, dass Sie die Wurzel des Übels gefunden haben. Hinterfragen Sie stets kritisch, ob Sie sich tatsächlich mit den relevantesten Themen befassen: Sie dürfen sich solange nicht mit einer bestimmten Thematik befassen, solange es andere Problemfelder gibt, die Ihr Unternehmen deutlich stärker beeinflussen (Relevanz: Top-5-Priorität und absolute Top-1-Priorität). Lösen Sie zuerst jenes Problem, das Ihrem Unternehmen am meisten schadet. Stellen Sie auch sicher, dass Sie das Problem in seiner Ausprägung genau erfasst und definiert haben: Sie dürfen sich nicht mit »Problemen in der Kommunikationstechnik« befassen, wenn Sie sich nicht 100 %ig sicher sind, ob jemand über die Faxübermittlung oder über Faxgeräte redet (Genauigkeit). Lassen Sie es nicht durchgehen, wenn Ihre Mitarbeiter sagen »Der Server fällt immer aus«. Finden sie heraus, welches Muster dahinter steht: Wann funktioniert wo was nicht? Und fragen Sie sich noch einmal: Sind wir wirklich sicher, dass wir nach den Wurzeln des Problems suchen und nicht nur an den Symptomen »herumdoktern«?

Ein Beispiel: Wir führten eine Mitarbeiterbefragung bei einem Kunden aus Tennessee durch. Hier lag das Hauptproblem darin, dass nach Meinung der Mitarbeiter in der Zentrale »alle Kunden verrückt waren«. Dies wiederum führte dazu, dass die Kunden die Mitarbeiter beschimpften. Offensichtlich war das Problem für das Unternehmen von großer Relevanz. Uns hat das Wort »alle« dazu animiert, etwas genauer hinzusehen. Wir brachten in Erfahrung, dass das Lager zu viele Artikel an die falschen Adressen lieferte. Danach machten wir uns auf die Suche nach der Wurzel des Problems. Eine Methode besteht dabei darin, die ganze Zeit »Warum?« zu fragen – mindestens fünf Mal! Jedes Mal, wenn auf die Warum-Frage eine Antwort erfolgt, wird diese mit einer erneuten Warum-Formulierung hinterfragt. Auf diese Weise dringen Sie immer tiefer bis zur eigentliche Ursache des Problems vor. Warum wurden Artikel an die falschen Adressen gesendet? Wir fanden heraus, dass die fünfte Kopie eines fünfseitigen Plans nicht gerade einfach zu lesen war. Warum war diese Seite so schwer lesbar? Nun: Es lag daran, dass die Druckrolle des mechanische Druckers abgenutzt war (Können Sie sich an diese Zeiten noch erinnern?).

Der Punkt ist: Die Antwort für viele Probleme ist überraschend einfach, wenn Sie wie Colombo (erinnern Sie sich an diese Detektivserie der 1980er-Jahre?) vorgehen und einfach eine Menge Fragen stellen. Warum startet das Fahrzeug nicht? Die Starterbatterie ist defekt. Warum ist die Starterbatterie defekt? Der Wechselstromgenerator funktioniert nicht. Warum funktioniert der Wechselstromgenerator nicht? Der Treibriemen ist gerissen. Warum ist der Treibriemen gerissen? Der Treibriemen wurde nie ausgewechselt. Warum wurde der Treibriemen nie ausgewechselt? Das Fahrzeug wurde bisher nie gewartet.

In unserem obigen Tennessee-Beispiel hätten wir auch noch fragen können: Warum werden überhaupt 5 Kopien gebraucht?

Die Punkte Nr. 3 bis 6 des Leitfadens zur Problemlösung drehen sich um die Frage, wie Sie Ihr Problemlösungssystem gerecht und human gestalten: Fokussieren Sie sich auf den Prozess (das »Was«) und nicht auf die Leute (»Wer«). Ihr Feedbacksystem darf nicht dazu missbraucht werden, dass mit dem Finger auf Menschen gezeigt wird. Falls natürlich die »Was«-Frage immer zur selben Person leitet, sollten Sie sich darüber Gedanken machen, diesem Mitarbeiter eine »freie Zukunft« zu schenken (vgl. Kapitel »Das zweite Prinzip: Mit den Richtigen das Richtige richtig tun«). Und selbst in diesem Fall müssen Sie herausfinden, was konkret hinter dem Versagen dieser Person steckt. Denn die meisten Probleme liegen in den Prozessen, nicht in den Mitarbeitern.

Um sich lästige Arbeit zu ersparen, sollten Sie von Anfang an alle Betroffenen in Ihr System zur Problemlösung mit einbeziehen. Ein großer Flugzeughersteller fand beispielsweise heraus, dass sich eine halbe Millionen Dollar nur dadurch sparen ließe, wenn ein Problem in großen statt in kleinen Gruppen besprochen wird.

Zu guter Letzt: Fallen Sie niemandem in den Rücken. Wir alle haben das Recht, unserem Kläger gegenüberzustehen. Außerdem finden wir mit höherer Wahrscheinlichkeit die Wurzel des Problems, wenn alle Beteiligten in einem Raum sitzen. Gleichzeitig vermeiden Sie damit, dass irgendjemand ohne Ihr Wissen angegriffen werden kann.

Indem Sie diese sechs Punkte beachten, stellen Sie sicher, dass Ihr Feedbacksystem die Moral Ihrer Mitarbeiter hebt, die Kultur in Ihrem Unternehmen stärkt und Ihre Produktivität steigert.

7.5 Möglichkeiten zur Führungskräfteentwicklung nutzen

Vielleicht denken Sie gerade: »Großartig, so ein Feedbacksystem. Eine weitere schöne Aufgabe, die ich meiner sowieso schon aufgeblähten To-do-Liste hinzufügen darf.« Doch aufgepasst: Die Lösung von Problemen fällt nicht zwingend in den Aufgabenbereich der Geschäftsführung. Häufig ist es sogar besser und effektiver, ein Team in der mittleren Führungsebene damit zu betrauen. Wer ist denn am nächsten am konkreten Problem dran? Sie sicher nicht. Und wer ist am besten dafür geeignet, über die Priorität der Themen zu entscheiden und die Mitarbeiter auszusuchen, die am besten für die Lösung eines bestimmten Problems eingesetzt werden? Nochmals lautet die Antwort: Sie wahrscheinlich nicht.

Ganz wichtig: Hier bietet sich Ihnen eine wunderbare Gelegenheit, eigene Mitarbeiter aus der mittleren Führungsebene auf einen größeren Verantwortungsbereich vorzubereiten, sprich: interne Führungskräfteentwicklung zu betreiben. Dies ist letztendlich auch ein Investment in Ihre eigene Nachfolgeplanung. Sie geben Ihrem mittleren Management die Möglichkeit, auf kreative Art und Weise Probleme anzupacken und Leistung und Kundenzufriedenheit zu verbessern.

Die 4 entscheidenden Fragen an Ihre Kunden

Genauso wichtig wie die eigenen Mitarbeiter sind auch die Kunden als Quelle für Anregungen und Hinweise. Einerseits haben sich auch hier die 3 Fragen aus Abb. 27 bewährt, die Sie Ihren Mitarbeitern stellen können, doch können Sie diese Kunden-Gespräche noch ergiebiger gestalten mit folgenden 4 Fragen aus Abb. 28:

- Was bewegt Sie persönlich in Ihrem Unternehmen, was ist Ihr persönlicher Fokus in diesem Jahr? Wie kann ich Sie dabei unterstützen, diesen Ihren persönlichen Fokus zu erreichen?
- Welche Neuigkeiten gibt es in Ihrer Branche?
- Was hören Sie über unsere Mitbewerber?
- Wie schneiden wir im Vergleich ab?

Bei der ersten Frage ist es sehr wichtig, dass Sie in Erfahrung bringen, nach welchen Kriterien Ihre Kunden entscheiden. Und mit »Kunden« meinen wir hier nicht das »Unternehmen«, sondern ganz einfach die natürliche Person, die mit Ihnen auf der anderen Seite Business macht. Fragen Sie den durchaus konkret, wonach sich seine diesjährigen persönlichen Ziele richten. Wonach richtet sich sein persönlicher Bonus? Braucht er lange Zahlungsziele, kurze Lieferintervalle, welches sind seine noch nicht ausgeschöpften Budgets? All dies gibt Ihnen Anhaltspunkte, wie Sie Ihr Angebot strukturieren in Bezug auf z.B. Zahlungsziel, Überschriften, Grundpreis, Servicepauschalen, Servicegebühren, etc. Positionieren Sie sich als der Helfer des »Einkäufers« auf der anderen Seite, um sich so besser in seinem eigenen Unternehmen zu positionieren.

Bringen Sie in Erfahrung, mit welchen Themen sich Ihre Kunden beschäftigen, um ihrerseits wettbewerbsfähig zu bleiben. Ggfs erhalten Sie hier sehr interessante Hinweise für neue Produkte und Dienstleistungen.

Bei der dritten Frage erhalten Sie sehr wichtige Hinweise über Ihre Mitbewerber aus Sicht Ihres Kunden. Was ist an diesem Angebot des Wettbewerbers attraktiv für den Kunden, was schreckt ihn ab? Was bräuchten Sie, um den Wettbewerb zu überbieten?

Schließlich fragen Sie ihn nach Feedback zu Ihrem Unternehmen. Dies ist immer die letzte Frage, obwohl sie einem meistens bereits ganz zu Anfang unter den Fingern brennt. Zügeln Sie sich, es zahlt sich aus.

Bei all diesen Informationsquellen lautet unsere Faustregel für alle Führungskräfte: Führen Sie mindestens EIN Mitarbeitergespräch pro Woche und mindestens ZWEI Kundengespräche. Die Kundengespräche sind meist durchaus lockere Telefonate.

7.6 Auf den Punkt gebracht

Tägliche und wöchentliche Maßnahmen

Die nun folgenden knappen Ausführungen werden Ihnen dabei helfen, die nötigen täglichen und wöchentlichen Maßnahmen zu definieren und umzusetzen, um

- die Unternehmens- und Mitarbeiterperformance zu steigern,
- Prioritäten zu setzen sowie
- Chancen und Risiken zu identifizieren.

Diese Maßnahmen werden auch jedem im Unternehmen dabei helfen, die wichtige Frage »Hatten wir eine gute Woche?« zu beantworten. Die Antwort auf diese Frage ist ein guter Gradmesser für Fortschritte im Hinblick auf die gesetzten Ziele.

Die aktuell entscheidende Kennzahl

Es ist von großem Vorteil sein, wenn Ihr Unternehmen zwei oder drei »entscheidende Kennzahlen« definiert, anhand derer sich das Unternehmen im nächsten Quartal/im nächsten Jahr ausrichtet. Die entscheidende Kennzahl zeigt an, auf welchen Bereich/auf welches Thema Ihr Unternehmen kurzfristig seinen Fokus lenken soll, da dieser Bereich/dieses Thema aktuell den größten Einfluss auf die zukünftige Unternehmensentwicklung ausübt. Auch hierzu ein Beispiel: Dell versuchte im Jahr 2001 vehement, das Verhältnis von verkauften PCs zu verkauften Servern zu verringern – in dem Wissen, dass in naher Zukunft die Verkaufszahlen für PCs sinken und die für Server steigen würden. Entsprechend war die »aktuell entscheidende Kennzahl« Server-Verkäufe dividiert durch PC-Verkäufe. Alle Aktivitäten konnten mit dieser einfachen Faustregel darauf ausgerichtet werden, dass dieser Wert stetig größer wurde.

Stellen Sie sich bei allem, was Sie entscheiden und tun, die folgende – zentrale – Frage: »Was ist der mit Abstand wichtigste messbare Wert, den wir in den nächsten 3 bis 12 Monaten erreichen müssen?« Dabei müssen wir hervorheben: Die Antwort auf diese Frage verändert sich regelmäßig. Es sollten immer wieder neue Bereiche des Unternehmens in Ihrem Fokus stehen – ganz ähnlich dem Bodybuilder, der sich in den Trainingseinheiten immer wieder auf andere Muskelgruppen spezialisiert, um die gewünschten Proportionen zu erhalten.

Clevere Kennzahlen

Als Nächstes sollte die Geschäftsführung drei so genannte »clevere Kennzahlen« bestimmen. Diese sollen als Frühindikator für die Zukunft des Unternehmens fungieren. Denn die Fähigkeit, Entwicklungen vorherzusehen und zu antizipieren, ist zweifellos eine der wichtigsten Fähigkeiten exzellenter Führungspersönlichkeiten. Clevere Kennzahlen sind meist recht komplex, wie zum Beispiel: Umsatz der aktuellen Woche verglichen mit dem Umsatz in derselben Woche vor einem Jahr verglichen mit dem Marktwachstum im selben Zeitraum. Diese clevere Kennzahl würde Ihnen zeigen, ob Sie Ihren Marktanteil vergrößern oder nur mit dem Markt mitwachsen. Sie könnten sich aber auch das Verhältnis von Verkaufstelefonaten zu verkauften Produkten anschauen, um zu sehen, wie effektiv die Verkaufsgespräche sind. Ein Geschäftsführer, den wir einmal kennengelernt hatten, verglich einfach nur die Anzahl der Trucks an seinen Ladedecks mit der Anzahl der Bestellungen in derselben Woche – damit konnte er recht gut vorhersehen, wie sich der kommende Monat entwickeln würde. Wie der Name schon verrät, erlauben Ihnen diese cleveren Kennzahlen einen cleveren Einblick in die Zukunft Ihres Unternehmens. Sobald Sie drei effektive clevere Kennzahlen identifiziert haben, sollten Sie diese über einen gewissen Zeitraum beibehalten und sie kontinuierlich verfolgen, damit Sie auch tatsächlich Äpfel mit Äpfeln vergleichen können – und gleichzeitig Ihr Auge für Muster und Trends schulen.

Indikatoren für jedermann

Sobald Sie sich über clevere und entscheidende Kennzahlen im Klaren sind, sollte jedes Team mindestens ein oder zwei tägliche Indikatoren bestimmen, die sich aus den beiden oben genannten Kennzahlen ableiten. Der Schlüssel liegt dabei im »Alignment«, d. h. in der Abstimmung der Kennzahlen/Indikatoren auf den unterschiedlichen Ebenen. Kann jeder Mitarbeiter nachvollziehen und erkennen, welchen Einfluss seine Arbeit auf das Unternehmen ausübt? Eine Firma definierte z. B. die Zufriedenheit mit ihrem Kundenservice als entscheidende Kennzahl für das laufende Quartal. Darauf basierend versuchte jedes Team irgendetwas zu unternehmen, um seinen eigenen Anteil an dieser Kennzahl zu verbessern.

Sichtbar und transparent

Machen Sie Ihre Indikatoren und Kennzahlen für alle sichtbar – nicht um bloßzustellen, sondern um allen ein ehrliches Feedback zu geben, eine Information dazu, wo das Unternehmen gerade steht. Ähnlich wie die Spielanzeigetafel von überall im Fußballstadion aus zu sehen ist, sollte auch Ihre Anzeigetafel in einer leicht erfassbaren Form Feedback an die verantwortlichen Mitarbeiter und Teams geben. Damit setzen Sie auch Muster- und Trenderkennungsprozesse in Gang – und vielleicht bemerkt jemand einen Trend, der für Ihr Unternehmen von entscheidender Bedeutung ist. Wir legen Ihnen sehr ans Herz, jedem Ihrer Mitarbeiter sein eigenes »Barometer« auf seinem Schreibtisch zu platzieren. Es geht hierbei nicht um Kontrolle, sondern einzig und allein um Orientierung für den Einzelnen. Am besten gibt ein solches »Barometer« in grafischer Form Antwort auf Fragen wie »Wo stehe ich?«, »Wie entwickle ich mich?«, »Was kann ich tun, um die Sicherheit des eigenen Arbeitsplatzes zu erhöhen?« etc. Am besten sollte jeder seine eigenen Kennzahlen selber auf der eigenen Tafel oder auf der großen Unternehmens-Anzeigetafel eintragen. Es steckt etwas sehr Kraftvolles dahinter, seine eigenen Ergebnisse selber zu notieren, die eigenen Werte auf dem Schaubild miteinander zu verbinden und zu beobachten, wie die Ergebnisse langsam lebendig werden, da sie auf eigene konkrete Taten zurückgeführt werden können. Um Vergleiche anstellen zu können, empfiehlt es sich außerdem, die Resultate des Vorjahres auf derselben Grafik darzustellen.

Planen, vorausschauen, antizipieren

Sobald Sie die Gewohnheit der täglichen und wöchentlichen Indikatoren etabliert haben, sollten Sie damit anfangen, voraus zu denken und nicht nur die Vergangenheit zu dokumentieren. Jack Stack[44] nennt dies »Forward Forecasting«, sprich: Basierend auf den heute vorhandenen Informationen eine Experteneinschätzung darüber abzugeben, wie die nächsten Wochen und Monate aussehen werden. Der Vergleich der tatsächlich erzielten Resultate mit Ihren eigenen Prognosen wird Ihnen dabei helfen, in Zukunft bessere Prognosen zu treffen und Ihr Wissen um die wahren Treiber Ihrer Resultate deutlich verbessern.

Ein Lagezentrum einrichten

Ich kann Ihnen nur dazu raten, ein »Lagezentrum« für das Führungsteam einzurichten. In diesem Raum sollte das Führungsteam seine Prinzipien und Einstellungen, die Ziele und Prioritäten für das laufende Quartal und das laufende Jahr sowie das geografische Territorium, in dem das Unternehmen aktiv ist, grafisch darstellen. Sorgen Sie dafür, dass auch Ihre entscheidenden und cleveren Kennzahlen groß und deutlich angezeigt werden, damit sie jeder sofort sehen kann, der den Raum betritt. Stellen Sie sicher, dass Sie einen Ihrer Mitarbeiter dafür verantwortlich machen, alle Angaben laufend zu aktualisieren. Falls Sie nicht wollen, dass Ihre Kunden diese Informationen sehen, kaufen Sie sich eine Tafel mit zwei Seiten und drehen Sie sie einfach um, wenn Sie Kundengespräche führen. Allerdings gibt es auch einige Unternehmen, die diese Informationen stolz mit ihren Kunden tei-

---

44 Stack, J./Burlingham, B. (1994). The Great Game of Business.

len möchten; sie geben damit den Kunden zusätzliche Sicherheit, dass das Unternehmen gut geführt wird und die gesamte Belegschaft gut informiert ist.

Wir können es nicht oft genug sagen, wie wichtig es ist, tägliche und wöchentliche Indikatoren und Kennzahlen für alle Mitarbeiter und Teams zu entwickeln, und diese an den entscheidenden und cleveren Kennzahlen des Unternehmens auszurichten. Diese Kennzahlen fokussieren jeden Ihrer Mitarbeiter darauf, die eigene Energie gezielt einzusetzen, eigene Prioritäten aus übergeordneten Prioritäten abzuleiten sowie Chancen und Risiken zu identifizieren. Stellen Sie sicher, dass diese Indikatoren und Kennzahlen für jeden Mitarbeiter permanent sichtbar und leicht nachvollziehbar sind. Richten Sie zudem ein Lagezentrum für Ihr Führungsteam ein.

Am wichtigsten ist aber, dass Sie einfach damit anfangen, irgendetwas zu messen. Sehr bald werden Sie auf jene Kennzahlen stoßen, die Ihnen die für Sie nötigen Einblicke und das für Sie nützliche Feedback liefern.

Leitfaden Mitarbeiter-/Feedbackgespräch		
	______________ Mitarbeiter	______________ Kunde
Was soll ich beginnen zu tun?		
Was soll ich nicht mehr tun?		
Was soll ich weiterhin tun?		

Abb. 27: Leitfaden Mitarbeitergespräch/Feedbackgespräch

Die 4 entscheidenden Fragen die Sie regelmäßig Ihren Kunden stellen sollten		
1	Was bewegt Sie persönlich in Ihrem Unternehmen, was ist Ihr persönlicher Fokus in diesem Jahr. Wie kann ich Sie dabei unterstützen, diesen Ihren persönlichen Fokus zu erreichen?	
2	Was gibt es für Neuigkeiten in Ihrer Branche?	
3	Was hören Sie über unsere Mitbewerber?	
4	Wie schneiden wir im Vergleich ab?	

Abb. 28: Leitfaden Kundengespräch

Leitfaden zur Problemlösung	
Der folgende Leitfaden in sechs Schritten kann im Prinzip sowohl zur Lösung von Problemen als auch zur Entscheidungsfindung wie auch zur Lösung von Konflikten angewandt werden.	
Schritt 1	**Relevanz:** Ist das Thema wirklich so wichtig? Betrifft es einen Ihrer Kunden? Suchen Sie hier nach Problemen, die immer wieder auftreten. Sie können nicht alle Probleme auf einmal lösen. Deswegen konzentrieren Sie sich auf jene Probleme, die Ihren Mitarbeitern oder Kunden die meiste Zeit oder das meiste Geld kosten.
Schritt 2	**Seien Sie präzise:** Schauen Sie auf Ihre Problemliste. Sind die Meldungen allgemein oder präzise? Viele Leute schreiben Dinge wie »Kommunikationsprobleme« oder »Unterbrechungen« oder dass sie »dieselbe Frage wieder und wieder beantworten« müssen. Sie können diese Probleme nicht lösen, wenn Sie nicht über das Wer, Was, Wie, Wann und Wo genau Bescheid wissen. Präzise zu sein bedeutet auch, Wörter wie »immer«, »nie« oder »die ganze Zeit« zu vermeiden.
Schritt 3	**Sprechen Sie die Wurzel an:** Schauen Sie nicht nur auf die Symptome, sondern auch auf den Auslöser. Angenommen, Sie haben ein spezifisches Kommunikationsproblem: In den meisten Fällen wird einfach ein Memo verschickt. Dieser Ansatz findet nie die Wurzel des Problems, sondern löst das Problem nur vorübergehend. Eine der besten Methoden, die Wurzel eines Problems zu entdecken, ist die »5-Mal-Warum-Methode«. Fragen sie »Warum?« so oft, bis Sie an der Wurzel des Problems angekommen sind.
Schritt 4	**Fokussieren Sie sich auf das *Was* und nicht auf das *Wer*:** Sie wollen Ihre Suche nicht zu einem Fingerzeig- oder Beschuldigungsspiel werden lassen. Fast 95 % aller Probleme haben nichts mit Ihren Mitarbeitern zu tun. Aber wenn dasselbe »Warum« immer zu dem gleichen Mitarbeiter führt, sollten Sie sich wahrscheinlich Gedanken über diesen Mitarbeiter machen. Stellen Sie sich erst einmal die Frage: »Was haben wir falsch gemacht, dass er diese Fehler gemacht hat?« Vielleicht muss Ihr Rekrutierungs- oder Trainingsprozess überarbeitet werden. Wenn Sie nicht die Wurzel des Warums erreichen, werden Sie denselben Fehler immer wieder begehen.
Schritt 5	**Beziehen Sie alle Betroffenen mit ein:** Bevor Sie umher rennen und von 10 verschiedenen Mitarbeitern 10 verschiedene Geschichten hören, packen Sie alle in einen Raum. Alle zusammen! Dies wird Ihnen ein viel besseres Bild und eine bessere Übersicht über das Problem geben.
Schritt 6	**Niemals jemanden bloß stellen:** Reden Sie niemals negativ über eine Person, wenn diese nicht anwesend ist. Die einzige Ausnahme ist es, wenn Sie von jemandem Rat über diese Person brauchen. Aber selbst in diesem Fall sollten Sie die betroffene Person so schnell wie möglich mit einbeziehen. Diese Richtlinie entstammt dem Recht, seinem Ankläger direkt gegenüberzustehen und bei seiner »Verurteilung« präsent zu sein. Außerdem, wenn Sie mit irgendjemandem über einen Ihrer Mitarbeiter negativ reden, wird sich dieser Mitarbeiter auch fragen, ob Sie dasselbe auch mit ihm hinter seinem Rücken machen. Nehmen Sie diese Regel sehr ernst und achten Sie darauf, sie immer zu befolgen. Das Vertrauen in Ihrem Unternehmen wird enorm zunehmen. Außerdem, wenn die betroffene Person anwesend ist, verfolgen alle Anwesenden die anderen fünf Richtlinien umso achtsamer.

Abb. 29: Leitfaden zur Problemlösung

8. Das achte Prinzip: Fokussierte Meetings

Gewinnen Sie den entscheidenden Vorsprung durch tägliche und wöchentliche Meetings. Durch strukturierte Meetings steigern Sie die Leistung Ihres Führungsteams!

Management Summary

Um mehr als nur eine Menge Lärm in Ihrem Unternehmen zu erzeugen, benötigen Sie Rhythmus. Sie müssen Ihre »Herzschlagzahl« an Ihre Wachstumsambitionen anpassen. Das Herz der Leistung Ihrer Geschäftsführung ist ein Rhythmus von täglichen, wöchentlichen, monatlichen und jährlichen Meetings, die immer planmäßig stattfinden und einem strikten Programm folgen. In diesen Meetings haben Sie die Möglichkeit, Ihr Führungsteam auf die wesentlichen Dinge zu fokussieren. Sie werden zusätzlich Probleme schneller und einfacher lösen, für eine effektive Kommunikation sorgen und eine bessere Koordination der strategischen Fragestellungen erreichen. Wer soll bei diesen Meetings anwesend sein? Wie sollen die jeweiligen Agenden gestalten? Wann sollten die Meetings stattfinden, wer sollte sie führen – und wie? In dem folgenden Kapitel finden Sie Antworten auf diese Fragen. Wir empfehlen außerdem das Buch »Tod durch Meeting«[45] zu diesem Thema.

Wenn Sie John D. Rockefellers Biografie lesen, werden Sie sich vielleicht über seine täglichen Routinen wundern. Er traf sich beispielsweise jeden Tag mit seinen Schlüsselpersonen zum Mittagessen und redete mit Ihnen. Am Anfang waren es nur Rockefeller und die vier Mitgründer von Standard Oil. Aber nach einigen Jahren, das Unternehmen wuchs stetig, stießen die neun Direktoren mit dazu. Und ja: Sie trafen sich immer noch tagtäglich. Bewusst oder unbewusst – John D. Rockefeller verstand es, dass das Wort »Company« auch »Brot zu teilen« bedeutete. Er wusste: Wenn er täglich zum Mittagessen die wichtigsten Mitarbeiter seines Unternehmens traf, stärkte dies die beruflichen und persönlichen Beziehungen untereinander. Wenn Sie ihn heute fragen würden, ob er diese täglichen Meetings wichtig fand, würde er sicherlich mit »Ja« antworten.

Im Unternehmen ist es genauso wie beim Sport. Erst regelmäßiges und konsequentes Training bewirkt Siege und Höchstleistungen. Viele Unternehmer erwarten jedoch, dass Methoden und Werkzeuge sofort höchste Erfolge erzielen. Es ist aber absolut naiv zu glauben, ein Werkzeug wie das »tägliche Meeting« entfalte seine Wirkung bereits nach nur einigen Wochen Anwendung. Steffi Graf, Michael Schumacher oder Sebastian Vettel benötigten auch mehrere 1000 Stunden Training und Entwicklungsarbeit, um die Siege zu erzielen, die sie erzielt haben. Überdurchschnittliche Leistung bedarf kontinuierlicher und bewusster Pflege!

45 Lencioni, P.M. (2009). Tod durch Meeting. Weinheim.

Auf den Punkt gebracht bedeutet dies:

- Durch den Meeting-Rhythmus identifizieren Sie schneller Engpässe und Probleme sowie Chancen und Möglichkeiten. Sie erhalten täglich eine Rückmeldung darüber, was auf jeder Ebene Ihres Unternehmens aktuell passiert.
- Wann möchten Sie darüber informiert werden, wenn etwas schiefzulaufen droht – beim täglichen Meeting oder irgendwann in der Zukunft?
- Der Meeting-Rhythmus, und insbesondere das tägliche Meeting, ermöglicht Ihnen, schneller zu reagieren und Ihr Unternehmen mit einer höheren Drehzahl zu leiten.
- Jedes der einzelnen Meetings (täglich, wöchentlich, monatlich ...) fokussiert auf ein anderes Thema. Im täglichen Meeting wollen wir, dass alle (a) auf unsere KPI (tägliche Kennzahl) eingestimmt sind, (b) sich das Quartalsthema vergegenwärtigen, (c) die Möglichkeit bekommen, über aktuelle Herausforderungen zu berichten und (d) Mitarbeiter in einem verlässlichen und regelmäßigen Rhythmus Zugang zu ihrem Vorgesetzten finden.
- Unser Gehirn ist auf Mustererkennung spezialisiert. Aber ohne regelmäßige und immer gleich bleibende Informations- und Kommunikationswege ist es schwerer, diese Muster zu erkennen. Die täglichen Meetings bieten eine sehr einfache Möglichkeit, eben solche Muster zu erkennen, die bei den täglichen Herausforderungen und Erfolgen Ihres Unternehmens entstehen.

Zum letzten Punkt ein Exkurs darüber, wie wir schneller erkennen und begreifen durch die Verwendung von Mustern.

Betrachten Sie sich einmal das folgende Muster:

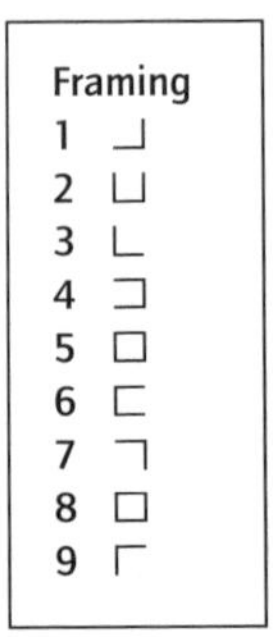

Erkennen Sie das Muster? Könnten Sie es nach einigen Sekunden Betrachtung ohne Hilfe wiedergeben? Probieren Sie es aus.

Betrachten Sie nun nur die Zahlen links und schreiben Sie so viel Symbole wie möglich auf, ohne die Symbole zu betrachten. Wie erfolgreich waren Sie?

Meist brauchen wir mehr als einige Sekunden um ein Muster zu erkennen.

Dabei gibt es einen ganz einfachen Schlüssel:

1	2	3
4	5	6
7	8	9

Sie sehen: Wenn Sie den Schlüssel kennen, fällt es Ihnen weitaus einfacher, das Muster zu sehen. Und haben wir einmal das Muster erkannt, können wir mühelos alle Symbole zuordnen und sie uns merken.

Im Berufsalltag erkennen wir Muster entweder durch sehr, sehr, sehr viel Erfahrung – oder vielfach gar nicht. Der Hauptgrund liegt einfach darin, dass wir aktuell eine starke Ablehnung gegen regelmäßige und formalisierte Kommunikation insbesondere auch im Umgang mit Mitarbeitern hegen.

Um zu erkennen, was die Branche aktuell treibt, genügt es bereits, den Menschen zuzuhören, die dort arbeiten. Suchen Sie Muster in den Antworten auf die folgenden Fragen: Was erzählt man sich in der Branche? Was läuft gut? Was läuft schlecht? Was sagen die Kunden? Was funktioniert? Was nicht? Wo stehen Ihre Mitarbeiter gerade? Worauf muss bei der täglichen Arbeit geachtet werden?

8.1 Meetings: Eine befreiende Routine

Seit über 20 Jahren begleiten und coachen wir wachsende Unternehmen. Einen wesentlichen Erfolgstreiber konnten wir darin entdecken, wie konsequent diese Unternehmen den Rhythmus und die Routine für ihre Meetings etablieren konnten. Es gilt die Regel: Je schneller ein Unternehmen wächst, desto mehr Meetings sollte es abhalten. Für viele unserer Leser, insbesondere für jene, die in großen Unternehmen arbeiten oder gearbeitet haben, mag das vielleicht verrückt klingen, da sie Meetings mit Zeit- und Energieverschwendung gleichsetzen. Nur: Wir reden hier nicht über diese offenen, schlecht geplanten Meetings, die schon jeder erdulden musste. Wir reden über kurze präzise Meetings – über Meetings mit einer klaren Struktur, einem strikten Zeitlimit und einem spezifischen Programm. Nach solchen Meeting fühlen Sie sich nicht festgefahren, im Gegenteil: Diese Meetings befreien Sie!

Denken Sie eine Minute an Jazz. Darin steckt eine Menge Freiheit, richtig? Als Erstes sehen wir nur die Improvisation. Wenn Sie sich mit jemandem unterhalten, der wirklich Ahnung von Jazz hat, wird er Ihnen sagen, dass hinter der ganzen Improvisation ein felsenfester Rhythmus steckt – und eine Menge Regeln. Um gemeinsam zu musizieren und etwas Erstaunliches zu erschaffen, muss jeder Jazz-Musiker diese Grundstrukturen und Regeln verstanden haben und mit ihnen zurechtkommen. Sie müssen den Takt und die Tonart erkennen, um gute Musik – und keinen Lärm – zu produzieren.

Wenn in wachsenden Unternehmen der Rhythmus die Meetings sind und die Regeln die jeweiligen Meeting-Agenden, können jederzeit Spezialisten und Unbekannte auftauchen und zu einer wunderbaren Bereicherung beitragen. Neue Mitarbeiter finden schnell Anschluss, wenn eine Struktur existiert, an die sie sich halten können.

8.2 Mehr Meetings – nicht weniger

Sie kennen das ja bestimmt: Sie nehmen sich vor, endlich einmal wieder ein effektives Meeting abzuhalten. Es gibt eine gut vorbereitete Liste mit Tagesordnungspunkten. Doch bevor der erste Punkt überhaupt angesprochen werden kann, drängen sich Themen zwischen Herrn Huber und Herrn Maier, Frau Becker und Herrn Bender und etc. etc. in den Vordergrund. Diese bilateralen Themen nehmen virusartig Raum ein, während die anderen acht Teilnehmer allmählich einschlafen. Irgendwann ist dann nach zwei Stunden die Zeit um, keines der entscheidenden Themen konnte angesprochen werden, und alle Teilnehmer sind frustriert. Alle gehen zurück in ihr Büro, bestärkt darin, wie überflüssig Meetings eigentlich sind.

Das Problem dabei sind jedoch nicht die Meetings, sondern die fehlende Meeting-Hygiene. Bilaterale Themen dürften es erst gar nicht in ein Wochen- oder Monatsmeeting schaffen. Dass sie es trotzdem tun, ist vor allem ein Zeichen dafür, dass sich tatsächlich zu selten ausgetauscht wird! Bei einer sauber aufgesetzten Meeting-Systematik, wie wir sie vertreten, werden all die bilateralen Themen in den täglichen Meetings angesprochen, damit sich die themenbezogenen Wochen- und Monatsmeetings überhaupt erst themenbezogen entwickeln können.

Daher unser Aufruf: Wir brauchen mehr Meetings, mehr Meeting-Hygiene und mehr Meeting-Rhythmus!

Schauen Sie sich auf den folgenden Seiten den Meeting-Rhythmus an, der sich aus unserer Erfahrung am besten bewährt. Quartals- und Jahresmeetings sind in fast allen Unternehmen Standard. In den Quartalsmeetings werden die Fortschritte im Hinblick auf die Jahresziele besprochen. In den Jahresmeetings werden diese Fortschritte berücksichtigt, um Ziele für das darauffolgende Jahr zu definieren. Die wichtigsten Programmpunkte werden dabei durch den kompakten Strategieplan (vgl. 3. Prinzip) definiert. Das ist zwar alles gut so, doch sind wir nach der Bestätigung von weltweit mehr als 25.000 Unternehmen mehr denn je felsenfest davon überzeugt, dass es gerade die täglichen, wöchentlichen und monatlichen Meetings sind, die die Unternehmen echt weiter bringen. Warum? Weil gerade diese häufigen Meetings die Ergebnisse und Grundlagen dafür liefern, dass die seltener stattfindenden Meetings überhaupt einen Sinn entwickeln können. Alles baut aufeinander auf.

Oder wie wollen Sie ihr Quartalsziel erreichen, wenn Sie Ihre Leistung nicht jeden Tag vorantreiben und Sie Ihr Team nicht täglich ermutigen, dran zu bleiben?

Ihr Führungsteam braucht ein regelmäßiges »Köpfe-Zusammenstecken«, um neue Möglichkeiten, strategische Angelegenheiten oder mögliche Engpässe zu diskutieren. Wie lange wird es wohl dauern, um die neuen Ziele für das kommende

Jahr zu definieren, wenn das jährliche Planungsmeeting der erste Zeitpunkt ist, an dem das Führungsteam darüber redet, wohin sich der Markt überhaupt bewegt?

Wir wollen folgende Erkenntnis mit Ihnen teilen: Je schneller ihr Unternehmen wächst, desto schneller sollte der Meeting-Rhythmus schlagen. Im Allgemeinen können Sie ein Jahr als normales Jahr in der strategischen Planung betrachten, wenn das Wachstum weniger als 15 % beträgt. D.h. es genügt, sich jährlich mit einer detaillierten Analyse des Marktes und der Rahmenbedingungen zu beschäftigen und eine adäquate Strategie zu entwickeln, welche diese Entwicklungen berücksichtigt. Wenn Ihr Unternehmen zwischen 20 und 100 % wächst, betrachten Sie jedes Quartal wie ein ganzes Jahr – Sie analysieren quartalsweise den Markt und die Rahmenbedingungen und entwickeln eine spezifische Strategie. Das bedeutet also im Klartext: jedes Quartal eine neue Strategie. Wenn Ihr Unternehmen zu den Spitzenreitern gehört und seinen Umsatz jedes Jahr verdoppelt, sollten Sie jeden Monat als strategisches Jahr bezeichnen. Netscape nutzte diese Theorie zu Beginn des Internet-Booms und betrachtete jeden Monat wie ein ganzes Jahr. Dadurch konnte sich Netscape weitaus besser auf die sich damals permanent verändernden Marktbedingungen einstellen als die Mitbewerber. Durch diese Herangehensweise wuchs Netscape so schnell wie kein anderes Unternehmen zu dieser Zeit.

8.3 Tägliche Meetings sind unerlässlich

Absolut jeder in Ihrem Unternehmen sollte jeden Tag an irgendeinem 5 bis 15 Minuten dauernden Meeting teilnehmen. Im Englischen werden solche Meetings »Huddles« genannt, was so viel bedeutet wie »die Köpfe zusammen stecken«. Es geht also nicht um eine traditionelle »Sitzung«, sondern eher um einen fokussierten Abgleich von Informationen im Stehen – zügig, temperamentvoll und auf das Wesentliche beschränkt. Wir sagen nicht, dass die gesamte Belegschaft am selben Meeting teilnehmen soll – doch jeder soll irgendeinem »Daily Huddle« beiwohnen.

Für uns ist dieser Standpunkt nicht verhandelbar.

Natürlich werden Ihre Mitarbeiter auf diese Forderung antworten: »Wir sind zu beschäftigt.« Doch: Ihre Mitarbeiter werden sich immer darüber aufregen, wie wenig Zeit sie für alles haben oder wie viel sie reisen. Manche werden sagen, sie könnten sich nicht einmal vorstellen, auch nur eine Minute ihres Tages einem täglichen Meeting zu widmen, geschweige denn 5 oder 10 Minuten Wenn das Unternehmen nicht groß ist und Geschäftsreisen kein Problem darstellen, werden die Mitarbeiter wiederum behaupten: »Wir brauchen kein Meeting, wir sehen uns doch sowieso den ganzen Tag.«

Jedes Argument entkräftet sich jedoch bei genauerer Betrachtung selber. Das Argument Dienstreisen zum Beispiel: Gott sei Dank gibt es Handys. Das Meeting muss nicht in einem Konferenzraum und auch nicht an einem Tisch stattfinden. Eine Telefonkonferenz ist genauso wirkungsvoll, falls Ihre Mitarbeiter unterwegs sein sollten. Und was sind schon 15 Minuten? Das Äquivalent zu einer Toilettenpause vielleicht. Des Weiteren verfehlen die Argumente »Wir haben doch jetzt schon viel zu viel zu tun« oder »Wir sehen uns sowieso jeden Tag« einen ganz wichtigen und entscheidenden Punkt: Bei ziellosen Zusammentreffen können Sie von den drei wertvollsten Instrumenten, die einem Geschäftsführer zur Steigerung der Teamleistung zur Verfügung stehen, keinen Gebrauch machen:

- Gruppendynamik[46],
- kollektive Intelligenz,
- klare Kommunikation.

Die Meetings, über die wir sprechen, helfen Ihnen, effektiv Zeit zu sparen. Dadurch, dass Sie ein strenges Meeting-Programm organisieren, werden Sie immer wissen, wann und wo Sie Ihre Kollegen antreffen können, wenn z. B. ein dringendes Problem drückt. Wenn Sie einem Ihrer Kunden eine Frage beantworten müssen, die außerhalb Ihrer Kompetenz liegt, müssen Sie nicht mehr hoffen, den verantwortlichen Mitarbeiter vielleicht im Laufe des Tages zu treffen, um Rückmeldung geben zu können. Nach einem kurzen Blick auf den Meetingplan können Sie ganz genau sagen, wann und wo Sie Ihre Antwort erhalten werden. Die täglichen Meetings ersetzen auch mühsame »Kaffee-Maschinen-« oder »Flurgespräche«, bei denen immer wieder die gleiche Information erneut erzählt werden muss. Auch nehmen »Stille-Post-Effekte« ab, bei der Nachrichten auf der Suche nach der richtigen Person immer weiter verändert werden. Durch die täglichen Huddles können Informationen schneller, einfacher und präziser kommuniziert werden.

Zusätzlich nehmen auch die unproduktiven 1-zu-1-»Läster-Gespräche« ab, in denen gerade das Führungsteam als Bösewicht für alles Mögliche dargestellt wird. Dadurch, dass sich das ganze Team täglich für einige wenige Minuten im selben Zimmer befindet, müssen sich auch die Mitarbeiter mehr miteinander auseinander setzen und sich mit ihren Arbeitsfortschritten voreinander verantworten. Dies reduziert den Druck, der auf dem Führungsteam lastet, und erzeugt einen leichten, aber dienlichen Gruppenzwang – und beides führt zu besseren Ergebnissen.

Zu guter Letzt muss noch betont werden: Das Ziel des täglichen Meetings besteht darin, den Fokus aller Mitarbeiter auf das aktuellste und wichtigste Problem zu lenken. Es wäre ja eine Schande, wenn wir mit einem erstklassigen Führungsteam ausgestattet wären und uns nicht einmal 15 Minuten am Tag nehmen würden, um die Erfahrung, Intelligenz und Expertise des gesamten Teams auf das aktuell wichtigste Thema zu lenken. Bitte machen Sie sich nichts vor: Ohne ein diszipliniertes tägliches Meeting werden Sie niemals denselben Fokus erzeugen können.

---

46 Anmerkung des Übersetzers: Engl. »Peer Pressure«, also genau übersetzt »Gruppendruck«: dem Einzelnen erfahrbar machen, dass eigene Versäumnisse Konsequenzen für andere haben.
Seien Sie einmal ehrlich und fragen Sie sich selber:
- Wie oft hätten Sie etwas bereits termingerecht abgearbeitet, hätten Sie bereits öffentlich eine Deadline oder Ähnliches kommuniziert? (Handlungsdruck durch andere befördert die Umsetzung.)
- Welches Ihrer Projekte oder Themen könnte nicht von der Erfahrung anderer profitieren?
- Und schließlich: Welches Unternehmen würde sich nicht besser entwickeln, hätten wir nicht einfach eine bessere Kommunikation und etwas größeren intrinsischen Handlungsdruck?

Das tägliche Meeting wird Ihnen auf jeden Fall Zeit sparen. Haben Sie jemals erlebt, jemanden aus Ihrem Team für ein bis zwei Tage nicht erreicht zu haben? Durch das tägliche Meeting sehen Sie jeden im Unternehmen verlässlich zur selben Zeit.

8.3.1 Timing

Damit das tägliche Meeting gut funktioniert, muss es richtig organisiert werden. Wir können nur empfehlen, das Meeting auf eine ungewöhnliche Uhrzeit zu legen wie zum Beispiel um 08:08 in der Früh. Aus irgendeinem Grund tun sich die meisten Menschen leichter, zu »ungeraden« Zeiten pünktlich zu sein, statt sich um »halb« oder »viertel vor« zu verabreden. Falls Sie dazu neigen, Meetings zu vergessen, können wir Ihnen die Erinnerungsfunktion bei Outlook oder im iPhone wärmstens ans Herz legen.

Machen Sie Pünktlichkeit zur Pflicht und tolerieren Sie keine Entschuldigung. Wir haben alle schon Pausen inmitten von sehr intensiven Verhandlungen mit Kunden oder Investoren gemacht, um unser tägliches Meeting nicht zu verpassen. Dieses rigorose Einhalten von Terminen hat uns dabei von allen Seiten Respekt eingebracht – selbst von Kunden, die dadurch zehn Minuten warten mussten. Fangen Sie rechtzeitig an und hören Sie auch rechtzeitig auf. Hüten Sie sich vor allem davor, angesprochene Probleme lösen zu wollen. Das geht in der Kürze der Zeit nicht und gehört auch keinesfalls in dieses Meeting. Tägliche Meetings sind ausschließlich zur Problemidentifikation da. Sobald Sie die 15 Minuten überziehen, werden Ihre Mitarbeiter nicht dabei bleiben.

8.3.2 Setting

Wo die Treffen stattfinden, ist nicht wichtig, Sie sollten aber auf keinen Fall gemütlich sitzen. Treffen Sie sich im Stehen. Das wird Ihnen dabei helfen, das Meeting kurz zu halten. Wenn das Meeting im Büro des Geschäftsführers stattfindet, macht es das einfacher für ihn. Selbst tägliche Meetings via Telefon- oder Videokonferenz sind heutzutage keine Seltenheit mehr.

8.3.3 Wer sollte anwesend sein?

Die generelle Devise lautet: *je mehr Teilnehmer, desto besser und produktiver.* Sollten allerdings sehr viele Personen teilnehmen, sollten Sie den Ablauf und den Rahmen anpassen.

Im Hauptquartier von Ritz-Carlton gibt es z. B. jeden Tag ein 10-minütiges Meeting mit 80 Teilnehmern direkt vor dem Büro des Geschäftsführers. Zusätzlich werden in allen Ritz-Hotels weltweit, von Bali bis Barcelona, die gleichen täglichen Schichtwechsel-Meetings abgehalten. An diesen Schichtwechsel-Meetings nehmen alle Mitarbeiter – ja alle – teil, die nicht gerade an der Rezeption oder am Telefon eingeteilt sind. Bei diesen täglichen Meetings werden Probleme angesprochen, vielleicht auch schon gelöst und gleichzeitig das Zusammengehörigkeitsgefühl sowie die Firmenkultur und -philosophie verstärkt. Als Mariott Ritz-Carlton aufkaufte, wurde auch diese »Best Practice« sofort übernommen.

Auch Alan Rudy, der Geschäftsführer von Express-Med, nutzt die täglichen Meetings, um den Pulsschlag seines Unternehmens hoch zu halten. Da er seine Mitarbeiter in verschiedene Projektteams aufgeteilt hat, ruft er alle jeden Tag für 15 Minuten zusammen. In den ersten fünf Minuten reden die jeweiligen Projektleiter über den Fortschritt und mögliche Stolpersteine. Danach werden andere Themen diskutiert. Das Beste an diesem Ansatz ist, dass es jeden aus seiner Ecke herausholt und involviert.

Das wahrscheinlich ambitionierteste tägliche Meeting, das wir kennen, findet bei Scooter Store statt. Es fängt damit an, dass sich die Verkaufsteams in verschiedenen Standorten um 7:47 Uhr für 15 Minuten zusammensetzen. Direkt danach findet eine 15-minütige Telefonkonferenz aller Teamleiter aller Standorte statt. Und zu guter Letzt trifft sich auch noch das Führungsteam für 15 Minuten. Dadurch konferiert das ganze Unternehmen innerhalb von 45 Minuten miteinander – und das jeden Tag. Bis 8:32 Uhr hat das Führungsteam alle wesentlichen Informationen von der Basis erhalten und kann sich optimal in den Tag begeben. Sie können sicher sein: In diesem Unternehmen brennt nichts an.

8.3.4 Wer leitet das Meeting?

Suchen Sie jemanden aus, der von Natur aus strukturiert und diszipliniert ist (es muss nicht unbedingt der Geschäftsführer sein). Auf wen immer Ihre Wahl fällt – die Person muss zuallererst Pünktlichkeit und Zeitverantwortlichkeit gewährleisten. Führen Sie eine Stoppuhr oder eine für alle sichtbare Sanduhr ein. Damit können Sie sicherstellen, dass alle Themen auf der Agenda besprochen werden und gleichzeitig nicht zu viel Zeit mit einzelnen Themen verbracht wird.

Der Besprechungsleiter hat außerdem den wichtigen Job, die Meeting-Hygiene zu wahren. Sollten zwei Teilnehmer z. B. doch anfangen, ein bestimmtes Thema bilateral zu diskutieren, muss er/sie diese Unterhaltung unterbinden, mit dem Hinweis, das entsprechende Problem bitte später zu lösen – aber bitte bilateral und eben nicht während des Meetings.

8.3.5 Die Agenda

Die Agenda sollte jeden Tag dieselbe Struktur aufweisen. Das tägliche Meeting dreht sich eigentlich immer nur um drei Dinge:

- Was ist los? Welche Neuigkeiten gibt es?
- Wo stehen wir bezüglich unserer entscheidenden Kennzahl?
- Wer steckt wo fest?

In den ersten fünf Minuten sollte jeder Teilnehmer kurz mitteilen (maximal 30 Sekunden), welche Neuigkeiten es aus seiner Sicht gibt und was in seinem Bereich los ist. Allein diese Aussagen sind schon sehr wertvoll, da dadurch Konflikte, doppelte Agendapunkte oder verpasste Möglichkeiten schnell erkannt werden können.

Als Nächstes sollte jeder kurz einen Blick auf den täglichen KPI bzw. die entscheidende Kennzahl werfen, die zur Veranschaulichung der gesamten Unternehmensentwicklung genutzt wird. (Sie haben doch eine entscheidende Kennzahl definiert, oder?) Ein Online-Informationsdienst könnte zum Beispiel Seitenaufrufe zählen. Ein Vertriebsunternehmen könnte die Anzahl abgegebener Angebote erfassen. Bei Wal-Mart wiederum schaut man sich schlicht den Aktienkurs an. Sie können in Ihrem Unternehmen auch zusätzlich eine interne Kennzahl auswählen, auf die Sie den Fokus richten wollen, z. B. den Forderungsbestand oder noch nicht beantwortete Kundenanfragen. Was auch immer Sie betrachten – die Kennzahl sollte auf jeden Fall messbar sein.

Das dritte und wohl wichtigste Thema des täglichen Meetings ist, dass alle berichten, wer, wo feststeckt. Im Besonderen richtet sich unser Augenmerk hierbei auf die Suche nach vermeidbaren Engpässen.

Es gibt einige Gründe dafür, wieso wir diesen letzten Agendapunkt für den entscheidenden halten:

1. Im Hinblick auf die Lösung eines Problems ist es sehr wirkungsvoll, vor einer Gruppe von Kollegen eigene Ängste, Anstrengungen und Bedenken zu äußern. Sobald wir ein Problem laut aussprechen, vernetzt sich die linke und rechte Gehirnhälfte und unterbewusste kreative Lösungsprozesse kommen in Gang. Meist erkennt derjenige gerade in diesem Augenblick eine Lösung, die er zuvor noch nicht gesehen hat. Es kommt ein Lösungsprozess in Gang, der ohne das Schildern des Problems gar nicht hätte beginnen können. Sprechen wir Dinge nicht aus, bleibt nur die linke Gehirnhälfte aktiv und derartige kreative Prozesse bleiben ungenutzt.
2. Die Diskussion über Engpässe zeigt Ihnen, wer seinen Job nicht erledigt hat. Jedes Mal, wenn ein Mitarbeiter drei, vier Tage nicht über einen Stolperstein berichtet, können Sie beinahe sicher sein, dass bald ein größeres Problem auftaucht. Engagierte, produktive und tatkräftige Mitarbeiter bleiben immer ziemlich regelmäßig hängen. Die einzigen, die nie hängen bleiben, sind diejenigen, die nichts tun. Hinterfragen Sie gerade jene Mitarbeiter, die immer behaupten, alles sei bestens.
3. Wenn Mitarbeiter vor einer Gruppe von Kollegen über Stolpersteine berichten, bauen Sie damit allmählich und sehr subtil eine stabile Vertrauens- und Konfliktkultur in Ihrem Unternehmen auf. Die Botschaft, die Sie tagtäglich Ihre Mitarbeiter erfahren lassen, ist: »Es ist OK, Fehler zu machen.« Hier säen Sie die Grundlage dafür, dass – sollte tatsächlich einmal etwas schief laufen –, die Information sehr sachlich und zügig an Sie herangetragen wird und nicht versucht wird, den Sachverhalt vor Ihnen zu verschleiern. Gleichzeitig fördern Sie eine gesunde und aktive Konfliktkultur, bei der das Was im Vordergrund steht und nicht das Wer.

Weitere Gründe, die für die knappe Agenda sprechen sind:

4. Das ritualisierte Tagesmeeting stärkt zudem den ganzen Teamspirit und die Firmenkultur Ihres Unternehmens – vorausgesetzt, auch Sie sind mit Leidenschaft und Engagement dabei. Schützen Sie sich und alle Teilnehmer davor, dass das Tagesmeeting zu einer monotonen Frage- und Antwortrunde wird. Seien Sie ein neugieriger und aufgeweckter Zuhörer, der nach einer Gelegenheit sucht, den einzelnen Mitarbeiter zu stärken, besser werden zu lassen, zu ermutigen, so

dass er bereit ist, neue Hürden und Herausforderungen anzunehmen. Bestärken Sie jeden Einzelnen darin, mehr zu wagen, mehr aus sich herauszuholen, sich nicht mit Durchschnittlichkeit zufrieden zu geben. Zeigen Sie jedem Einzelnen, wie liebevoll und treu Sie hinter ihm stehen. Seien Sie einfach präsent und ein echter Leader!

5. So erhalten alle Teilnehmer knapp und dennoch genau die wichtigsten Informationen: Achten Sie daher darauf, dass alle Antworten so präzise wie möglich sind. Zwei Beispiele:
   a. **Nicht**: »Ich habe heute Vertriebsgespräche.«
      Sondern: »Ich treffe mich mit Herrn Mayer und Herrn Müller von der Firma Pharma XY GmbH. Ich stelle ihnen unsere PadPublisher-Lösung vor mit dem Ziel, dass Pharma XY ab jetzt seine Pharma-Studien als Apps herausgibt.«
      Hintergrund: Je konkreter die Aussagen sind, desto konkreter kann das Team aufschlussreiche Einwände bringen, die das Treffen mit Herrn Müller intensivieren. Z. B.: »Ich kenne Herrn Müller, der mag das und das.« Oder: »Denk auch an Geschäftsberichte!«
   b. **Nicht**: »Ich mache Steuererklärungen weiter.«
      Sondern: »Ich arbeite an der Einkommenssteuererklärung von Herrn Behr und benötige noch die Aufstellung der Mieteinkünfte/oder die neueste Abschreibungstabelle für Spezialimmobilien.«
      Erst jetzt besteht die Möglichkeit, dass jemand, der diese Informationen hat, sie auch mit der betreffenden Person teilt.

Ein wichtiger Faktor ist: Die täglichen Meetings schlafen meistens ein, wenn sie unpräzise werden.

Wie bereits gesagt, sollten die Meetings auf keinen Fall zu Problemlösungsgesprächen genutzt werden. Erinnern Sie sich immer daran, dass das Meeting so kurz wie möglich sein sollte. Die eigentlichen Lösungen sollten nach dem Meeting in kleineren Teams ausgearbeitet werden. Im Meeting geht es ausschließlich darum, dass Sie als Führungsteam Kenntnis davon erlangen, was im Unternehmen aktuell vor sich geht. Am Ende des Kapitels finden Sie eine einseitige Zusammenfassung der Agenda für das tägliche Meeting (Abb. 30).

8.4 Die Agenda des wöchentlichen Meetings

Das wöchentliche Meeting erfüllt einen andern Zweck als das Tagesmeeting und hat deswegen auch eine andere Agenda. Das wöchentliche Meeting sollte themenbezogen und strategisch angelegt sein. Das wird aber nicht geschehen, solange Sie keinen täglichen Meeting-Rhythmus etabliert haben. Die täglichen Meetings lösen und bewahren Sie vor einer Vielzahl von bilateralen Problemen, die sonst das wöchentliche Meeting blockieren würden.

Im Folgenden werden wir einige Unterschiede zwischen der Agenda des täglichen und der des wöchentlichen Meetings erörtern. Am Ende des Kapitels finden Sie dann eine komplette Agenda für das wöchentliche Meeting (Abb. 31).

8.4.1 Die Planung

Planen Sie das Meeting so, dass es jede Woche zur selben Zeit und am selben Ort stattfindet. Dabei werden 30 Minuten für leitende Angestellte und eine ganze Stunde für die Geschäftsführung veranschlagt. Wie schon vorher erwähnt, kann das Ganze auch per Telefon- oder Videokonferenz stattfinden.

8.4.2 Fünf Minuten: Gute Nachrichten

Jedes wöchentliche Meeting fängt damit an, dass jeder Teilnehmer ein paar gute Nachrichten erzählt. Diese können sowohl aus dem professionellen als auch aus dem persönlichen Bereich stammen. Die generelle Devise: Je witziger erzählt, desto besser.

Warum das? Nun – Lachen bringt das Gehirn in einen gewissen Alpha-Zustand, der dazu beiträgt, dass Meetings effektiver geführt werden können. Wird das Meeting also auf eine humorvolle Art und Weise gestartet, fokussieren sich alle eher auf das Positive und es breitet sich eine lösungsorientiertere Haltung aus. Vielleicht mag Ihnen gerade dieser Punkt trivial und banal erscheinen – doch bitte unterschätzen Sie keinesfalls seine effektive und tiefe Wirkung. Gerade die neusten Forschungsergebnisse des Gehirnforschers Gerald Hüther[47] zeigen, wie wichtig es für effektives Arbeiten ist, dem Gehirn und den neuronalen Botenstoffen im Gehirn optimale Bedingungen zu liefern. Und Lachen, Heiterkeit und gute Neuigkeiten teilen ist das beste überall verfügbare Mittel dazu.

Wenn ein bestimmter Mitarbeiter einige Wochen lang keine guten Nachrichten zu erzählen hatte, sollten Sie als Geschäftsführer außerdem vielleicht privat nachfragen, ob alles in Ordnung ist.

Gift für Kreativität im Team sind Sarkasmus, Zynismus und übertriebene Ironie. Unterbinden Sie diese so entschlossen wie möglich und weisen Sie alle darauf hin, wie destruktiv diese Angewohnheiten sind. Sarkasmus, Zynismus und übertriebene Ironie schwächen nicht nur das Vertrauen im Team, sondern auch den Zusammenhalt, die Konfliktfähigkeit und die Kreativität. Ganz subtil breitet sich eine Atmosphäre des Unbehagens aus, da über dem Meeting die Angst schwebt, von jemandem »eine reingewürgt zu bekommen«. Die Folge ist, dass die Opfer zynischer Attacken sich innerlich abkapseln, auch wenn sie auf der Oberfläche bereitwillig mit den anderen über die Sticheleinen scherzen. Bedenken Sie: Der Stachel sitzt tiefer als es scheint.

8.4.3 Zehn Minuten: Die Zahlen

Nutzen Sie die folgenden zehn Minuten dazu, die Kennzahlen (die cleveren, die entscheidenden und gegebenenfalls die Frühindikatoren) Ihres Unternehmens

47 Hüther, G.(2010). Bedienungsanleitung für ein menschliches Gehirn oder Biologie der Angst. Wie aus Stress Gefühle werden. Göttingen.

durchzugehen. Jedes Unternehmen sollte mindestens drei Kennzahlen (KPIs) definieren und verfolgen. Diese Kennzahlen sollten gute Indikatoren für die aktuelle und zukünftige Leistungsfähigkeit des Unternehmens sein. Vergessen Sie nicht, diese Kennzahlen auch grafisch darzustellen.

8.4.4 Zehn Minuten: Kunden- und Mitarbeiter-Feedback

Nutzen Sie die nächsten zehn Minuten dazu, auf Kunden- und Mitarbeiter-Feedback einzugehen. Welche Probleme tauchen Tag für Tag immer wieder auf? Was dürfen/müssen sich die Mitarbeiter anhören?

Auch dieser banale Agendapunkt hat einen tieferen, auf die Unternehmensentwicklung bezogenen Hintergrund. Stellen Sie doch jedes Mal den Meeting-Teilnehmern die Frage: Was haben wir diese Woche von unseren Kunden und Mitarbeitern gelernt? Damit unterstützen Sie bei allen die Bereitschaft, Neues zu lernen und die eigenen Sachverhalte/Probleme aus einer anderen Perspektive zu betrachten. Dies hat den sehr wirkungsvollen Nebeneffekt, dass Sie Ihr Unternehmen kontinuierlich auf einen Übergang in der Leistungsphase vorbereiten. Die Leistungsphase kann nur gelebt werden, wenn die Mitarbeiter einen Sachverhalt aus unterschiedlichen Perspektiven, insbesondere der Kundenperspektive, analysieren können. Dies setzt wiederum voraus, dass Ihre Mitarbeiter ein echtes Selbstvertrauen/Selbstbewusstsein entwickelt haben. Solange Ihre Mitarbeiter sich über ihre fachliche Kompetenz identifizieren, wird es ihnen schwer fallen, eine echte Kundenperspektive einzunehmen, da dies ja eine Art Selbstaufgabe beinhaltet. Dieses Unvermögen beobachten wir oft bei Personen, die stark in der Spezialisten-Phase verwurzelt sind. In diesen Fällen entwickeln sich Diskussionen auf der Oberfläche schnell auf die Frage zu, wer Recht hat und wer nicht. Und im Grunde geht es darum, dass die Einzelnen ihr eigenes Selbstbild oder ihre eigene Wirklichkeitskonstruktion verteidigen, da sie noch nicht das Selbstbewusstsein haben, unterschiedliche Wirklichkeitskonstruktionen an sich heran zu lassen. Das würde ihre eigene Reife überfordern.

8.4.5 30 Minuten: Ein einziges Thema

Der größte Fehler, den Sie in wöchentlichen Meetings begehen können, besteht darin zu versuchen, jede Woche alle Probleme abzudecken. Sollten Sie diesen Versuch wagen, werden Sie die Probleme nur an der Oberfläche ankratzen. Ihr Ziel sollte jedoch vielmehr darin bestehen, die gesamte im Unternehmen verfügbare kollektive Intelligenz auf einzelne konkrete und für Ihr Unternehmen relevante Themen zu richten. Diese sollten dann wirklich in der Tiefe bearbeitet werden. Der Schlüssel dazu ist, sich für einen Monat/ein Quartal auf eine besondere Priorität (Sie erinnern sich: die Top-5-Prioritäten und die absolute Top-1-Priorität) festzulegen, die dann auch das Hauptthema der wöchentlichen Meetings bilden sollte. Die leitenden Angestellten sollten sich mindestens 20–30 Minuten mit diesem einen Thema beschäftigen. Die Geschäftsführung sollte sogar 30–60 Minuten einplanen. Begrenzen Sie das Wochenmeeting wirklich nur auf ein einziges Thema, eine einzige Priorität oder ein einziges Problem. Wenn Sie sich mehr vornehmen, wird am Ende meist nichts passieren.

Wählen Sie dabei eine Priorität aus, die Sie in Ihrem Monats oder Quartalsmeeting definiert haben, und von der Sie denken, dass diese öfter als einmal im Monat bzw. einmal pro Quartal diskutiert werden wird. Wenn zum Beispiel eine Ihrer Prioritäten vorsieht, ein unternehmensweites Informationssystem zu planen und einzuführen, sollte der verantwortliche Mitarbeiter mindestens drei- oder viermal während eines Quartals Feedback über den Fortschritt und möglichen Probleme geben. Durch diese Rotation schaffen Sie es, 15 bis 20 große Themen pro Jahr zu bearbeiten.

Nur Mut: Das eben geschilderte Meeting-System wird schneller funktionieren, als Sie denken, und Sie werden sich nach solch fokussierten Meetings lange nicht so ausgelaugt fühlen, wie Sie es von Ihren bisherigen, vermutlich überfüllten und diffusen Meetings, gewohnt sind.

8.4.6 Abschließende Kommentare

Beenden Sie Ihr wöchentliches Meeting damit, jeden Teilnehmer aufzufordern, ein Schlusswort zu sprechen. Dieses Schlusswort sorgt für ein formelles Ende des Meetings, stellt sicher, dass jeder die Chance hatte, etwas zu sagen, und es gibt der Geschäftsführung ein Verständnis davon, was die Mitarbeiter denken und fühlen. Wenn Sie also nach dem Schlusswort das Gefühl haben, dass doch noch unausgesprochene (schwelende) Konflikte oder Probleme vorhanden sind, können Sie sofort reagieren.

Ideal ist es auch, wenn das Meeting kurz vor dem Frühstück oder Mittagessen stattfindet. Das ermöglicht eine informellere Umgebung, um die Themen, die während des strukturierten Teils des Meetings aufkommen, dann weiter zu erörtern. Es ist gar nicht ungewöhnlich, dass gerade während dieser informellen Zeiten sehr wichtige Entscheidungen gefunden werden.

8.5 Das Monatsmeeting: Lernen steht im Fokus

Während der Fokus von Quartals- und Jahresmeetings auf der Erarbeitung einer Strategie liegen und die täglichen und wöchentlichen Meetings sich auf die Ausführung dieser Strategie konzentrieren sollten, empfiehlt es sich, den Schwerpunkt des Monatsmeetings auf das Thema »Lernen« zu legen. Das Monatsmeeting sollte zwischen zwei und vier Stunden dauern und dem Führungsteam ermöglichen, die Fortschritte der Mitarbeiter im Hinblick auf die Prioritäten zu analysieren. Des Weiteren sollte die monatliche GuV im Detail überprüft und diskutiert werden. Analysieren Sie zudem auch im Hinblick auf Ihre Prozesse, was funktioniert und was nicht. Dadurch können Sie rechtzeitig die nötigen Veränderungen vornehmen.

Sie sollten zudem monatlich mindestens eine, besser zwei Stunden für spezifische Führungskräftetrainings einplanen. Laden Sie kompetente Trainer, Coachs oder Experten ein, die über bestimmte relevante Themen referieren. Stellen Sie

Ihrem Team Lerninhalte zur Verfügung, machen Sie Ihr Team aktiv schlauer – es ist das Einzige, was Sie dauerhaft wettbewerbsfähig hält. Involvieren Sie in diese Workshops die komplette obere und mittlere Führungsebene. So schaffen Sie es, insbesondere auch Ihre mittlere Führungsebene auf das Unternehmensziel zu fokussieren.

Eine Bemerkung am Rande: Die Meeting-Struktur, die wir hier darstellen, gilt nicht nur für größere Firmen, sondern ganz besonders auch für kleinere Unternehmen mit 10–20 Mitarbeitern – ja, selbst diese kleineren Unternehmen haben eine obere und eine mittlere Führungsebene. Denken Sie einmal darüber nach ...

Eine Checkliste für die Monats und Quartalsmeetings finden Sie am Ende dieses Kapitels in Abb. 32 und 33.

8.6 Wieso so viele Meetings?

Vielleicht denken Sie sich nun: »Wir machen das schon alles, entweder in unseren Quartals- und Monatsmeetings oder in Einzelgesprächen. Wir brauchen diese neue Meetingstruktur nicht.« Wenn Sie so denken, geben Sie uns noch eine Chance, Sie vom Gegenteil zu überzeugen. Fangen wir mit den Einzelgesprächen an.

Tägliche und wöchentliche Meetings sind den Einzelgesprächen überlegen. In Einzelgesprächen wird oft geschickt argumentiert, sodass Sachverhalte gefiltert widergegeben werden. Bedenken Sie: »There is no greek chorus singing out when untruths begin to fly« – eine Anspielung auf den Chor in den griechischen Tragödien, dessen Aufgabe es war, die Zuschauer auf Unwahrheiten auf der Hauptbühne aufmerksam zu machen. Wenn Ziele auf dem Spiel stehen und Verantwortlichkeiten ein Thema sind, hilft der Gruppenzwang eines täglichen und wöchentlichen Meetings, damit sich etwas bewegt. Es funktioniert einfach besser in der Gruppe, als wenn ein (leitender) Mitarbeiter der Führungskraft direkt Bericht erstattet. Warum? Weil es schlichtweg leichter ist, eine Aufgabe einfach zu erledigen, als sich jeden Tag und jede Woche vor sein Team zu stellen und dieselben Entschuldigungen zu formulieren, wieso die Aufgabe noch nicht erledigt wurde etc. Meetings führen also zu schnelleren Ergebnissen und sie nehmen dem Geschäftsführer nebenbei eine Menge Zeitdruck ab.

Wir sind zudem von der Effizienz der kollektiven Intelligenz überzeugt, die in täglichen und wöchentlichen Meetings entsteht. Genauso wie bei den TV-Formaten à la »Wer wird Millionär?«, wo der Publikumsjoker häufiger richtiger liegt als der Telefonjoker, so ist es auch im Unternehmen effektiver und führt zu besseren Ergebnissen, wenn Sie den Fokus eines ganzen Teams auf ein Thema lenken können, statt Einzelgespräche zu führen. Außerdem können Sie die häufigen Meetings dazu nutzen, um Ihre Firmenkultur und Ihre Core Values zu verankern und um Wertschätzung und Schulterklopfer zu verteilen.

Natürlich können Sie weiterhin dabei bleiben, nur Monats-, Quartals- und Jahresmeetings durchzuführen, und die täglichen und wöchentlichen Meetings vergessen. Falls Sie Ihre Monats- oder Quartalsmeetings auch nur ein bisschen strategischer orientieren, kann es Ihnen schon so vorkommen, als kämen Sie mit dem rasanten Wandel der heutigen Welt wunderbar zurecht. Aber erlauben Sie unsere

Frage: Wie stellen Sie sicher, dass Sie sich nicht in eine Richtung bewegen, in die Sie nicht wollen, insbesondere vor dem Hintergrund, dass sich alles – auch Ihr Unternehmen – dermaßen schnell und mit einer ungeheuren Dynamik verändert? Unsere Antwort: Gewissheit kommt durch Routine, Rhythmus, und ja, mit täglichen und wöchentlichen Meetings.

8.7 Gewissheit kommt mit Routine

Die Routine des täglichen Meetings gibt Ihnen die Gewissheit, dass das gesamte Unternehmen sich in die Richtung bewegt, die Sie für richtig halten.

Sicher haben Sie schon häufiger bemerkt, dass einer Ihrer Mitarbeiter nicht die richtige Orientierung hatte. Wie lange war er bereits auf diesem Irrweg? Und wie viel hat es Sie bereits gekostet, bis Sie es herausgefunden haben?

Tägliches Meeting - Daily Huddle	
Ziele	Synchronisieren, Neuigkeiten, Wer steckt wo fest? 1. Regelmäßiger formalisierter Austausch 2. Gegenseitiger Informationsaustausch – «Was macht jeder Einzelne im Unternehmen aktuell?« 3. Identifizierung von Problemen, OHNE sie zu lösen. Suchen Sie gemeinsam mit Ihrem Team die »Flaschenhälse« und »Engpässe«.
Umsetzung	1. Dauer: Maximal 15 Minuten 2. Das Meeting wird im Stehen gehalten, ohne Anlehen. Dann fällt es leichter, sich kürzer zu fassen.
Teilnehmer	Alle - je mehr, desto besser. Einzelne Gruppen sollten die Teilnehmeranzahl von 15-20 nicht überschreiten, ansonsten kaskadieren und neue Gruppen bilden.
Tagesordnungs-punkte (TOPs)	1. Maximal 5-7 Minuten: «Was gibt es Neues von mir?« «Woran arbeite ich die nächsten 24 Stunden?« Jeder Mitarbeiter gibt in 15-30 Sekunden eine Auskunft. 2. Entscheidende Kennzahl 3. Maximal 5-7 Minuten: «Wer steckt wo fest? Stecke ich gerade fest?« (... und brauche Unterstützung)
Nutzen dieses Verfahrens	**Zu TOP 1:** Wir erhöhen die Handlungsgeschwindigkeit im Unternehmen: • Mitarbeiter wissen verlässlich, wann sie wen treffen. Dadurch können wir dem Kunden präzise zusagen, bis wann etwas gelöst ist oder mit XY abgestimmt werden kann. • Dinge werden schnell und präzise an alle klar und kommuniziert, statt über Mund-zu-Mund-Kommunikation an der Kaffee-Maschine. Vermeidung von »Stille-Post-Effekten«.

Tägliches Meeting - Daily Huddle	
Hinweise zur Umsetzung	Rhythmus und Routine sind eine der wichtigsten Elemente, damit sich ein Unternehmen gut entwickelt. • Rhythmus gibt uns Disziplin. • Routine hilft uns effektive Meetings abzuhalten. Dabei ist auf die strikte Einhaltung der Agenda und Meeting-Hygiene zu achten. **Zu TOP 2:** Solange Ihr Unternehmen der Leistungsphase noch nicht integriert hat, kann eine Kennzahl von den Beteiligten als demotivierendes Kontrollwerkzeug, statt als richtungsweisende Feedbackschleife verstanden werden. Bewegen Sie sich in den Phasen vor der Spezialisten- und Leistungsphase, sollten die Kennzahlen noch eher zurückhaltend eingesetzt werden. Hier sollte dann der Fokus auf Top 1 und Top 3 liegen. Sollten Sie aber in der Spezialistenphase sein und auf dem Weg in die Leistungsphase, sind raffinierte und ausgekügelte Kennzahlen ein absolutes Muss und Standard. **Zu TOP 3:** Bereits das Aussprechen der Problemstellung trägt enorm zur Lösung bei. Im Augenblick des Aussprechens verbinden sich die rechte und linke Gehirnhälfte. Lösungsprozesse werden somit aktiviert. Die Rückmeldung, die ein Teilnehmer erhält, darf maximal 1 Satz lang sein: »Melde Dich bei ...«, »Mach das so-und-so ...«, »Ich kenne das, komm später zu mir ... ». Unterstützen Sie sich gegenseitig; gehen Sie NICHT in eine Diskussion über, sondern sorgen Sie im Plenum dafür, dass (i) die Personen identifiziert werden, die zur Lösung notwendig sind und (ii) geklärt wird, bis wann/wo diese sich zusammensetzen. Jeder Einzelne trägt ganz wesentlich dazu bei, dass das Meeting für alle einen Mehrwert bietet. Wichtige Elemente für gute Meetings: a) Absolute Pünktlichkeit, auch als Ausdruck des Respekts den anderen Teilnehmern bzw. Kollegen gegenüber. b) Treffen auf Augenhöhe - Jeder Beitrag ist wichtig, jeder Teilnehmer ist wichtig. c) Gemeinsam denken und zuhören. d) Klare Kommunikation, möglichst kein Konjunktiv verwenden, sondern z. B. »Ich mache ....«, »Ich brauche ....«

Abb. 30: Checkliste tägliches Meeting

Wöchentliches Meeting	
Ziele	Was haben wir gelernt? Fokus auf Arbeitsergebnisse Setzen Sie einen Zeitrahmen jede Woche, damit Sie sich auf das Wesentliche konzentrieren. Das klingt am Anfang fast unmöglich, aber sobald Sie einen Rhythmus gefunden haben und die Treffen richtig strukturiert sind, freuen sich die meisten Mitarbeiter auf das Treffen und finden, dass sie ohne nicht richtig arbeiten können. Diese Mitarbeitertreffen sind das wichtige Fundament, um die restlichen Prinzipien zu implementieren, die in diesem Buch dargestellt werden.
Umsetzung	1. Dauer: Maximal 60-90 Minuten 2. Damit diese Treffen produktiv und nützlich sind, schlagen wir die unten stehende Agenda (TOPs) vor. Wir empfehlen auch, dass das Treffen gerade vor kritischen Deadlines stattfindet, z. B. kurz vor Mittag oder zwischen 17 und 18 Uhr. So enden die Treffen pünktlich.

Wöchentliches Meeting	
Teilnehmer	Alle – je mehr, desto besser. Einzelne Gruppen sollten Teilnehmeranzahl von 15–20 nicht überschreiten, sonst kaskadieren und neue Gruppen bilden
Tagesordnungs-punkte (TOPs)	**Top 1: 5 Minuten – Gute Nachrichten.** Gehen Sie reihum und lassen Sie jeden Teilnehmer zwei gute Geschichten erzählen, eine persönliche und eine aus dem Geschäft der vergangenen Woche. Dies hilft, das Negative in diesen Treffen zu bekämpfen, da Sie hauptsächlich fokussiert sind, Herausforderungen zu adressieren. Es ist ein Weg, den Leuten zu helfen das Gute und nicht nur das Schlechte zu sehen. Es ist auch ein toller Weg, sich besser kennenzulernen und sich gegenseitig auf die Schulter zu klopfen. Am Anfang mag es sich ein wenig komisch anfühlen – aber stellen Sie trotzdem sicher, dass jeder sich einbringt und mitmacht. **Top 2: 5–10 Minuten – Die Zahlen und Fokus auf Arbeitsergebnisse.** Besprechen Sie alle operativen individuellen und teambezogenen Produktivitätskennzahlen der vergangenen Woche. Lassen Sie sich nicht durch Unterhaltungen unterbrechen. Es werden nur die Zahlen gemeldet. Am besten werden diese grafisch dargestellt. So können die Mitarbeiter einfacher Trends in den Zahlen erkennen. Gehen Sie alle Arbeitsergebnisse durch. **Top 3: 5–10 Minuten – gemeinsames Lernen**. Was haben wir von unseren Kunden und Mitarbeitern diese Woche gelernt? **Top 4: 10 Minuten – Suche nach Muster und Fokus auf Arbeitsergebnisse.** Dazu muss jeder seine eigene Notiz-Liste führen, aufbauend auf dem vorherigen Punkt. Wieder gilt: keine Diskussionen. Schauen Sie nur, ob es sich wiederholende Themen oder Anliegen gibt, mit denen das Team oder die Kunden Tag ein Tag aus konfrontiert sind. Wählen Sie ein Thema und bestimmen Sie eine Person oder eine kleine Gruppe, die diesem Punkt auf den Grund geht. **Top 5: 10–30 Minuten – Kollektive Intelligenz.** Eröffnen Sie die Diskussion über ein großes Thema – eine wichtige Priorität. Nutzen Sie die kollektive Intelligenz des Teams, um diese Priorität zu zerlegen. Nennen Sie eine Person mit Verantwortlichkeit für das Thema. Diese Person soll eine Präsentation erstellen, wie sie das Thema angehen wird. **Top 6: Ein-Satz-Beschließer.** Reihum sagt jeder im Raum ein Wort bzw. Schlagwort, einen kurzen Satz, welcher zeigt, wie die Person gerade über das stattgefundene Treffen denkt und sich fühlt.
Protokoll	Lassen Sie aufschreiben, wer gesagt hat, was er bis wann machen wird.
Rhythmus	Dieses wöchentliche 60–90 minütige Treffen wird jedem helfen, seine Arbeit einfacher und produktiver zu gestalten. Wenn nicht, analysieren Sie, wie die Treffen abgehalten wurden und was diskutiert wurde, aber unterbrechen Sie keinesfalls den äußert wichtigen Rhythmus.

Abb. 31: Checkliste wöchentliches Meeting

Monatsmeeting	
Ziele	Anpassen und Optimieren der strategischen Ausrichtung. Entwickeln des mittleren Managements
Umsetzung	Dauer: 3–4 Stunden
Teilnehmer	Topmanagement und mittleres Management
Tagesordnungs-punkte (TOPs)	1) Erarbeiten, Planen und Umsetzen der wichtigen Themen und Aktivitäten a) Besprechen der Fortschritte bezüglich der Quartals Nr. 1 Priorität b) Besprechen der Zahlen und Daten c) Mögliche und notwendige Anpassungen 2) Ein großes Problem gelöst 3) Eine große Chance erarbeitet

Abb. 32: Checkliste Monatsmeeting

Quartalsmeeting	
Ziele	Ausrichten und Motivieren Ziele und Ergebnisse
Umsetzung	Dauer: 6–8 Stunden
Teilnehmer	Topmanagement
Tagesordnungs-punkte (TOPs)	1) Rückschau Quartal 2) Lernen durch Referat oder Vortrag 3) Überprüfen der Strategie 4) Planung der Quartalsprioritäten und Aktivitäten

Abb. 33: Checkliste Quartalsmeeting

9. Das neunte Prinzip: Mut zum Markenversprechen – der X-Faktor

Haben Sie den Mut zum echten Markenversprechen – Identifizieren Sie Ihren X-Faktor, den mit Abstand wichtigsten Treiber zur Wertsteigerung!

Management Summary

Was ist Ihren Kunden wirklich wichtig? Was zieht Ihre Kunden an und sorgt dafür, dass sie treu bleiben, Kauf um Kauf und Jahr für Jahr? Es ist Ihr Markenversprechen – der Schlüsselfaktor, der Sie von Ihrer Konkurrenz unterscheidet. Ihr Markenversprechen ist der Ausgangspunkt, von dem alle Entscheidungen der Geschäftsführung abgeleitet werden. Dieses Kapitel wird Ihnen dabei helfen, ein messbares und konkurrenzfähiges Markenversprechen zu identifizieren und zu formulieren. Durch praktische Beispiele werden wir Ihnen zeigen, wie erfolgreiche Unternehmen ihr Markenversprechen über die Jahre weiterentwickeln und verändern. Zum Schluss stellen wir Ihnen ein Instrument vor, mit dem Sie Ihr unverwechselbares, unternehmensspezifisches Markenversprechen finden werden – ein Markenversprechen, das zu Ihrer Vision passt.

Anfang der 1980er-Jahre eroberte Federal Express den US-Markt für Paketversand geradezu im Sturm. Was machte Fred Smiths Unternehmen zu solch einer Sensation? Die Antwort: Es lieferte Pakete über Nacht – »ohne Wenn und Aber«. Man konnte sich darauf verlassen: Wenn man mit FedEx ein Paket versendete, kam es beim Empfänger um 10:00 Uhr morgens an. Das war FedEx's Angebot an eine Welt, die nur das Postamt kannte. Das war FedEx's messbares Markenversprechen.

Das 10:00-Uhr-morgens-Versprechen war mehr als ein bloßer Marketingslogan – es war die Schlüsselentscheidung, die das ganze Unternehmen vorantrieb. Jeder Mitarbeiter von FedEx wusste, dass die Flieger spätestens um 02:00 Uhr morgens Memphis verlassen mussten, um die versprochene Ankunftszeit der Pakete zu garantieren. Für den einzelnen Kunden bedeutete dies: »Damit FedEx die Flieger rechtzeitig starten kann, muss ich mein Paket spätestens um 10 Uhr abends an der Washington Airport Station abgeben. Wenn ich mein Paket schon ein wenig früher versandbereit habe, kann ich mein Paket auch in die FedEx-Box in der Nähe meines Hauses werfen. Bis spätestens 17:15 Uhr wird es dann von dem orange-lila Lieferwagen eingesammelt und zum Flughafen gebracht.« Seitdem Smiths den ersten Businessplan geschrieben hat, haben alle Unternehmensstrategien, Maßnahmen und Schachzüge von FedEx nur ein einziges Ziel verfolgt: Dieses eine Markenversprechen einzuhalten. (Heutzutage hat Smiths sein Markenversprechen etwas verändert – mehr dazu später).

Wenn Sie das richtige Markenversprechen wählen – eines, das Ihre Kunden anspricht, eines, das Ihren Zielen entspricht, eines, das Sie Tag für Tag ausführen können – dann haben Sie fast schon gewonnen. Es ist wirklich so einfach, wie es klingt. Wählen Sie jedoch das falsche Markenversprechen, dann taumeln Sie Jahr für Jahr dahin, ohne jemals wirklich Ihre Ziele zu erreichen.

Wie also wählen Sie Ihr Markenversprechen für Ihr Unternehmen aus?

- Als Erstes konsultieren Sie bitte Ihren kompakten Strategieplan (ja, schon wieder! Vgl. 3. Prinzip). Einiges von dem, was Sie in der Planungspyramide definiert haben, wird Ihnen als Grundlage für die nun folgende Arbeit dienen.
- Anschließend werfen Sie bitte einen Blick auf Ihre Top-5-Prioritäten und Ihre absolute Top-1-Priorität, die Sie in dem Kapitel »Das 5. Prinzip: Ausrichtung – alle ziehen an einem Strang« herausgearbeitet haben. Es ist sehr wahrscheinlich, dass Ihr Markenversprechen irgendwo im Umfeld dieser Ziele zu finden ist.
- Der Schlüssel jedoch bietet sich Ihnen durch das wiederholte Bearbeiten der Checkliste zur Alleinstellung (Abb. 34). Die sechs Fragen auf diesem Arbeitsblatt werden Ihnen dabei helfen, sich Ihrem Markenversprechen anzunähern.

Seien Sie aber nicht enttäuscht, wenn Sie Ihren Faktor X nicht gleich beim ersten Mal finden. Wir kennen viele Unternehmen, die sich konsequent über einen längeren Zeitraum mit dieser Frage beschäftigt haben. Oft mit sehr frustrierenden »Ehrenrunden«. Rückwirkend hat allerdings keiner von Ihnen diese Mühe bereut.

Deshalb, nutzen Sie Rockefeller-Nummer 1-Strategie, um Ihre Zukunft unter Ihrer Kontrolle zu haben: Einfach dran bleiben!!! – mehr ist es nicht.

Arbeitsblatt - Alleinstellungsmerkmal herausarbeiten
Was ist Ihr BHAG?
Wie definieren Sie Ihre »Spielwiese« - geografisch, Produktlinien, Vertriebskanäle?
Was sind die größten »Bedürfnisse« Ihres Kunden (nicht die »Wünsche«)?
Was ist Ihr messbares Markenversprechen?
Was ist Ihr Engpass, Ihr Flaschenhals in Ihrer Branche/Spielwiese? Wie können Sie diesen kontrollieren?
Wie wenden Sie Chancen aus dem technologischen Wandel in Ihrem Geschäftsmodell an?

Abb. 34: Checkliste - Alleinstellungsmerkmal herausarbeiten

9.1 Das Markenversprechen aus dem BHAG ableiten

Auf der Suche nach Ihrem messbaren Markenversprechen wird Ihr erster Bezugspunkt Ihr BHAG (Big Hairy Audacious Goal) sein. Erinnern Sie sich noch an das große, haarige, verwegene und mutige Ziel (vgl. Kap. 3.3.4)? Das Ziel, das Sie in zehn oder sogar noch mehr Jahren erreicht haben wollen? Vielleicht fragen Sie an dieser Stelle: »Wieso zehn Jahre?« Die Antwort: Heutzutage liegen zehn Jahre so weit in der Zukunft, dass niemand Ihre Ziele rational kritisieren oder in Frage stellen kann. Und darin liegt genau der Schlüssel, um die Herzen der Mitarbeiter zu erobern und sie hinter Ihrer Vision zu vereinen. Das BHAG gibt eine lebhafte und bildhafte Beschreibung dessen, wonach sich Ihre Mitarbeiter und Teammitglieder ausrichten können. Können Sie sich noch an Ronald Reagans Lösung zum Sieg über die Sowjets erinnern? Er setzte darauf, durch einen noch nie zuvor gesehen Rüstungswettlauf die UdSSR in den finanziellen Ruin zu treiben.[48] Nur ganz wenige haben nachgefragt, wie genau das Ziel eigentlich erreicht werden soll. Alle haben Ihre Energie hinter das unrealistische Ziel gestellt, und fast wie durch ein Wunder wurde es erreicht.

Die Kraft des BHAG entfaltet sich in Unternehmen genauso wie in der Politik. Nikes BHAG war es, Adidas zu schlagen – was sich in den 1970er-Jahren sehr haarig und äußerst mutig anhörte. Starbucks Ziel ist es, eine größere Marke als Coca Cola zu werden – und wer sagt, dass sie es nicht schaffen? Das sehr haarige und mutige Ziel unseres Unternehmens Gazelles ist es, für 10.000 Kunden gearbeitet zu haben – was uns auf eine Ebene mit Top-Beratungsunternehmen wie McKinsey, BCG, Bain oder Berger stellen würde.

Denken Sie auch einen Moment über das folgende BHAG nach. Es stammt von Jack Stack, Gründer von Springfield Remanufacturing: »Jeder meiner Mitarbeiter soll ein Haus besitzen und seine Kinder auf eine Universität schicken können.«

Übrigens: All diese BHAGs sind messbar. Das BHAG dient als grundsätzliche Richtlinie, mit der Sie ihr Markenversprechen bestimmen und messen können.

9.2 Die Spielwiese Ihres Unternehmens bestimmen

Als Nächstes sollten Sie herausfinden, in welchem Umfeld/Bereich Sie sich die nächsten drei bis fünf Jahre austoben wollen. Ist es Ihre Bestimmung, ein lokales Unternehmen zu bleiben, mit Kunden in nicht mehr als zwei/drei Städten? Oder werden Sie wachsen, um regional, national oder sogar international tätig zu werden? Diese Entscheidung ist weitaus komplexer, als sie auf den ersten Blick erscheint. Und vergessen Sie nicht, dass Sie auch als lokal ausgerichtetes Unternehmen große Ziele verfolgen können. Die zentrale Frage lautet also gar nicht so sehr: »Wie kann ich möglichst schnell expandieren?«, sondern vielmehr: »Was ist mein persönliches Ziel und meine persönliche Vision?«

Wenn Sie Ihre Spielwiese geografisch definiert haben, nehmen Sie sich bitte Zeit, um über Ihre Kunden und deren Alters- und Bedürfnisstruktur nachzudenken. An wen verkaufen Sie Ihre Produkte in den nächsten drei bis fünf Jahren? Gibt es Kunden, die Sie lieber Ihren Mitbewerbern überlassen? Brauchen Sie spezielle Techniken, um Ihre Zielkunden zu erreichen?

Als Letztes überlegen Sie sich, wie viele verschiedene Produktlinien Ihr Unternehmen realistischerweise bewältigen kann. Auch logistische Überlegungen können für Ihre Langzeitziele von großer Bedeutung sein. Welche Distributionskanäle machen für Ihr Unternehmen am meisten Sinn? Unsere Spielwiese bei Gazelles

48 Ronald Reagan als Carters Amtsnachfolger erhöhte die zuvor reduzierten Rüstungsausgaben auf ein neues Rekordniveau und führte darüber hinaus die »Strategic Defense Initiative« (SDI) (auch Star-Wars-Programm genannt) zur Abwehr strategischer Raketen ein. Damit sollte die Fähigkeit der Sowjetunion zum strategischen Zweitschlag ausgeschaltet werden. Es gehörte ausdrücklich zu den Zielen dieses Vorhabens, einen uneinholbaren Vorsprung im Rüstungswettlauf zu gewinnen, um den Ostblock ökonomisch und politisch zu destabilisieren. Dieser konnte sich die Militärausgaben nach westlichen Einschätzungen nicht mehr lange leisten.

umfasst beispielsweise Führungsinstrumente und -methoden für Unternehmen weltweit, die einen Umsatz zwischen $ 1 Million und $ 50 Millionen sowie eine Wachstumsrate von mindestens 20 % pro Jahr aufweisen. Wir verwenden ein Direktvertriebsmodell und erbringen unsere Dienstleistungen durch lokale Coachs und Berater.

9.3 Echte Kundenbedürfnisse erkennen

Fragen Sie sich ausgehend von Ihrer Spielwiese: »Was ist das größte Bedürfnis meines Kunden?« Wichtig: Fragen Sie nach den Bedürfnissen, nicht nach den Wünschen. Wenn Sie Ihre Kunden nach ihren Wünschen fragen, werden sich diese Wünsche über Wünsche wünschen – bis Sie pleite sind. Suchen Sie das, was Ihren Kunden wirklich wichtig ist. Und dieses Wichtige muss gleichzeitig nachweislich und demonstrierbar anders sein als das, was Ihre Mitbewerber anbieten. Das zentrale Kundenbedürfnis, das wir bei Gazelles befriedigen, ist, dass das Wissen, das der Kunde von uns erhält, tatsächlich einfach und sofort anwendbar ist. Diese pragmatische und praxiserprobte Anwendbarkeit zeichnet unseren tatsächlichen Mehrwert aus.

Sie werden sehen: Allmählich werden Sie sich und Ihr Unternehmen in Richtung Ihres BHAGs ausrichten. Nike musste auch erst einmal die eigene Marktposition verstehen und sie mit der von Adidas vergleichen, bevor man loslegen konnte: Was kann der Kunde oder die Kundin wollen, das er oder sie von Adidas nicht bekommen kann? Seien Sie bei diesem Prozess beharrlich und gewissenhaft. Fragen Sie sich immer wieder:

- Warum ist das wichtig für den Kunden?
- Woher weiß ich, dass das wichtig für den Kunden ist?

FedEx wiederum musste auch erst einmal verstehen, was man im Vergleich zu einem Postamt tatsächlich anzubieten hatte: Was kann FedEx dem Kunden bieten, was der lokale Briefträger nicht kann und was aus Kundensicht *entscheidend* ist? Sobald Sie klar benennen können, welchen entscheidenden Mehrwert (oder Vorteil) Sie Ihren potenziellen Kunden liefern können, den der Wettbewerb noch nicht liefern kann, sind Sie bereits sehr nah an Ihrem Ziel, ein messbares Marktversprechen zu haben.

Ein anderes gutes Beispiel bietet die Branche für Büromöbel. Wenn Sie Ihr Büro neu einrichten lassen, ist kaum zu erkennen, von welchem Unternehmen die Möbel stammen, geschweige denn, worin die Unterschiede zwischen den einzelnen Wettbewerbern liegen. Was ist in diesem Fall also das fundamentale Bedürfnis des Kunden? Schwer zu sagen. Entscheidend ist, dass Sie vorab eine andere fundamentale Frage beantworten: Wer ist eigentlich Ihr Kunde? Angenommen, die Antwort lautet: »der Facility-Manager«, dann ist sein primäres Bedürfnis mit Sicherheit, keinen Anpfiff von der Geschäftsführung zu bekommen. Was bedeutet das für Sie als Anbieter konkret? Nun: Über Themen wie Qualität oder Design regen sich die Büroangestellten eher selten auf; über fehlende Teile oder Installationsprobleme jedoch umso mehr. Der Facility-Manager wird also bei dem Unternehmen einkaufen, das im Wesentlichen sagt: »Wir liefern ohne Scherereien«.

Herauszufinden, was der Kunde will, wird aber erst richtig schwierig, wenn Sie zwei verschiedene Zielgruppen bedienen, wie zum Beispiel die Orion-International-Jobvermittlung. Jim Tully, dem Chef von Orion, wurde erst wirklich bewusst, dass *Geschwindigkeit* der entscheidende Faktor ist, als er sein eigenes messbares Markenversprechen zu erarbeiten suchte: Die Jobkandidaten möchten, dass der ganze Bewerbungsprozess schnell abläuft. Die Personalabteilungen wollen wiederum, dass die freien Stellen so schnell wie möglich vergeben werden. Im Idealfall brauchte Tully ein Markenversprechen, das beiden Kundengruppen gefiel, sich aber trotzdem von der Konkurrenz unterschied. Den Schlüssel dafür fand er in der Geschwindigkeit.

9.4 Was ist Ihr messbares Markenversprechen?

Nach langem Suchen entschied sich Jim Tully für ein Markenversprechen, das er »14 Tage und alles ist erledigt« nannte. Er optimierte daraufhin alle Prozesse, um dieses Markenversprechen auch erfüllen zu können. Keiner der Konkurrenten machte ein ähnliches Versprechen, und Tully konnte sich tatsächlich erfolgreich vom Wettbewerb abheben. Zusätzlich war das Ganze auch finanziell eine sehr einträgliche Strategie. Die Durchschnittsdauer des gesamten Vermittlungsprozesses wurde von 60 auf 26 Tage gesenkt, was den Cashflow massiv erhöhte. Nun konnte Tully den doppelten Umsatz stemmen, ohne in neue Ressourcen investieren zu müssen. Bereits vier Wochen nach der Implementierung von »14 Tage und alles ist erledigt« stieg sein Umsatz um 78,5 %.

Jim Tully wurde klar, dass sein Markenversprechen mehr war, als nur eine messbare Einheit am Ende des Stellenvermittlungsprozesses. Er und seine Geschäftsführung erkannten schnell, dass der wichtigste Indikator schon etwas früher im Prozess eingebettet war, nämlich in der Anzahl der Interviews, die in der letzten Bewerbungsrunde geführt wurden – ein perfekter Frühindikator, aus dem man ziemlich genau den Cashflow zwei Monate später vorhersagen konnte. Tully ging noch weiter und analysierte von nun an jeden einzelnen Schritt in seiner Prozesskette. Er hatte erkannt, dass in jedem Schritt seiner Prozesskette noch zu hebende Potenziale darauf warteten, entdeckt zu werden.

Ein weiteres Beispiel: Boston Beer zeigt uns eine andere Art, sein Markenversprechen zu erarbeiten. Der Gründer James Koch ist in dritter Generation Bierbrauer. Sein Ziel und Unterscheidungsmerkmal zugleich war es schon immer, nicht nur ein besser schmeckendes, sondern tatsächlich das beste Bier zu produzieren. Wie er das Ziel glaubwürdig und messbar erreichen kann? Indem er große Bierwettbewerbe gewinnt. Und tatsächlich: Boston Beer gewann in vier aufeinander folgenden Jahren den 1. Preis eines bedeutenden Bierwettbewerbes – bis dieser eingestellt wurde. Weil sowieso immer das gleiche Bier gewann, verloren die Menschen und Sponsoren ihr Interesse. Danach nahm Boston Beer bei dem alljährlichen »Great American Beer Festival« an Blindverkostungen teil und schnitt auch dabei fast immer am besten ab. 1997 gewann das Unternehmen bei diesem Festival eine noch nie davor erreichte Zahl von drei Goldmedaillen. Schließlich gewann Boston Beer in 14 aufeinander folgenden Jahren eine der höchsten Auszeichnungen bei diesem Festival. Damit hatte die Boston Beer Company mit ihren Bieren mehr Medaillen gewonnen als alle anderen Bierunternehmen je zuvor.

Das Unternehmen verdiente sich somit sein Markenversprechen, das beste (zumindest amerikanische) Bier zu brauen, redlich. Dieses Prädikat konnte das Unternehmen dann auch erfolgreich weltweit vermarkten.

Denken Sie immer daran, dass Ihr Markenversprechen nicht einfach imitierbar sein darf. Ist es leicht nachzuahmen, kann es natürlich auch einfach vom Mitbewerber erfüllt werden. In diesem Fall sollten Sie sich ein neues Markenversprechen suchen – bevor es der Wettbewerb macht. Ein gutes Markenversprechen verursacht zwangsläufig etwas Stress, Druck und Unbehagen im Unternehmen. Das Markenversprechen muss für alle, für die Führungsteams und Mitarbeiter, eine gemeinsame Herausforderung darstellen. Bei Gazelles ist unser Markenversprechen, dass wir immer 100 % aller Prozesse implementieren, um unseren Kunden dabei zu helfen, ihren Wert zu steigern. Eben nicht 99 sondern 100 %. Das ist ein sehr hoher Standard, ihn zu erfüllen, das ist eine sehr herausfordernde Aufgabe für unsere Coaches.

Das Unternehmen Intuit hat einen sehr interessanten Prozess hinter sich. Anfangs lag sein Markenversprechen darin, eine einfach zu bedienende Buchhaltungssoftware zu entwickeln. Um das ganze glaubwürdig erscheinen zu lassen, versprach Intuit dann allerdings unbegrenzten Kunden-Support – und dies bei einem Produkt, das nur $ 59 kostete! Dieses Versprechen sorgte schnell für ziemlich viel Stress bei den Führungskräften und Programmierern. Gleichzeitig wurden alle dadurch herausgefordert, das Beste aus sich herauszuholen und das Versprechen trieb alles im Unternehmen an – von der Frage, wie das Produkt aufgebaut wurde, bis hin zur Kommunikation mit Kunden.

Wir möchten Ihnen an dieser Stelle eine ganz wichtige Warnung mit auf den Weg geben: Bleiben Sie, wenn Sie um das Markenversprechen ringen, auf gar keinen Fall bei Marketingslogans hängen, denn dann verlieren Sie die eigentliche Aufgabe aus den Augen! Suchen und finden Sie Ihr lieferbares und messbares Markenversprechen und überlassen Sie die Marketingslogans den Kollegen aus der Marketingabteilung. Fred Smiths Schlüsselentscheidung bei FedEx war die versprochene Ankunftszeit der Pakete – 10:00 Uhr am Folgetag – ohne Wenn und Aber. Die Vermarktung dieses Versprechens überließ er dann danach seiner Marketingabteilung.

9.5 Engpässe und Flaschenhälse kontrollieren

Als Letztes gehen wir auf Rockefellers Schlüsselstrategie ein – die Kontrolle der Engpässe und Flaschenhälse in Ihrer Branche.

Jetzt, wo Sie mit Ihrem Markenversprechen einen Pflock in den Boden geschlagen haben, wollen wir die Frage stellen: Was machen Sie, um diese Position im Markt zu verteidigen und zu behaupten? Betrachten und analysieren Sie an dieser Stelle Ihre Branchen- oder Ressourcen-Engpässe und Flaschenhälse. Überlegen Sie sich, wie Sie Gefahren bannen oder neutralisieren können. Ein sehr gutes Beispiel dafür bietet Rockefeller selber. Er identifizierte den Engpass in der Ölindustrie schnell: Kritisch war nicht etwa das Öl als solches (es sprudelte nur so aus dem Boden), auch nicht die Raffinerien. Kritisch waren vielmehr die Eichenfässer, die für den Transport des Öls benötigt wurden, bzw. – wir nehmen es an diesem Punkt ganz genau – die Stahlringe, die die Eichenfässer zusammenhielten. Das war der eigentliche Engpass der gesamten amerikanischen Ölindustrie zu Beginn des 20. Jahrhunderts. Entsprechend war eine der ersten Akquisitionen Rockefellers ein Unternehmen, das genau diese Eisenringe herstellte. Als sich später herausstellte, dass die hohen Transportkosten zum eigentlichen Problem wurden, verlagerte Rockefeller all seine Energie auf diesen Engpass. Sein Unternehmen wurde zu einem der führenden Logistiker der Vereinigten Staaten.

Lassen Sie uns zum Enpass bei Intuits zurückkehren. Wenn Sie Buchhaltungssoftware kennen, dann wissen Sie vielleicht, dass einer der schwierigsten Punkte im des Bezahlungsprozess (zumindest im Amerika der 1990er-Jahre) der Moment ist, wenn Sie die vorgedruckten Schecks richtig in den Drucker einlegen müssen. Intuit überwand diesen Engpass dadurch, dass das Unternehmen seinen eigenen Standard bei allen Druckerherstellern durchsetzte. Somit war Intuits Software die erste, die auf allen Druckern einwandfrei lief. Genau diese Voraussicht bescherte Intuit eine hervorragende Marktposition in einem sehr stark wachsenden Markt.

Der Gründer von Boston Beer, James Koch, war davon überzeugt, dass sein Ressourcenengpass der Hopfen war. Er glaubte fest daran, dass sein Bier nur so viele Preise gewinnen konnte, weil er ganz ausgewählte Hopfensorten direkt in Bayern ankaufte. Es war auch keine Überraschung, als ein großer US Bierhersteller als Mitbewerber versuchte, eine große Fläche im Hopfenanbaugebiet Hallertau in Bayern zu kaufen, um so diesen speziellen Hopfen für sich zu beanspruchen. Koch erfuhr von diesem Vorhaben und konnte sich die Rechte für »seinen« Hopfen rechtzeitig und sehr langfristig sichern. Das ist ein weiteres anschauliches Beispiel dafür, wie Sie Engpässe im Auge behalten müssen und nach Möglichkeit auch kontrollieren sollten.

Wenn Sie darauf warten, dass wir Ihnen nun auch unsere Strategie von Gazelles verraten, dann warten Sie vergebens. Täten wir das, wüsste es unsere Konkurrenz ja auch, richtig?

9.6 Alles verändert sich – auch Ihr Markenversprechen

Falls Sie ein aufmerksamer FedEx-Kunde sind, ist Ihnen vermutlich aufgefallen, dass FedEx nicht mehr mit dem »10-Uhr-morgens-Markenversprechen« wirbt. Wieso? Weil sich alles verändert. In vielerlei Hinsicht verlor Fedex das einstige Markenversprechen durch seinen eigenen Erfolg. Heutzutage bieten viele verschiedene Unternehmen »Über-Nacht«-Lieferungen an, selbst die ganz normale Post. Über-Nacht-Lieferungen sind heutzutage Branchenstandard. Was wir damit meinen, ist, dass Sie in der heutigen Geschäftswelt gar nicht überleben können, wenn Sie Ihr einmal gegebenes Markenversprechen nicht halten können. Dies ist eine normale

Entwicklung. Mit der Zeit erkennen die Mitbewerber immer, was Ihr »X-Faktor« ist; sie werden ihn nachahmen und zum Branchenstandard werden lassen.

Das Markenversprechen der vergangenen Dekade von FedEx brachte alles auf ein neues Level: »Werde nicht nervös – wir sagen Dir, wo sich Dein Paket im Moment befindet.« Oder kurz: »Peace of mind«. Dieser neue messbare Wert war, dass jeder Kunde zu jeder Zeit nachverfolgen kann, wo sich sein Paket genau befindet. Sprich: Das zentrale Kundenbedürfnis lag in der vollen Transparenz und Information über den Lieferstatus. FedEx fand das heraus und gab fast $ 1 Milliarde aus, um diesen Service zu garantieren. FedEx verteilte anfangs kostenlose CDs mit der nötigen Software – mittlerweile garantiert eine Online-Anwendung diesen Service. Das Marktversprechen wird mit dem Marketingslogan »Seien Sie sich absolut sicher« vermarktet.

Dabei sollten Sie nicht vergessen, dass FedEx sehr wohl weiterhin die Lieferung um 10 Uhr morgens garantiert. FedEx hat lediglich »den Einsatz erhöht«, indem das Verfolgen der Pakete ermöglicht wird. Mittlerweile gibt es wieder ein neues Markenversprechen, da das Verfolgen von Paketen zum Industriestandard geworden ist. Aktuell ist das Markenversprechen von FedEx: Nachhaltiges Transportieren – Transport auf Basis nachwachsender Rohstoffe.

Genauso wie bei FedEx wird auch Ihr einstig revolutionäres Markenversprechen immer wieder zum Standard werden. Deswegen fangen Sie am besten jetzt schon damit an, darüber nachzudenken, welches der nächste Schritt sein soll, der Sie von Ihren Konkurrenten abheben wird. Wenn Sie es nicht tun, wird es Ihr Konkurrent machen und Ihnen Ihre Marktposition streitig machen.

Das messbare Markenversprechen ist enorm wichtig. Es definiert Ihr Unternehmen im Bewusstsein der Öffentlichkeit. Es gibt Ihrem Unternehmen den entscheidenden »Kick«, immer nach dem Besseren zu streben. Wenn wir sagen, dass sich alle taktischen und strategischen Entscheidungen aus dem Markenversprechen ableiten, so ist das kein bisschen übertrieben.

Wenn Sie
- Ihr BHAG berücksichtigen,
- Ihre Spielwiese definieren,
- die echten und tatsächlichen Bedürfnisse der Kunden verstehen und
- Ihre (Branchen-)Engpässe kontrollieren,

dann haben Sie ein messbares Markenversprechen, das Sie mit Sicherheit von Ihrer Konkurrenz abhebt.

Das funktioniert so lange, bis Ihr Versprechen zum Standard wird und Sie gezwungen werden, ein neues noch innovativeres und ansprechenderes Markenversprechen zu entwerfen.

10. Das zehnte Prinzip: Integral führen

Nicht *gegen* den Fehler, sondern *für* das Fehlende.

Management Summary

Die ersten neun entscheidenden Management-Prinzipien, die wir im Verlauf des Buches bis hierhin beleuchtet haben, beinhalten eine Vielzahl einfacher und pragmatischer Werkzeuge. Diese Werkzeuge sind so vielfältig, dass sie einem Unternehmen die richtigen Impulse geben können, um Wachstum nicht nur schnell, sondern auch gesund und nachhaltig zu gestalten. Um diese noch effektiver in Ihrem Unternehmen zu implementieren, ist es sehr dienlich, ein Gespür dafür zu entwickeln, in welche Phase die einzelnen Werkzeuge besonders hervorgehoben werden müssen.

Um wirkungsvoller zu führen und den optimalen Wachstumspfad zu verfolgen, ist es wichtig, all Ihre Werkzeuge an der jeweiligen dominanten Phase auszurichten. Fragen Sie sich: Welcher Entwicklungsschritt steht eigentlich gerade an? Können wir bereits weiter gehen oder sollten wir besser nochmals innehalten und ein Thema, eine Lernerfahrung vertiefen?

Betrachten Sie die Lernthemen immer auf allen Ebenen der Organisation: auf Unternehmens-, wie auch auf Bereichs-, Team und Mitarbeiterebene. Und vergessen Sie bitte nicht, auch sich selbst bzw. Ihre eigene Ebene miteinzubeziehen.

Wenn Sie Ihr Unternehmen oder Ihren Bereich auf den Wachstumspfad führen, bedienen Sie sich am besten der ganzen Toolbox der ersten neun Management-Prinzipien. Sie erreichen damit, dass

- Ihre Mitarbeiter die Unternehmensgrundsätze, Strategien und Ziele aktiv unterstützen,
- Sie zukünftig auf Mitunternehmer – und nicht mehr auf Mitläufer – zurückgreifen können,
- Entwicklungen in Gang gesetzt und Entwicklungsziele nachweislich erreicht werden,
- sich Ihre persönliche Lebensqualität wie auch die Lebensqualität Ihrer Mitarbeiter merklich verbessert und
- dass eine Integration der persönlichen Lebensziele in die Unternehmensziele erfolgt.

10.1 Wirksame Führung in Deutschland und in den USA

10.1.1 Führung im deutschsprachigen Kulturraum

Wir behaupten: Halbherziges Engagement, fehlende Motivation und ungenügende Leistung seitens der Mitarbeiter sind eine direkte Folge mangelhafter und einseitiger Führung. Bewegt sich die Führung nur in einer oder zwei Phasen, schafft sie zu wenig Raum und zu wenig Möglichkeiten zur Entfaltung von Mitarbeiterpotenzialen.

Ein wesentlicher Erfolgsfaktor wirksamer Führung liegt in der umfangreichen Information der Mitarbeiter. Viele Führungskräfte fassen diesen Aufruf jedoch falsch auf und geben ihren Mitarbeitern einen möglichst tiefen und umfassenden Einblick in Unternehmensdaten und -zahlen. Weitaus besser wäre es, den Mitarbeitern klar zu vermitteln, welches Selbstverständnis das Unternehmen mitbringt, was Sie als Führungskraft von Ihren Mitarbeitern verlangen, wohin das Unternehmen lang-, mittel- und kurzfristig will, worin das »große, haarige, verwegene Ziel« (BHAG) liegt und über welchen Weg dieses Ziel erreicht werden soll. Das wäre eine echte dynamisierende Form der Führung, die den Mitarbeitern nicht nur Orientierung gibt, sondern auch konkrete Möglichkeiten eröffnet, sich konkret und fokussiert im Hinblick auf das Unternehmensziel einzubringen.

Doch gerade im deutschsprachigen Raum treffen wir bei vielen Managementteams und Unternehmern auf eine tradierte Verhaltensweise, die wir mit »bewusstem Mauern und Bunkern von Informationen« charakterisieren können. Viele Informationen, die eine strategische Richtung offenbaren könnten, werden bewusst von den Mitarbeitern fern gehalten. Die einzige erlaubte Form, den Mitarbeitern Orientierung zu geben, liegt in Regeln und Anweisungen. Mit unermesslichem Eifer werden Normen eingeführt, Prozesse definiert, Budgets und Vorgaben definiert, in der Meinung, es handele sich um Lean Management oder Management by Objectives (MbO), Regelung von Kompetenzen, DIN-/ISO-Zertifizierungen etc. Unbewusst wird in unserem Kulturraum beinahe ausschließlich auf zwei Phasen aufgesetzt, um Mitarbeiter zu führen: in der Strukturphase zum einen und der Spezialistenphaser zum anderen. Dies führt dazu, dass wir ein sehr ambivalentes Verhältnis zu diesen Phasen pflegen. Einerseits haben wir sie zu einer außerordentlichen Perfektion geführt, anderseits empfinden wir eine massive (unbewusste) Ablehnung gegen diese Phasen. Aber im Grunde haben wir diese Phasen schlichtweg überreizt und missbraucht als vorrangige Quelle der Unternehmensführung.

Eine weitere Phase, die in unserem Kulturkreis ggf. »erlaubt« ist, um Orientierung zu geben, ist die Gemeinschaftsphase. Dies hat zur Konsequenz, dass wir unsere Mitarbeiter nicht nur durch unsere Regelungswut malträtieren, sondern zusätzlich durch einen Anspruch auf Nachhaltigkeit, Friedfertigkeit, wertebewusstes Verhalten und sonstige weitere kategorische Imperative und Auflagen, »wie ein guter Mensch so zu sein hat«.

Abb. 35 veranschaulicht den integralen Führungsbaum, wie er sich im deutschsprachigen Raum weit verbreitet in der Praxis darstellt:

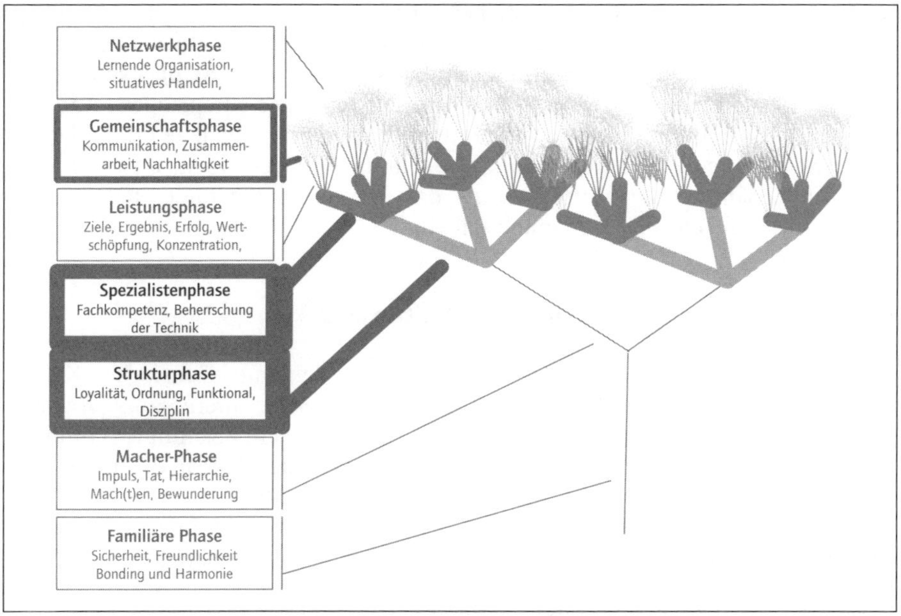

Abb. 35: Der integrale Führungsbaum im deutschsprachigen Kulturraum.[49] Die sehr dominante Struktur- und Spezialistenphase fußen auf der sehr schwach ausgeprägten familiären und Macher-Phase.

Kurz: Im beruflichen Umfeld begegnen wir uns in der Struktur- und Spezialistenphase. Persönliches hat gefälligst zu Hause zu bleiben. Wir möchten an dieser Stelle jedoch ausdrücklich betonen, dass Führungs- und Orientierungsprinzipien, die auf diesen wenigen Phasen aufbauen, eher zu Demotivation als zur Freisetzung von Energie und Engagement führen. Wir wollen vor allem auch darauf hinweisen, dass es noch weitere, unzureichend genutzte Phasen gibt, derer Sie sich bedienen können, um in Ihrem Unternehmen eine bessere Orientierung und eine stärkere Führung zu etablieren. Namentlich sind im deutschsprachigen Raum die familiären Phasen, die Macher- und Leistungsphasen nur unzureichend etabliert – was aber für ein gesundes und schnelles Unternehmenswachstum notwendig wäre.

Die familiäre Phase kann sehr gut z. B. durch gemeinschaftstiftende Rituale, persönliche Kontakte und gemeinsame Unternehmungen außerhalb des Unternehmens gestärkt werden. Manchmal scheint es fast so, als ob die historische Erfahrung des 20. Jahrhunderts mit den zwei Weltkriegen noch so tief in uns sitzt, dass wir uns kaum trauen, uns dieser Phase zu bedienen. Vielleicht trifft Gleiches auf die Macher-Phase zu: Es herrscht eine gewisse Skepsis gegenüber gemeinschaftstiftenden Ritualen, impulsivem Verhalten und starker Hierarchie.

Es scheint, als ob aus einer Kompensation der Kriegserfahrungen die Nachkriegsgenerationen sehr stark in Phrasen und Glaubenssätzen wie »Nimm dich zurück, nimm Rücksicht, lass die anderen vor, stell dich hinten an, nimm dir nicht so

49 Küchler/Klein. www.fuehrungsbaum.integral-change.com (Abruf 2.7.2012).

viel heraus, beachte die Regeln« sozialisiert wurden. Prinzipien wie Anpassung, nicht auffallen, Rücksicht, Teamarbeit, Mitverantwortung, Regelbewusstsein, Beweisbarkeit, Stabilität, Kompetenz etc. sind uns sehr vertraut. All dies sind Prinzipien, die am ehesten der Struktur- und Spezialistenphase entspringen. Andererseits prägt uns eine latente unbewusste Ablehnung gegen eben jene Prinzipien, da wir teilweise am eigenen Leibe spüren, wie sehr uns diese Glaubenssätze bremsen. In diesem Zusammenhang erfreut es uns, dass gerade bei den jüngeren Generationen diese Hemmschwelle allmählich schwindet.

10.1.2 Führung im angelsächsischen Kulturraum

Und genau das ist der Moment, wo uns ein Blick in den angelsächsischen Kulturraum, namentlich in die Vereinigten Staaten von Amerika, interessante Hinweise geben kann. Die Darstellung in Abb. 36 mag Ihnen vielleicht bekannt vorkommen. Es geht uns dabei weniger um die absolute Richtigkeit der Fakten als um die Haltung und den Geist, der den einzelnen Schritten innewohnt.

Wenn in den USA neue größere Unternehmen, Projekte oder Missionen gestartet werden, können wir sehr häufig folgende Dramaturgie beobachten:

Dramaturgie	Beispiel
Schritt 1: In einem ersten Schritt wird das eigene Selbstverständnis dargelegt.	Kennedy spricht über das Selbstverständnis der Amerikaner und der Prinzipien, nach denen diese Handeln: »*We are ....*
Schritt 2: Im nächsten Schritt wird ein langfristiges attraktives und/oder herausragendes Ziel aufgebaut.	Kennedy schwört die Zuhörer auf ein großes Ziel ein: die Landung auf dem Mond (»*We will go to Moon*«) – zu einem Zeitpunkt, zu dem die USA noch nicht über die technologischen Möglichkeiten verfügten, um überhaupt auf dem Mond zu landen.
Schritt 3: In einem dritten Schritt werden notwendige Schritte und Prozesse skizziert, um dieses Ziel zu erreichen.	Um dieses Ziel zu erreichen müssen alle die folgenden Regeln beachten und sich in die folgenden Abläufe einfügen: *We will reach this goal if we follow compliances and follow our duties ...* denn »*Einen Vorsprung im Leben hat, wer da anpackt, wo die anderen erst einmal reden.*«
Schritt 4: In einem vierten Schritt wird dann jeder Einzelne in eine individuelle Verantwortung genommen.	Und innerhalb der Regeln und Abläufe verantwortlich und verbindlich einen Beitrag leisten: *What is your Accountability* Kennedys Aufruf: »*Frage nicht was dein Land für Dich tun kann, sondern frage Dich was Du für Dein Land tun kannst.*« ist hier sinnbildlich.
Schritt 5: Der Lohn für die Anstrengungen aus dem dritten und vierten Schritt ist ein erfüllendes Gemeinschaftsgefühl.	*And then we'll celebrate together.*

Abb. 36: Neues aufbauen in fünf Schritten

Wenn wir diese Dramaturgie aus der Perspektive des integralen Wachstumsmodells betrachten, können wir die einzelnen Schritte den einzelnen Entwicklungsphasen zuordnen.

Schritt 1 – familiäre Phase

Der erste Schritt nährt eigentlich sehr stark die familiäre Phase. Allen wird in klaren Worten dargelegt, auf welchen Grundregeln und Eckpfeilern eine Zugehörigkeit zu dieser Gemeinschaft fußt. Damit wird jeder Einzelne klar darüber informiert, wie er sich verhalten soll und was von ihm erwartet wird, um den Schutz der Zugehörigkeit und der Einbindung in die Gemeinschaft zu erfahren. Hier wird ein sehr subtiles, aber essenziell wichtiges Bedürfnis des Menschen genährt – das Bedürfnis nach Sicherheit. Dieser Sachverhalt findet seine Entsprechung z. B. auch in der bekannten Bedürfnispyramide von Maslow[50], bei der neben den physiologischen Bedürfnissen sich alle weiteren Bedürfnisse erst dann entfalten können, wenn das Sicherheitsbedürfnis befriedigt ist.

Ist diese Phase nicht ausreichend verankert, steht es schlecht um ein Team oder ein Unternehmen. Wenn das Vertrauen in einer Gruppe fehlt, verstecken die Mitglieder der Gruppe Schwächen und Fehler und bieten selten Hilfe außerhalb ihres Verantwortungsbereiches an. Sie erwarten voneinander das Schlimmste, hegen Groll gegeneinander, erkennen die Leistungen der anderen nicht an und nutzen auch deren Fähigkeiten und Erfahrungen nicht im Dienste des gemeinsamen Ziels – schließlich schränken sie persönliche Kontakte auf ein Minimum ein.

Schritt 2 – Leistungsphase

Der zweite Schritt nährt die Leistungsphase. Durch das möglichst plastische und konkrete Beschreiben des langfristigen großen Ziels wird allen ein gemeinsamer Orientierungspunkt gegeben. Alle können sich an diesem Punkt ausrichten. Dies befähigt den Einzelnen, besser zu verstehen, wohin die Reise gehen soll und worin der Sinn und Zweck seines Tuns und Schaffens besteht. Gleichzeitig gibt es dem Einzelnen die Möglichkeit zu überprüfen, ob er hinter diesem Ziel, Sinn und Zweck stehen kann. Jim Collins wird in seinen Büchern und Forschungsarbeiten nicht müde, darauf hinzuweisen, dass ein langfristig erfolgreiches und vitales Gedeihen eines Unternehmens sich nur einstellen kann, wenn die Mitarbeiter voll hinter dem Ziel stehen.[51] Stehen die Mitarbeiter voll hinter dem Ziel, sind diese bereit, ihr gesamtes Potenzial und ihr volles Engagement dem Unternehmen zur Verfügung zu stellen – und das schafft entscheidende Wettbewerbsvorteile. Doch Unternehmer und Führungskräfte müssen viel Mut aufbringen, sich zu ihrem Ziel zu bekennen und dies auch öffentlich kundzutun.

Schritt 3 – Spezialisten- und Strukturphase

Die Konsequenz aus Schritt 2 ist, dass die zur Erreichung des übergeordneten Ziels notwendigen Regeln viel bereitwilliger und mit mehr Verständnis angenommen werden, was nun in Schritt 3 erfolgt. Die Beachtung und Einführung der Normen,

50 Maslow, A. H. (1981). Motivation und Persönlichkeit. 12. Aufl., Hamburg.

51 Vgl. Collins J./Baltes, M. (2011). Der Weg zu den Besten: Die sieben Management-Prinzipien für dauerhaften Unternehmenserfolg. Frankfurt, M.

Prozesse, Vorgaben, Abläufe, Kompetenzregelungen, DINs, ISOs usw. wird leichter angenommen, da die Mitarbeiter den Sinn und das Ziel stärker vor Augen haben. Aus der Perspektive des integralen Wachstumsmodells gesprochen wird dem Einzelnen hier aus der Phase der Strukturierungs- und Spezialisierungsphase ganz praktische Orientierung gegeben, in welchem Rahmen er konkret Handeln soll.

Schritt 4 – Macher-Phase
Schließlich regelt die Macher-Phase ganz konkret, worin die Verantwortlichkeit des Einzelnen besteht, was seine Aufgabe ist.

Schritt 5 – Gemeinschaftsphase, oder auch Kreis schließen zur familiären Phase
Noch heute sind öffentliche Paraden ein Sinnbild dafür, wie nach einem erreichten Ziel z. B. die Astronauten der Mond-Mission in den Straßen überschwänglich gefeiert wurden. Wir täten gut daran, uns auch regelmäßig Anlässe zu schaffen, um erreichte Ziele gemeinsam im Kreis der beruflichen Mitstreiter zu begehen.

Für die Praxis bedeutet dies: Bedienen Sie sich – wie amerikanische Führungskräfte – vieler Phasen, um den Mitarbeitern Orientierung und Sinn zu geben. Dadurch werden Sie viele Motivations- und Vitalitätsreserven in Ihrem Unternehmen heben. Die umsetzungsorientierten Schritte (Macher-, Struktur- und Spezialistenphase) werden also in eine Sinnhaftigkeit gebettet, die aus der familiären und Leistungsphase gebildet wird. Selbstverständlich darf das Feiern, bzw. das Überführen in die Gemeinschaftsphase oder auch familiären Phase nicht außer Acht gelassen werden. In dieser Darstellung haben wir darauf verzichtet, um klar zu machen, wie wichtig es ist, erst einmal die uns so vertrauten Struktur- und Spezialisten-Phasen in einen adäquaten Rahmen zu betten, bestehend aus einem soliden und sicheren Fundament und einem klaren sinnstiftenden Ziel.

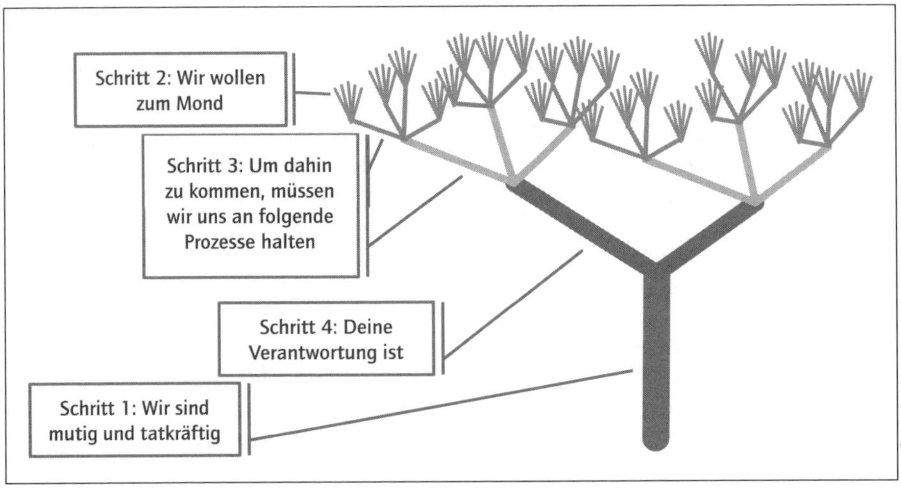

Abb. 37: Der integrale Führungsbaum im amerikanischen Kulturraum

10.1.3 Lessons learned

Der Blick auf die Führungspraxis im angelsächsischen Kulturraum verdeutlicht, welche Phasen bei uns noch unzureichend verankert sind. Nachdem wir stetig eine steigende Komplexität in unserer Umwelt (der ökologischen als auch ökonomischen) sowie eine steigende Interdependenz zwischen den Faktoren, die unser tägliches Leben beeinflussen, tagtäglich beobachten, können wir entnehmen, dass ein Handeln, welches zu stark aus der Leistungsphase kommt, den tatsächlichen Umständen nicht gerecht werden kann. Um also gesund und stark in die Gemeinschaftsphase wachsen zu können, müssen Sie zuvor alle anderen Phasen integriert haben, insbesondere auch die Macher- und Leistungsphase – sonst steht Ihr Baum auf wackeligen Füßen. Leider werden die Macher- als auch die Leistungsphase aktuell in den Medien gern als »zu egoistisch« stigmatisiert oder als »Heuschrecken-Mentalität« abgekanzelt. Dadurch wird suggeriert, die gesamte Phase sei schlecht. Dies trägt unglücklicherweise dazu bei, dass wir uns des Potenzials, das die gesunde Integration dieser Phase mit sich bringt, berauben. Nota bene: Eine übertriebene Heuschreckenmentalität und ein übertriebener Egoismus sind freilich dem *gesunden* Wachstum nicht dienlich. Die Beispiele, die in der öffentlichen Diskussion hervorgehoben werden, zeigen, welche negativen Auswirkungen die *Übertreibung* eines Aspekts der Phase nach sich zieht. Die Beispiele sollten Sie als Unternehmer oder Führungskraft nicht als Grundsatzkritik an der Phase missinterpretieren.

Um gesund weiter zu wachsen, möchten wir Sie als Unternehmer ermutigen zu überlegen, welche Phasen in Ihrem Unternehmen noch nicht integriert sind. Gerade im deutschsprachigen Umfeld möchten wir Sie bestärken, mehr Augenmerk auf die familiäre und Macher-Phasen zu richten und zu schauen, wie Sie diese passgenau verankern können. Zusätzlich ermutigen wir Sie, sich mit der Leistungsphase tiefer zu beschäftigen und die Vorurteile, die ggfs. durch die »Heuschrecken-Diskussion« aufgekommen sind, zu überwinden.

Wenn wir analog zu dem obigen Beispiel all die Werkzeuge, die Sie in den ersten neun Kapiteln dieses Buches kennen gelernt haben, aus einer integralen Sicht betrachten, eröffnet sich ein Pool an einfachen und praktikablen Werkzeugen, die alle Phasen im Unternehmen bedienen und für Orientierung sorgen. Je mehr Orientierung im Unternehmen herrscht, desto dynamischer und positiver wird die Arbeitsatmosphäre, umso besser und überzeugender wird die Leistung sein.

Abb. 38 verknüpft die einzelnen Bausteine des kompakten Strategieplans mit den Phasen der Unternehmensentwicklung.

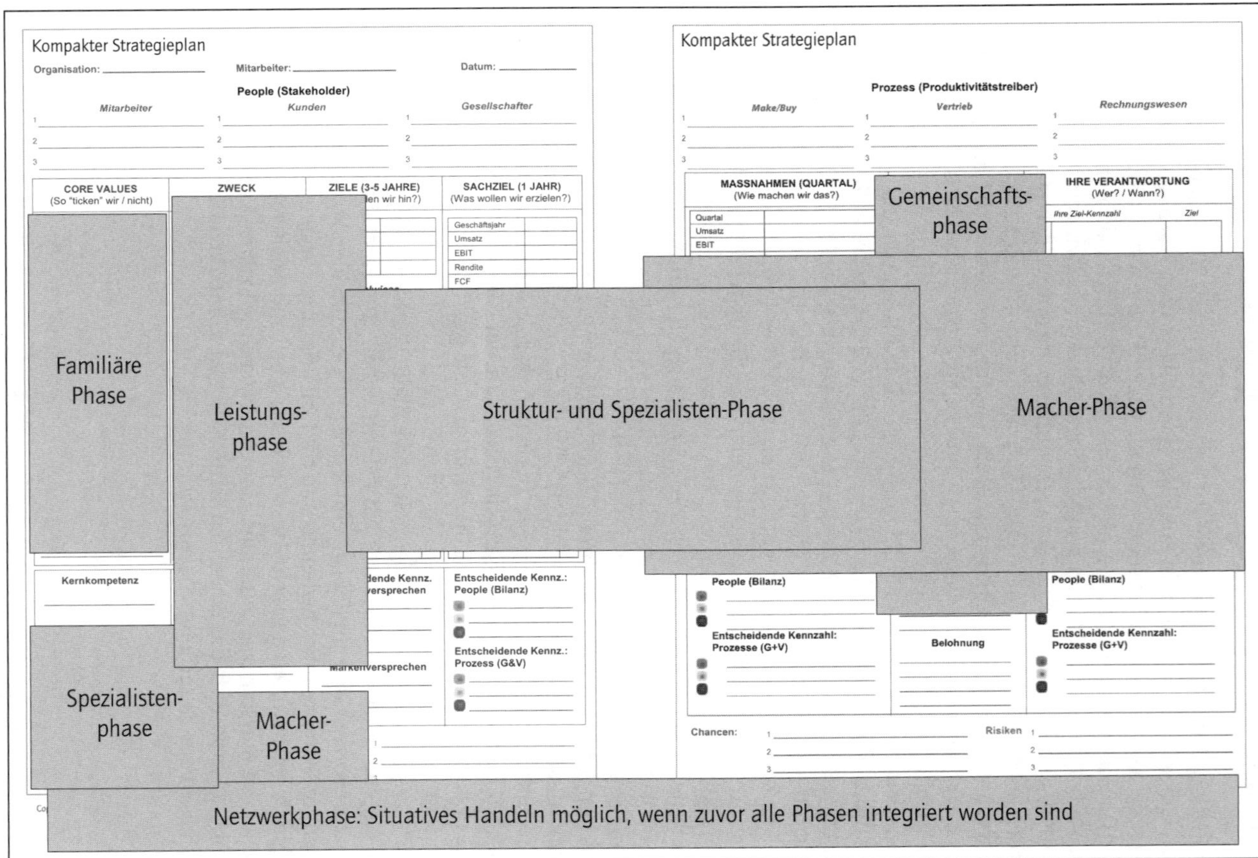

Abb. 38: Kompakter Strategieplan und die Phasen der Unternehmensentwicklung

In Abb. 38 wird ersichtlich, dass die aus den Rockefeller-Prinzipien abgeleitete Führungssystematik zwar auf den ersten Blick übermäßig vereinfachend und trivial erscheinen mag, doch gleichzeitig eine Tiefe und Komplexität in sich bergen, die es ermöglichen, Ihren gesamten Unternehmens-Organismus durch all diese einfachen und pragmatischen Werkzeuge umfassend zu steuern und letztendlich alle wesentlichen Phasen zu bedienen.

Deutschsprachigen Führungskräften würden wir tendenziell empfehlen, sich die Werkzeuge der ersten neun Prinzipien nochmals vor dem Hintergrund des intergralen Wachstumsmodells anzusehen, und zu überlegen, wie sie die eher sinn- und leistungsorientiert geprägten Führungsprinzipien stärker in die tägliche Praxis integrieren können.

Umgekehrt würden wir den amerikanischen Unternehmern anraten, sich weitaus stärker mit der Gemeinschaftsphase auseinander zu setzen, als sie es aktuell tun. Hier könnte z. B. ein Blick nach Europa hilfreich sein. Amerikanische Unternehmen betrachten gemeinhin der Leistungsphase als Königsweg, überlegen sich aber häufig zu wenig, was danach kommen könnte – was aber nötig wäre, um in einer immer dynamischeren Welt erfolgreich zu bestehen. Amerikanische Unternehmen verstehen es exzellent, rasch, sicher und effizient in der Leistungsphase vorzustoßen. Danach tun sie sich schwer. Sobald »wir Europäer« jedoch der Leistungsphase in einer gesunden Form integriert haben – was uns noch viel zu selten gelingt –, werden viele unserer gemeinschaftsorientierten Prinzipien weitaus besser und effizienter greifen und den nächsten dynamischen Entwicklungsschritt einleiten.

Und vergessen Sie nicht: Je weiter die Entwicklung voran schreitet, desto mehr steigt die Erkenntnis, dass sich alle »Phasenfamilien« gegenseitig bedingen und unterstützen. Wer nur macher- oder leistungsorientiert ist (wie viele amerikanische Unternehmen), wird auf Dauer nicht gut für sich sorgen können, weil er nicht genügend Unterstützung von anderen Personen erfährt. Wer nur struktur- und gemeinschaftsorientiert ist (wie viele deutsche, österreichische und Schweizer Unternehmen), wird dazu tendieren, sich selber auszubeuten und mehr zu geben, als er hat, was dann letztendlich auch der Gemeinschaft nichts mehr nützt.

10.2 Management-Prinzipien, Tools und Entwicklungsphasen aufeinander abstimmen

10.2.1 Die Grundlagen: Setting the Scene

Grundsätzlich trägt das erste entscheidende Management-Prinzip (**Wachstum verstehen**) alle Handlungen. Jeder, der ein Unternehmen aufbauen oder leiten will, egal welcher Größe, sollte ein gutes Verständnis davon haben, wie sich Wachstum vollzieht und welche Herausforderungen absehbar auf jeden Unternehmer zukommen.

Doch der wichtigste Treiber, der über Leben und Tod Ihres Unternehmens entscheidet, ist die Auswahl der richtigen Mitarbeiter. Entsprechend ist dieses zweite entscheidende Management-Prinzip (**Mit den Richtigen das Richtige richtig tun**) neben dem ersten Prinzip allgegenwärtig. Glauben Sie uns: Es gibt keine Phase, in dem Sie nicht konsequent darauf achten müssen, immer die richtigen Mitarbeiter an Bord zu haben. Selbst in Zeiten des Fachkräftemangels und des demografischen Wandels möchten wir Sie ermutigen: Halten Sie an Ihren Prinzipien fest. Werden Sie nicht müde, attraktive Bewerber anzulocken. Seien Sie kreativ!

Mit jeder Phase, die das Unternehmen durchläuft, gewinnen die Management-Prinzipien drei bis zehn an Bedeutung. Spätestens jedoch ab der Leistungsphase ist es zwingend notwendig, alle Prinzipien in einer gesunden Weise integriert zu haben. Die gesunde Integration aller Prinzipien gibt Ihnen die sicherste Basis, um erfolgreich weiter in der Gemeinschafts- oder Netzwerk-Phase zu wachsen – sofern Sie das überhaupt möchten.

Zusätzlich gibt Ihnen der **kompakte Strategieplan** (drittes Prinzip) eine sehr praktische Orientierung, welche Werkzeuge und welche Prinzipien in welchen Phasen im Vordergrund stehen sollten. Natürlich sollten Sie als Führungsteam immer den gesamten Kontext im Hinterkopf behalten und letztendlich immer alle Prinzipien und Säulen des kompakten Strategieplans mit Leben gefüllt haben. In den unterschiedlichen Phasen stehen allerdings immer bestimmte Themen im Vordergrund.

Wir können Ihnen aus eigener Erfahrung raten, Ihr System nicht zu überfordern. Je bedächtiger Sie die einzelnen Phasen durchlaufen oder erleben, desto schneller kommen Sie voran.

10.2.2 Schaffen Sie ein stabiles Fundament – familiäre Phase

Solange Sie sich in der familiären Phase bewegen, ist es vollkommen ausreichend, wenn Sie sich ausschließlich mit Ihren Core Values, also Prinzipien und Einstellungen sowie Ihrem BHAG (Viertes Prinzip) beschäftigen. Dadurch, dass das Unternehmen (noch) eher klein ist, können Sie beruhigt darauf vertrauen, dass jegliche Information sich umgehend über die informellen Kanäle verbreitet, alle am gleichen Strang ziehen und Ihrem BHAG zustreben. Dennoch sollten Sie gewissenhaft mit dem soliden Etablieren dieser Phase sein. Achten Sie darauf, dass Sie untereinander viel persönlichen Kontakt haben und auch genügend Zeit außerhalb der Arbeit gemeinsam verbringen. Dies unterstützt den Vertrauens- und Beziehungsaufbau im Team und setzt die Basis für eine stabile und starke Unternehmenskultur. Kommt diese Phase zu kurz, kann dies verheerenden Schaden anrichten, da schlichtweg kein Vertrauen zwischen den Einzelnen besteht. Doch ohne Vertrauen kann aus unserer Erfahrung nichts gestaltet werden, was von Dauer sein soll. Wir können behaupten, dass in dieser Phase der tägliche Meeting-Rhythmus noch als störend empfunden wird und den eigentlichen Lernaufgaben diese Phase nicht zuträglich ist. Die Wochenmeetings haben sich allerdings sehr bewährt, und diese dürfen – wenn nötig – auch durchaus länger dauern.

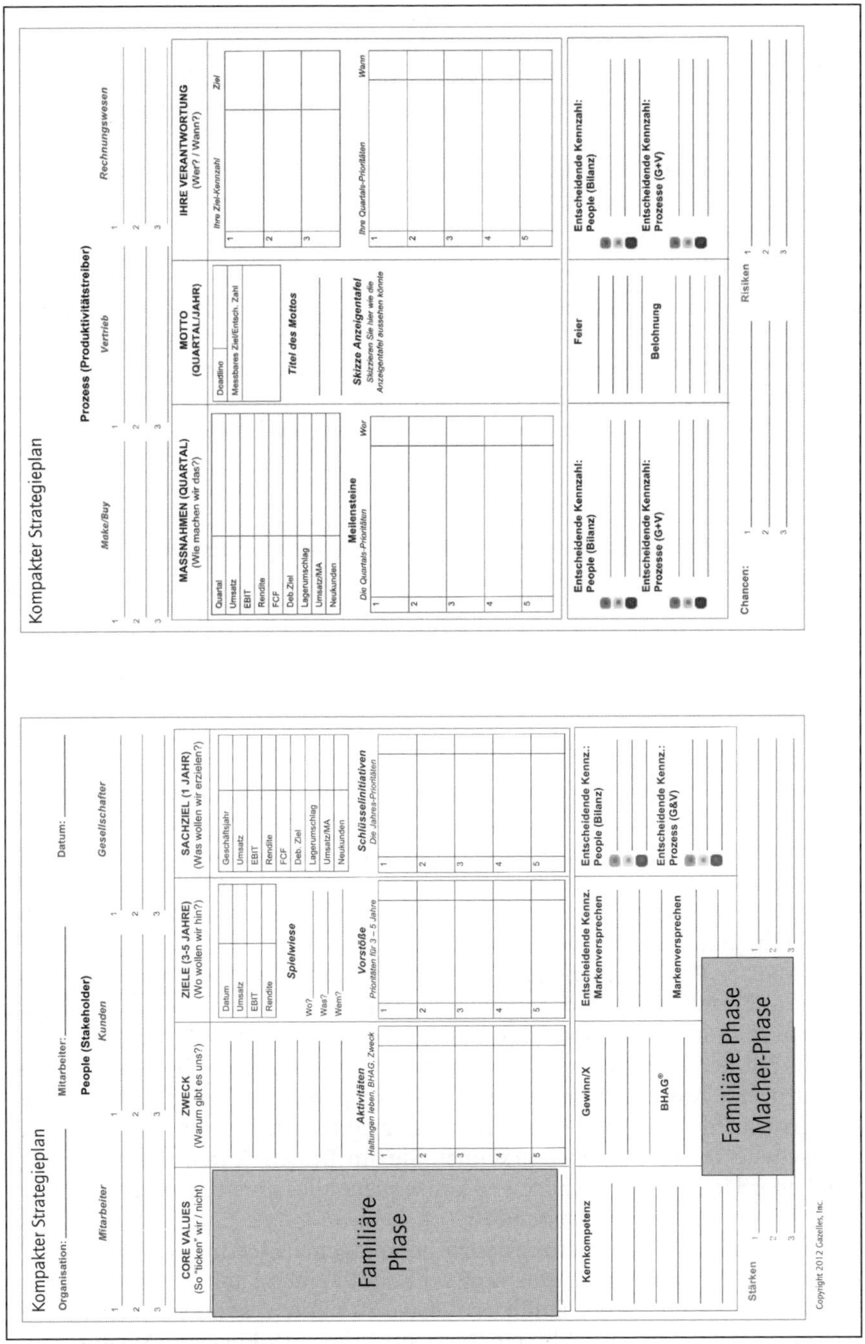

Abb. 39: Management-Prinzipien und Tools in der familiären Phase

Die familiäre Phase ist die dominante Phase z. B.

- in handwerklichen Betrieben, wo typischerweise der Meister der Chef ist, die Ehefrau die Buchhaltung macht, einige Gesellen arbeiten und die Kinder irgendwann die Nachfolge antreten sollen. Gleiches gilt auch für kleine Versicherungsbüros oder Ähnliches.
- in der Start-up-Phase eines Unternehmens, wenn sich bei den Gründern herauskristallisiert, dass sie gemeinsam eine Idee (ein BHAG) realisieren wollen und ggf. nach ersten Investoren Ausschau halten, um die Produktentwicklung und Gründung voranzubringen.

Viele Familienbetriebe verbleiben sehr lange in der familiären Phase – sogar über Generationen hinweg. Eine Entwicklung des Unternehmens hin zur nächsten Phase ist nicht zwingend notwendig. Es gibt viele Branchen, in denen die Familiäre-phase die richtige ist, um das Unternehmen erfolgreich zu führen – insbesondere, wenn die Anzahl der Mitarbeiter nicht wächst und sich kontinuierlich zwischen 5–10 bewegt.

10.2.3 Schaffen Sie fokussierte Aktivitäten und eine effektive Meetingkultur - Macher-Phase

Wächst ein Unternehmen und strebt es Wachstum an, tritt es zügig in der Macher-Phase ein. Die Macher-Phase zeichnet sich sehr stark durch Tatkraft und Taten aus. Die Aktivitäten des Einzelnen stehen im Vordergrund. Diese müssen in erster Linie einfach nur im Auge behalten werden – Planung im engeren Sinne steht noch gar nicht auf der Tagesordnung.

Dieses Festhalten der Taten finden sich im kompakten Strategieplan in der Spalte 7 wieder: »Wer macht was bis wann?« ist die Kernfrage, die es zu beantworten gilt. In diese Phase ist es aus unserer eigenen Erfahrung heraus sehr wichtig, dass eine Person konkret in die Führungsrolle geht und sicherstellt, dass jeder Mitarbeiter seine Verantwortlichkeiten tatsächlich erfüllt. Dies ist auch die Person, die im Zweifel für eine klare Entscheidung sorgt.

In der Macher-Phase sollten Sie darauf achten, dass sich ein gesundes Konfliktverhalten in Ihrem Unternehmen entwickelt. Stimmt die Vertrauensbasis, können nun leidenschaftlich-ungestüme Diskussionen entstehen, in denen alle dazu beitragen, die Stärken und Schwächen Ihres Unternehmens klar zu Tage treten zu lassen. Kontroverse Ansichten werden im Team akzeptiert und heftig diskutiert. Die Beteiligten trauen sich einen erbitterten Schlagabtausch auf der Sachebene zu. Konfliktscheue Teams hingegen erkennen Sie am Besten daran, wenn Meetings fade und oberflächlich erscheinen, weil konsequent alles gemieden wird, was strittig, aber für den Erfolg entscheidend ist.

Hier bringt die Implementierung des vorgeschlagenen Meeting-Rhythmus einen sehr großen Mehrwert, da die Meetings sehr subtil einen ganz wichtigen Beitrag dazu leisten, nicht nur in der familiären Phase zu nähren, sondern auch eine gesunde Konfliktfähigkeit zu etablieren: Das achte Prinzip (**fokussierte Meetings**) gewinnt massiv an Bedeutung. Wir empfehlen, an dieser Stelle der Unternehmens-

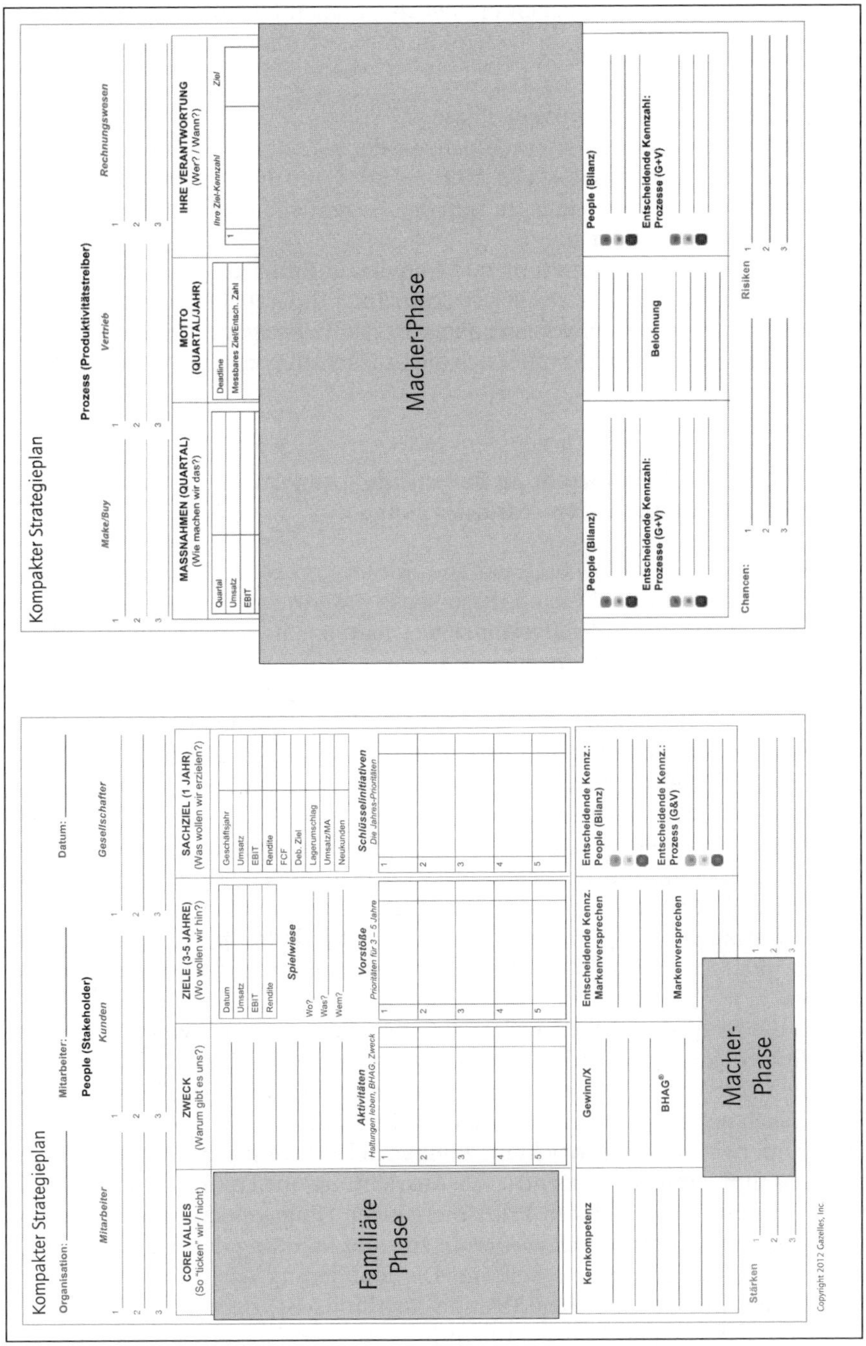

Abb. 40: Management-Prinzipien und Tools in der Macher-Phase

entwicklung definitiv die täglichen und wöchentlichen Meetings durchzuführen, und sukzessive, in Annährung an die Strukturphase, die monatlichen Meetings einzuführen.

Die Macher-Phase ist die dominante Phase z. B.

- bei mittelständischen Bauunternehmen, wo der Inhaber 3–4 »Capos« hat, denen er vertraut und die weitgehend eigenständig ihre Bautrupps leiten. Alle Entscheidungen fällt der Inhaber selber, und auf den einzelnen Baustellen sind die Capos die unangefochtenen Chefs.
- bei Start-ups nach der Gründung und Entwicklungsphase, wenn nun Personal aufgebaut wird, um den Vertrieb anzukurbeln und parallel erste institutionelle Investoren angesprochen werden sollen. Es ist die Phase des stärksten Wachstums (relativ zum Umsatz), wobei sich die Umsätze maximal im Millionen-Euro-Bereich bewegen.

10.2.4 Das große Ziel gewinnt an Bedeutung – begeistern Sie auch die Mitarbeiter dafür – Strukturphase

Allmählich steigt die Komplexität, und die Notwendigkeit zur akkuraten Planung nimmt zu. Aus unserer Sicht kann diese Phase des Strukturierens bestens eingeführt werden, indem das Führungsteam eine Quartals- und Jahresplanung aufbaut, aus der sich die Verantwortlichkeiten des Einzelnen ableiten. Durch die Erweiterung der Planungsmeetings um die Quartals-Säule und/oder die Jahres-Säule (im kompakten Strategieplan) werden die wechselseitigen Abhängigkeiten zwischen dem Unternehmen und dem Einzelnen für alle schnell verständlich.

Der Einzelne erfährt zudem, dass er sich in ein größeres Ziel einzufügen hat – selbst wenn er in der Diskussion zuvor vehement eine andere Meinung vertreten hat. Um sicher zu stellen, dass alle Teammitglieder 100 %ges Engagement bringen, ist es an diesem Punkt enorm wichtig, dass im Team ein »Ich-bin-zwar-nicht-einverstanden-und-setze-mich-trotzdem-ein-Verständnis« etabliert wird. Wenn ein gesundes Vertrauen besteht und eine gesunde Konfliktkultur praktiziert wird, führen selbst unterschiedliche Meinungen zu einem starken und gesunden Engagement aller.

Ziehen die Gruppenmitglieder nicht an einem Strang, verschwimmen die Prioritäten. Entscheidungen werden verschoben, gute Gelegenheiten nicht genutzt. Zunehmend schwindet die Zuversicht im Führungsteam, Versagensängste tauchen auf, und rasch werden alle Anweisungen angezweifelt.

Dieser unerwünschten Entwicklung können Sie gut entgegenwirken, indem Sie sich auf das fünfte Prinzip konzentrieren: **Ausrichtung und Fokus.** Dieses lässt sich hervorragend mit dem sechsten Prinzip ergänzen (**Engagement und Motivation durch das Quartalsmotto**), was wiederum zu einer Stärkung der familiären Phase und des Gemeinschaftsgefühls beiträgt. Die Etablierung eines klaren täglichen, wöchentlichen und monatlichen Meeting-Rhythmus ist, neben der detaillierten Jahresplanung, zwingend (achtes Prinzip).

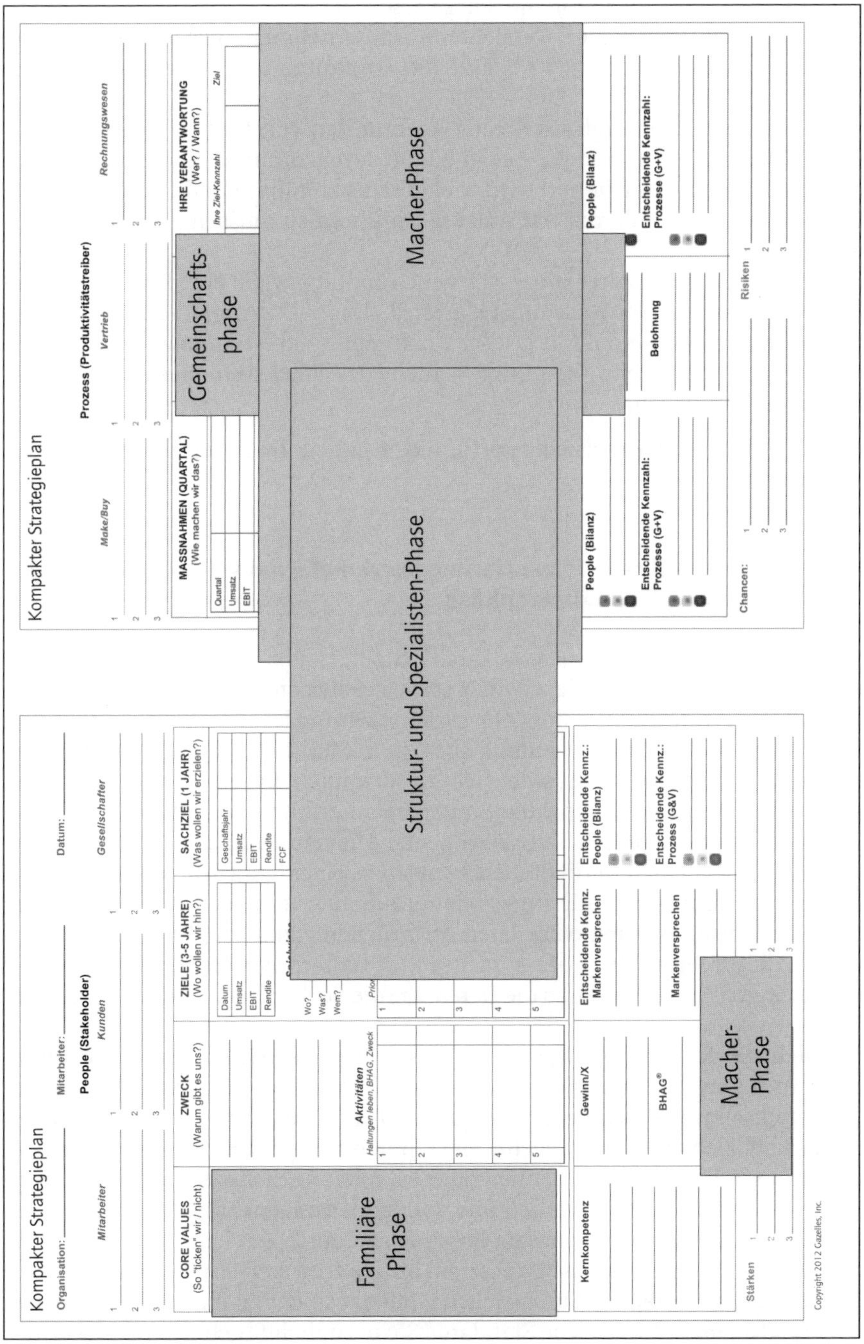

Abb. 41: Management-Prinzipien und Tools in der Strukturphase

Die Strukturphase ist die dominante Phase z. B.

- in einem traditionsreichen Versicherungsunternehmen, welches existenziell davon abhängig ist, dass alle Abläufe und Strukturen 100%ig von allen Mitarbeitern befolgt werden.
- wenn eine bisher mittelgroße Kreativ-Agentur den Zuschlag bekommt, um für einen Konzern eine große Werbekampagne durchzuführen, und diese Agentur auf einmal damit konfrontiert wird, viele Teams zu führen und eine funktionale Gliederung und standardisierte Abläufe einführen zu müssen – neben dem Tagesgeschäft.
- in Start-ups ca. ein bis drei Jahre nach der Gründung, wenn der »Roll-out« in vollem Gange ist und allen auf einmal klar wird, dass vollkommen versäumt wurde, Strukturen zu definieren. Mit großer Anstrengung müssen dann zwei Herausforderungen gleichzeitig bewältigt werden: das Wachstum stemmen und die Strukturen einführen.

Auch hier gibt es viele Unternehmen, für die es gut ist, in dieser Phase zu verbleiben.

10.2.5 Sichern Sie Ihre Differenzierungsmerkmale, um wettbewerbsfähig zu bleiben – Spezialistenphase

In der Spezialistenphase müssen Sie Ihre Kompetenz massiv vertiefen. Meist sind es erodierende Margen, die Sie zu einer starken Fokussierungs- bzw. Differenzierungsstrategie zwingen. Eine sinnvolle Differenzierung ist aber nur möglich, wenn Sie eine ausgesprochen tiefe Kenntnis über Ihren Markt und Ihre Produkte haben. Spezialisten-Unternehmen müssen sich zu absoluten Experten von Markt und Branche entwickeln. Im kompakten Strategieplan erfolgt das, indem Sie sich mit einer bisher nicht gekannten Tiefe zwei neuen Themen widmen: dem klarem Herausarbeiten der eigenen Kernkompetenzen sowie einer langfristig angelegten Planung. Um eine sinnvolle langfristige Planung aufbauen und überprüfen zu können, müssen die Führungssysteme höchsten Ansprüchen genügen. Meistens wird spätestens in dieser Phase ein professionelles ERP (Enterprise-Resource-Planing wie SAP o. Ä. eingeführt. Es sind nun die Daten, die die Vorhersagen und Prognosen antreiben.

Aus Sicht der Führung ist es gerade in diese Phase essenziell, dass alle Teammitglieder ein intensives Verständnis von Verantwortungsbewusstsein und Rechenschaft entwickeln. Die Mitglieder eines guten Teams müssen sich gegenseitig zur Rechenschaft ziehen können, wenn einer potenziell schädliche Dinge tut oder Wichtiges unterlässt. Diese Offenheit zur gesunden Rechenschaft entwickelt sich rasch, wenn sie auf einer gesunden und soliden Vertrauensbasis, einer gesunden Konfliktfähigkeit und einem starken Engagement aufsetzen kann. Ein wirksames Mittel, um das Verantwortungsbewusstsein im Team zu steigern, besteht darin, die Ziele und die Standards, die Sie erreichen wollen, explizit zu machen. Besprechen Sie regelmäßig im Team, welche Standards Sie bezüglich Ergebnis und Ziel erwarten und was konkret jeder einzelne Mitarbeiter braucht, um diese zu erreichen.

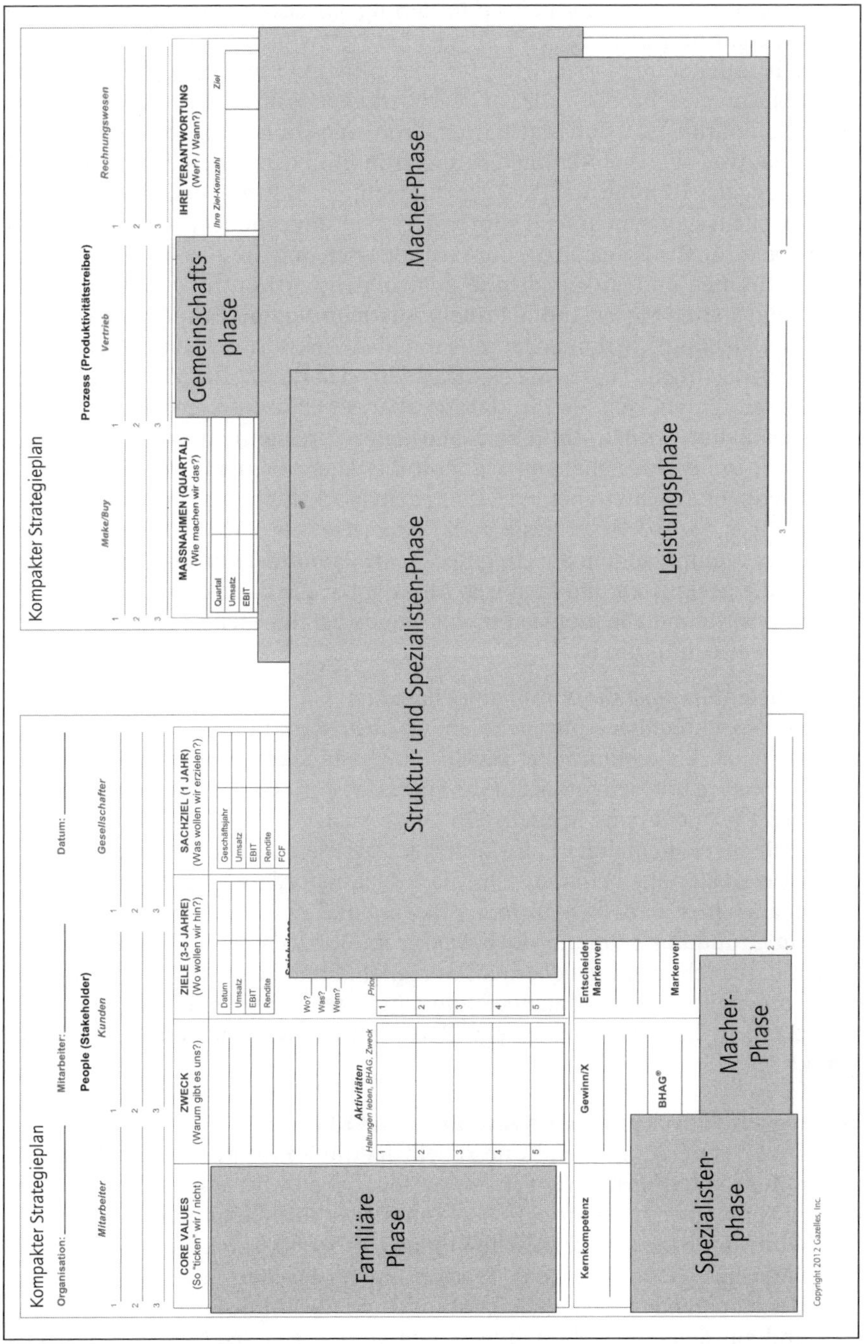

Abb. 42 Management-Prinzipien und Tools in der Spezialistenphase

Ohne eine Kultur der Rechenschaftseinforderung sprießt die Mittelmäßigkeit, da die »Underperformer« nicht zu mehr Engagement gezwungen werden und es allein dem Chef/Teamleiter überlassen wird, für Disziplin und Einhaltung der Standards zu sorgen. Können sich jedoch alle auf gegenseitige Versäumnisse hinweisen, wird der allgemeingültige Maßstab transparent. Probleme können frühzeitig angesprochen werden, weil einzelne Aktionen bereits früh hinterfragt werden können, und zudem lassen sich Termine und Zusagen mit weniger Aufwand einhalten.

Sie entwickeln sich zunehmend zum Experten in Ihrer Branche, dadurch fällt es Ihnen leichter, für alle Bereiche die Top-5-Prioritäten und die absolute Top-1-Priorität zu bestimmen und entsprechende Kennzahlen zur Kontrolle zu entwickeln. Entsprechend sollten Sie das fünfte Prinzip **Ausrichtung und Fokus** stark beherzigen und den Meeting-Rhythmus definitiv mit allen Feinheiten fest etabliert haben (Fokussierte Meetings). Trauen Sie sich auch zu, sich durch den Markt herausfordern zu lassen: Entwickeln Sie Ihr klar messbares Markenversprechen und erwecken Sie das neunte Prinzip (**Mut zum Markenversprechen**) zu kreativem Leben.

Sie sehen, in der Spezialistenphase lernt das Unternehmen in einer anderen, kompetitiveren und analytischeren Haltung dem Markt zu begegnen. Damit in dieser Phase vor lauter trockener Systematik, Expertise und Fokussierung der Spaß nicht zu kurz kommt, sollten Sie ein gutes **Quartalsmotto**-Team aufgebaut haben. Finden Sie die geeigneten und kreativen Mitarbeiter, die diese eher trockene Welt kreativ auflockern und alle motivieren, mit Freude bei der Sache zu bleiben – auch wenn es teilweise mühsam ist.

Die Spezialistenphase ist die dominante Phase z. B.

- in einem Maschinenbau-Unternehmen, welches Marktführer in einer bestimmten Nische ist. Viele Mitarbeiter im Unternehmen sind hervorragend ausgebildete Ingenieure und sehr stolz auf ihr Spezialwissen. Gleichzeitig sind Abläufe und Prozesse hochgradig formalisiert.
- wenn sich unser ehemaliges Start-up sich jetzt vielleicht in der Phase der starken Internationalisierung befindet. Um diese Herausforderung gut zu managen, werden auch hier stark formalisierte Prozesse und Abläufe eingeführt. Oft sind aus dem Gründungsteam nur noch wenige an Bord, da deren Kompetenzen in dieser Phase nicht mehr gleichermaßen greifen. Fremdkapital als dominante Finanzierungsquelle gewinnt an Bedeutung, ggf. steht ein IPO (Initial Public Offer beim Gang an die Börse) an oder eine Beteiligung durch einen Private Equity Investor.

Bemerkung zur Führung mittels Kennzahlen und KPIs

Obwohl im US-amerikanischen Kontext sehr häufig Kennzahlen auch als Instrument zur Mitarbeiterführung verwendet werden, haben wir festgestellt, dass diese im deutschsprachigen und europäischen Raum eher auf Ablehnung stoßen.

Es scheint, als ob der amerikanische Kulturkreis bereits durch die Sozialisierung in der Schule eine weitaus stärkere Verankerung der Macher- und Leistungsphase erfährt. Herausragende individuelle Leistungen werden ohne Scheu öffentlich gepriesen und zur Schau gestellt. Ohne Scham erlaubt sich jeder Einzelne, seinen Stolz, etwas »gewonnen zu haben«, nach außen zu tragen. Sich an Kennzahlen zu messen, ist auf dieser Basis wenig ungewöhnlich. Kennzahlen werden eher als willkommenes und dienliches Feedback über die eigene Leistungsfähigkeit gesehen.

Im deutschsprachigen Raum stellen sich die Verhältnisse ganz anders dar. Es scheint, als ob unsere Sozialisierung aus einer Kombination von der Struktur- und Gemeinschaftsphase entspringt. Prinzipien wie Anpassung, nicht (zu sehr) auffallen, Rücksicht, Teamarbeit, Mitverantwortung, Regelbewusstsein, Beweisbarkeit, Stabilität, Kompetenz etc. sind uns sehr vertraut. Wenn nun Kennzahlen eingeführt werden, haben wir in unserem eigenen Unternehmen und auch in der unserer Beratungs- und Coachingpraxis oft die Erfahrung gemacht, dass die Mitarbeiter diese nicht als Orientierungs- und Feedbackinstrument ansehen, sondern als Kontrolle. Sollten Sie den Eindruck haben, dass Ihre Mitarbeiter die Kennzahlen als reines Kontrollinstrument wahrnehmen, würden wir empfehlen, an diesem Punkt der Unternehmensentwicklung lieber noch zurückhaltend mit der breiten Anwendung der Kennzahlen als Führungsinstrument zu sein.

10.2.6 Stellen Sie sich den Fakten und betrachten Sie sich aus Sicht des Kunden und Umfeldes – Leistungsphase

Spätestens ab der Leistungsphase sollten Sie das gesamte Spektrum der in diesem Buch herausgearbeiteten entscheidenden Management-Prinzipien verinnerlichen und alle Säulen des kompakten Strategieplans in gesamtem Umfang leben – und nicht nur anwenden. Das Führungsteam beschäftigt sich intensiv damit, worin der Sinn und Zweck des Unternehmens liegt, und führt sich klar vor Augen, dass sich nicht nur einzelne Unternehmen, sondern ganze Branchen und Märkte fundamental verändern. Das, was in der Struktur- und Spezialistenphase noch die gesamte »Welt« darstellte – das eigene Unternehmen und sein konkreter Markt – wird nun relativiert. Wie bereits erwähnt, stellt es für den Einzelnen eine große Herausforderung dar, gleichsam von außen auf sich und das Unternehmen zu schauen (vgl. oben S. 39 »Zahlen Daten Fakten«). Gleichzeitig ist dieser Schritt essenziell, um die Wettbewerbsfähigkeit des Unternehmens zu erhalten und zu steigern. Die Betrachtung des eigenen Unternehmens aus der Vogel- oder Außenperspektive, aus Sicht des Kunden, der Mitarbeiter, des Investors etc., offenbart ganz neue Erkenntnisse. Gerade die Erkenntnisse aus dem Mitarbeiterfeedback gewinnen neue Einblicke. Und die gleichen Fragen, die Sie den Mitarbeitern stellen, können Sie nebenbei auch den Kunden stellen (7. Prinzip).

Hat das Führungsteam den Sprung in die »ZIEL UND PROZESS-Denke« mit allem, was dazu gehört gemeistert, entfaltet sich auch das gesamte Potenzial der Kennzahlen – Führen nach Zahlen und Management by Objectives (MbO) sind angesagt.

Achten Sie aber darauf, dass Ihre Führungskräfte wirklich in der Leistungsphase angekommen sind. Ein Beispiel hierfür ist der folgende Satz, an dem sich subtil offenbarte, dass das Managementteam größtenteils noch in der Spezialistenphase dachte: »Wir haben doch nächste Woche noch die Zielvereinbarungsgespräche. Bis nächsten Dienstag bitte ich Sie, in die Bögen jeweils vier Ziele einzutragen!« Diese vier Ziele wurden dann meistens ohne große Diskussion übernommen. Es stand also das Einhalten der Termine und Formalitäten (Zettel ausfüllen, pünktlich abgeben) im Vordergrund statt die Essenz der Zielinhalte. Wird der MbO-Prozess im Sinne der Leistungsphase ausgeführt, wird sichergestellt, dass alle Ziele letztlich einen Beitrag zum übergeordneten Ziel leisten. Im Zielvereinbarungsgespräch ist das Ringen um ein gemeinsames Verständnis (welches ist der bestmögliche Beitrag zum Ziel, den dieser Mitarbeiter leisten kann?) von größter Bedeutung. Die Leistungsphase lebt davon, dass man gemeinsam um Positionen ringt und anschließend weiß: »Jetzt ziehen alle am gleichen Strick! Ich kann mich auf den anderen verlassen!« Natürlich müssen die Ziele mess- oder beobachtbar sein. Für die Leistungsphase sind sehr anspruchsvolle Ziele wichtig, die den Mitarbeiter in die Selbstverantwortung nehmen und ihn in seiner eigenen Leistungsfähigkeit herausfordern.

Dies ist die Zeit, in der Sie Ihr Führungsteam besonders stark auf Ergebnis- und Zielerreichung »einschwören« müssen. Führungsteams, die eigenständig über Leistungsanforderungen entscheiden, brauchen klare Zielvorgaben und Ergebnisse – und zwar nicht nur Finanzkennziffern wie Umsatz, Deckungsbeitrag oder Gewinn. Hier wird es enorm wichtig, tatsächlich Ziele, Zweck und BHAG für langfristige Zeiträume festzusetzen, die für die Mehrheit der kurzfristig überprüfbaren Ergebnisse stehen. Natürlich wird Ihr Unternehmen am Gewinn gemessen – doch Ihr Führungsteam sollte sich Ziele setzen, die für die tatsächlichen Ergebnisse der Teams im Unternehmen stehen.

Nutzen Sie hier offensiv die Möglichkeiten eines attraktiven Vergütungssystems – allerdings erst, wenn Sie sicher sind, dass die grundlegenden Qualitäten wie Vertrauen, Konfliktfähigkeit, Einsatz, Verantwortung/Rechenschaft tatsächlich verankert sind. Warum? Nun, sollten einige dieser Voraussetzungen nicht erfüllt sein, wächst die Wahrscheinlichkeit, dass sich Teammitglieder eher ihrem eigenen Vorteil widmen und eigene Machtpositionen auf Kosten der Firmeninteressen ausbauen. Führungsteams, die nach individuellen Ergebnissen streben, bremsen Teams, die nach kollektiven Ergebnissen streben. Verzettelung tritt ein, wenn die ergebnisorientierten Mitarbeiter das Team verlassen und nur noch diejenigen Mitarbeiter zurück bleiben, die ausschließlich auf ihren eigenen Vorteil schielen. Achtung: Boni für Führungskräfte und Mitarbeiter, die sich zwar eingesetzt haben, aber nichts Besonderes erreicht haben, sagen allen, dass das Ziel wohl doch nicht so wichtig war. Achten Sie deshalb darauf, dass das Vergütungs- und Tantiemensystem den Gruppenerfolg mehr belohnt als die individuelle Zielerreichung. Führungsteams, die auf kollektive Ergebnisse fokussieren, minimieren selbstsüchtiges Verhalten und Ablenkungen. Sie bleiben wettbewerbsfähiger und halten die guten Mitarbeiter besser.

Die Leistungsphase ist die dominante Phase z. B.

- bei allen Unternehmen, die Jim Collins in seinen Büchern als »10Xers« bezeichnet hat.[52]
- bei den meisten Unternehmen, die sich in einem sehr wettbewerbsorientierten und shareholder-orientierten Umfeld bewegen.

52 Collins J./Hansen, M.T. (2012). Oben bleiben. Immer. Frankfurt/M.

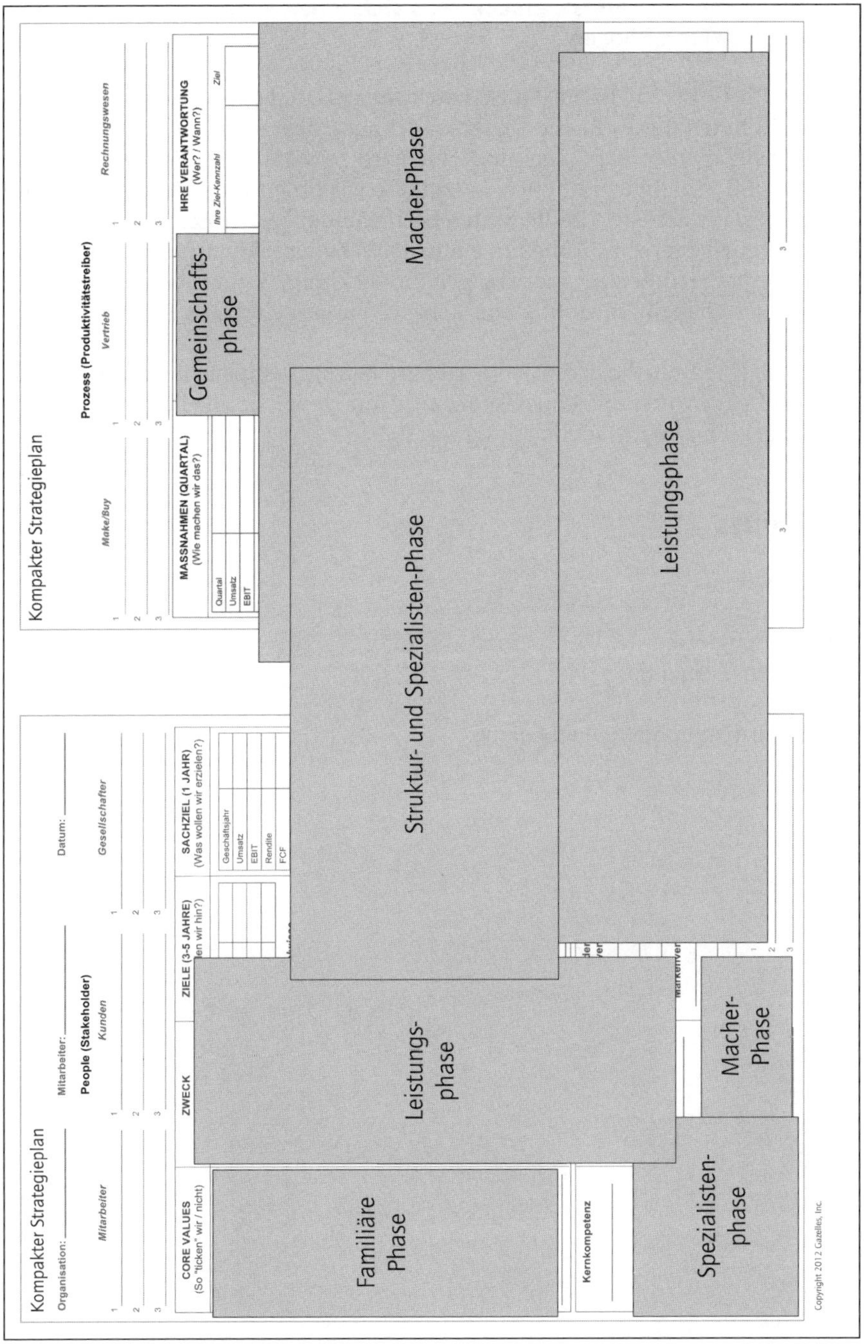

Abb. 43: Management-Prinzipien und Tools in der Leistungsphase

10.2.7 Wenn die Zeit reif ist, erschließen sich Ihnen auch die weiteren Phasen

Den Weg in die weiteren Phasen – die Gemeinschafts- und Netzwerk-Phasen – wollen wir im Rahmen dieses Buches nicht weiter ausarbeiten, da sie für stark wachsende Unternehmen in der Regel noch nicht so relevant sind. Wenn Sie all die Werkzeuge und Prinzipien integriert haben, die wir Ihnen vorgestellt haben, sind Sie jedoch bestens gerüstet für die weiteren Entwicklungsschritte.

Aus unserer eigenen Erfahrung tun wir unseren Unternehmen einen großen Gefallen und verhelfen ihnen zu einer zügigen Entwicklung, wenn wir erst einmal das, was wir erreicht haben, konsolidieren, überprüfen und ein gutes Fundament aufbauen.

Wenn sich Ihre Branche in die nächste Phase bewegt, werden Sie bestimmt bestmöglich und ganz vorne mitschwimmen, aber nur, wenn Sie alle Lernerfahrungen der vorherigen Phasen tatsächlich integriert haben.

10.3 Schluss

Bleiben Sie offen!
Bleiben Sie dran!
Bleiben Sie neugierig!
Bleiben Sie ein Lernender!

Ihr Verne Harnish und Nikolai Ladanyi

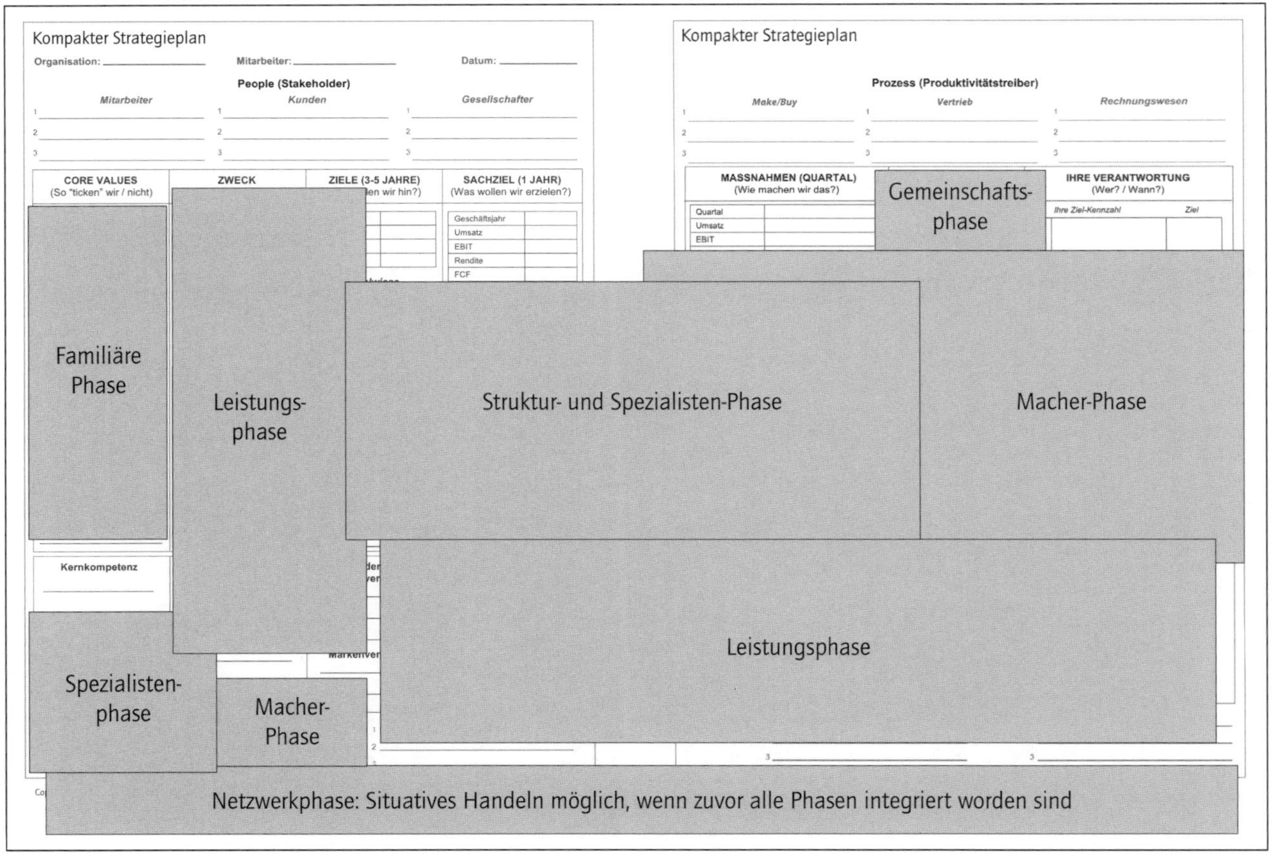

Abb. 44: Management-Prinzipien und Tools für weitere Phasen

11. Anhänge

Anhang 1: Erfahrungsberichte

Keller Sports GmbH

Unternehmen	Keller Sports GmbH
gegründet	2005
CEO	Jakob Keller, Moritz Keller, Florian Otte
Branche	Sportartikel-Handel
Umsatzgröße	> 10.000.000 €/Jahr
Anzahl Mitarbeiter	35
Growth-Rate p.a.	110 %

Zusammen mit meinem Bruder Moritz Keller gründete ich in 2005 die Firma Keller Sports GmbH. Wir waren damals 18 bzw. 22 Jahre alt, und es war daher natürlich unsere erste Firmengründung. Seit Gründung befanden wir uns im starken Wachstum, und dies brachte es mit sich, dass wir innerhalb von 7 Jahren von 2 auf über 35 Mitarbeiter wuchsen. Eine der größten Herausforderungen bei der steigenden Mitarbeiteranzahl (aus vielen unterschiedlichen Ländern und somit mit unterschiedlichen Sprachen) war es, einen klaren Fokus (»Laser Focus«) im gesamten Unternehmen zu erreichen und gleichzeitig die Kommunikation untereinander auf einem sehr guten Niveau zu halten.

In 2008 besuchten wir unseren ersten »Mastering the Rockefeller Habits Workshop« in München. Direkt im Anschluss begannen wir, die unterschiedlichen »Tools« (u. a. Meeting-Rhythmus, kompakter Strategieplan, etc.) im Unternehmen zu implementieren – mit sehr positiven Ergebnissen. So stieg die Mitarbeiterzufriedenheit bezogen auf »Kommunikation« deutlich an.

Zudem konnten wir das Umsatzwachstum konstant über 100 % p.a. halten – und das bei rein organischem Wachstum ohne Investitionen von externen Investoren.

Unserer Erfahrung nach ist es sehr wichtig, dass Mitarbeiter wissen, inwieweit ihre Arbeit wirklich wichtig für das Unternehmen ist und inwieweit sie mit ihrer Arbeit direkt zur Erreichung der Unternehmensziele beitragen können. Mit Hilfe des kompakten Strategieplans ist dies nun sehr einfach und komfortabel möglich. Wir erreichen seit Einführung des Plans unsere Ziele deutlich zuverlässiger und pünktlicher. Daneben führte die Einführung des Meeting-Rhythmus zu deutlich verbesserter Kommunikation im Unternehmen – ohne die sonst berühmten »Missverständnisse«.

Unser einschneidendes »Rockefeller-Erlebnis« hatten wir im April 2011. Zu dieser Zeit kam bei uns »alles zusammen«. Der »Go-Live« Termin für drei (!) für die

Firma elementare Neuerungen/Veränderungen war der 01.04.2011. Zu diesem Tag wollten wir mit unserer neuen Warenwirtschafts-Software (Nr. 1), einer neu aufgesetzten Online-Shop-Software (Nr. 2) sowie mit einer neuen zusätzlichen Sportart (Nr. 3) – in allen fünf Sprachen – »live-gehen«. Rückblickend kann ich voller Überzeugung sagen, dass neben dem Fleiß und dem phantastischen Einsatz aller Mitarbeiter vor allem der klare Fokus und der ständige Austausch untereinander (durch u. a. die Daily Meetings) es uns ermöglichte, diese drei für die Firma heute sehr bedeutenden Bausteine/Projekte alle pünktlich und erfolgreich zum 01. April zu launchen.

Wir würden die »Tools« aus »*Mastering the Rockefeller Habits*« auch in jedem neuen Unternehmen einführen, welches wir möglicherweise zukünftig gründen.

Jakob Keller – Co-Founder & CEO, Keller Sports GmbH

deal united GmbH

Unternehmen	deal united GmbH
gegründet	2008
CEO	Kai Joachim Boyd
Branche	alternative Online-Bezahlmethoden
Umsatzgröße	n.a.
Anzahl Mitarbeiter	30
Growth-Rate p.a.	280 % in den letzten 36 Monaten

Mehr Effizienz, mehr Umsatz, mehr Harnisch

Seit der Gründung im Jahr 2008 erfährt deal united einen stetigen Umsatzwachstum und einen damit verbundenen Unternehmenszuwachs. Zu einem gewissen Zeitpunkt stand deal united vor der Herausforderung, den Spagat zwischen einem Start-up hin zu einem profitablen, mittelständischen Unternehmen zu schaffen. Mit intelligenten Meeting-Strukturen und detaillierten, abteilungsbezogenen KPIs konnte deal united binnen 6 Monaten nicht nur die Umsätze verdoppeln, sondern gleichzeitig neue Wettbewerbsvorteile und weitere Marktpotenziale identifizieren.

Wachsende Herausforderungen

deal united ist ein Anbieter alternativer Online-Bezahlmethoden und arbeitet weltweit mit namhaften Unternehmen wie Amazon oder Facebook zusammen. Als kleines Unternehmen ist es umso wichtiger, innovativ, schnell und flexibel zu agieren, um mit den »Big Playern« mitzuhalten. Bislang konnte deal united die Hürden eines heranwachsenden Unternehmens gut bewältigen. Mit dem Ziel neue Märkte zu erschließen und das Produktportfolio zu erweitern, wurde es zunehmend schwieriger, unter den alten Bedingungen und gewohnten Mustern das operative Geschäft gemeinsam mit den strategischen Bestrebungen zu bewerkstelligen. Eine fehlende

Priorisierung und unklare Arbeitsweisen waren Gegenstand des Arbeitsalltags und haben zu Unzufriedenheit im Management sowie unter den Mitarbeitern geführt.

Ein Seminar verändert alles

Die Teilnahme der Geschäftsführung von deal united an einem Seminar von Verne Harnish, war der erste Schritt in ein strukturiertes und damit effizienteres Wirtschaften. Nachdem zunächst ausschließlich das Management die Tools von MASTERING THE ROCKEFELLER HABITS angewandt hatte, wurde schnell klar, dass ebenso die Mitarbeiter einbezogen werden müssen, um entscheidende Veränderungen zu bewirken. Was folgte, war die unternehmensweite Einführung einer neuen Meeting-Struktur und die Konzentration auf ein zahlenorientiertes Handeln.

Daily – Weekly – Monthly

Daily-, Weekly- und Monthly-Meetings bilden heute die Basis für ein zielorientiertes Daily Business. Jede Abteilung sitzt morgendlich beisammen, um in sogenannten Daily-Meetings binnen maximal 10 Minuten das wichtigste To-Do eines jeden Mitarbeiters zu besprechen und um die Umsatzzahlen des letzten Tages zu diskutieren. Aufbauend auf die Daily-Meetings werden jede Woche Weekly-Meetings abgehalten. Diese finden ebenfalls je Abteilung unter Einbezug des Managements statt. Inhalte der Weekly-Meetings sind positive Neuigkeiten der vergangenen Woche, Diskussionen zu den definierten Kennzahlen der Abteilung und die Besprechung des gemeinschaftlich festgelegten »Rock«. Der »Rock« beschreibt das aktuell wichtigste Thema einer Abteilung und ändert sich erst, wenn entsprechende Maßnahmen definiert und auch umgesetzt wurden. Den Rahmen dieser täglichen und wöchentlichen Meetings bildet das Monthly-Meeting. Hierbei wird ein Rückblick auf das Erreichte vorgenommen und neue Ziele werden gesetzt.

Messen, bewerten, vergleichen

Der tägliche Blick auf die Zahlen hat sich ebenfalls unternehmensweit etabliert. Während früher ausschließlich die Geschäftsführung über die aktuellen Unternehmenszahlen Bescheid wusste, ist mittlerweile jeder Mitarbeiter tagesaktuell über die finanzielle Situation des Unternehmens informiert. Das Management und auch die Mitarbeiter haben somit die Möglichkeit, schnell auf Veränderungen zu reagieren und entsprechende Maßnahmen einzuleiten. Darüber hinaus wurden für jede Abteilung Kennzahlen definiert, die nun wöchentlich an das Management berichtet werden. Dies hat dazu beigetragen, dass auch abteilungsinterne Entscheidungen ausschließlich auf Kennzahlenbasis getroffen werden. Die Frage nach Effektivität und Relevanz lässt sich dadurch einfacher beantworten, und den Mitarbeitern wird gleichzeitig ein klares Ziel gegeben.

Ein kurzer Weg mit langer Wirkung

Innerhalb von 6 Monaten haben sich sowohl die neue Meeting-Struktur als auch die Berücksichtigung definierter und abteilungsbezogener Kennzahlen erfolgreich etabliert. Mit Einführung der neuen Meeting-Struktur hat das Management einen tieferen und umfassenderen Einblick in die Abteilungen erhalten und kann seither Potenziale oder auch Engpässe schneller erkennen. Auch die Mitarbeiter fühlen sich durch die geschaffene Transparenz besser informiert, abgeholt und involviert. Die Meetings haben eine Fokussierung auf das Wesentliche bewirkt und den Mitarbeitern gleichzeitig dabei geholfen, das Gesamte zu verstehen. Bisherige Arbeitsabläufe und Strukturen wurden objektiver betrachtet und teilweise reorganisiert, Strategien wurden neu entwickelt und seitdem nun auch kategorisch verfolgt.

Kai Joachim Boyd, CEO, deal united GmbH

VonWilmowski GmbH

Unternehmen	L & W LORENZO WILMOWSKY GmbH & Co. KG
gegründet	2008
CEO	Moritz Freiherr von Wilmowsky und Dr. Christian Stummeyer
Branche	Alternative Online-Bezahlmethoden
Umsatzgröße	n.a.
Anzahl Mitarbeiter	30
Growth-Rate p.a.	280 % in den letzten 36 Monaten

Das Konzept der »Rockefeller Habits« habe ich genau im richtigen Moment kennengelernt. Unsere Firma wächst mit ca. 150 % p.a. so schnell, dass es für meinen Geschäftspartner und mich essentiell wichtig wurde, mehr Strukturen und Führungsinstrumente einzuführen, um das Wachstum beizubehalten bzw. weiter zu beschleunigen.

Der zwei Tage Workshop »The Rockefeller Habits« mit Verne und Nikolai war für unsere Firma und mich persönlich daher sehr inspirierend und hat nachhaltige Wirkung generiert. Nachdem ich mich in der Vergangenheit schon mit vielen guten Leadership-Konzepten und Ideen auseinandergesetzt hatte und wir auch schon viele Themen, wie zum Beispiel ein »Mission, Vision, Strategy Statement« von Tag eins unserer Firmengründung eingeführt haben, fehlte uns bisher ein Framework, der alle Themen auf einfache aber gleichzeitig wirkungsvolle Art zusammenführt. Der »*One Page Strategic Plan*« als ein wesentlicher Teil der Rockefeller Habits von Verne und Nikolai hat sich als ein perfektes Planungs- und Führungsinstrument erwiesen, das es uns erlaubt, alle wichtigen Themen logisch zueinander aufzubauen und von der Mission über die Vision und Strategie bis auf Quartalsziele und -themen herunterzubrechen. Im Management Team haben wir den »*One Page Strategic Plan*« gleich für unsere 2012 Geschäftsplanung verwendet und sehen bereits im zweiten Quartal signifikante Erfolge. Trotz der Größe und der damit zunehmenden Komplexität unseres Unternehmens ist es uns gelungen, im ersten und zweiten Quartal die uns vorgenommenen Wachstums- und Prozess-Optimierungsthemen erfolgreich und konsequent umzusetzen und somit das weitere profitable Wachstum sicherzustellen.

Ebenso haben wir viele weitere einfache, aber extrem wirkungsvolle Führungsinstrumente wie zum Beispiel eine starke Meeting-Routine mit Quartals-, Monats-

und Wochen-Meetings sowie einem täglichen kurzen »Abstimmungs-Meeting« (im Englischen »Daily Huddle«) eingeführt. Eine solche konsequente Routine zu haben hat uns im Führungsteam von vielem operativen täglichem Mikro-Management befreit. Somit haben wir wieder mehr Zeit, um uns auf die strategischen Themen zu fokussieren.

Ein anderer Aspekt, der mir an den Rockefeller Habits besonders gut gefällt, ist, dass die Rockefeller Habitats in den vier Einzelthemen Strategie, Mitarbeiter, Umsetzung und Cash-Management mit den Arbeitsergebnissen von Jim Collins verknüpft sind. Jim Collins hat in seinen Forschungsarbeiten und Büchern »Build to last« und »Good to great« die wesentlichen Erfolgsfaktoren für nachhaltig exzellente Unternehmen herausgearbeitet und diese sehr eindrucksvoll beschrieben. Schon seit einiger Zeit habe ich nach Möglichkeiten gesucht, diese Erkenntnisse noch konsequenter im eigenen Unternehmen umzusetzen. Daher begeistert mich besonders an den »Rockefeller Habits«, dass sie viele der Ergebnisse von Jim Collins aufgrund der engen Zusammenarbeit von Jim, Verne und Nikolai aufnehmen und somit anwendbar machen.

Dass Nikolai Ladanyi die Rockefeller Habits nun auch dem deutschen Kulturkreis zugänglich macht, ist eine tolle Entwicklung und ich kann jedem Unternehmer – egal ob er ein Start-Up oder bereits einen etablierten Player führt – nur dazu ermuntern, die »Rockefeller Habits« auszuprobieren.

Moritz Frhr. v. Wilmowsky, Gründer und Geschäftsführer vonWilmowsky.com

whatever mobile GmbH

Unternehmen	whatever mobile GmbH
gegründet	2002
CEO	Michael Lützenkirchen, Dan Schwarzlmüller
Branche	Telekommunikation
Umsatzgröße	> 20 Mio. EUR
Anzahl Mitarbeiter	> 50
Growth-Rate p.a.	> 40 %

Die whatever mobile GmbH wurde im Jahr 2002 in Hamburg gegründet und alle Gesellschafter arbeiten aktiv im Unternehmen mit.

Wir entwickeln und betreiben für unsere internationalen Kunden technische Lösungen im Mobile Business. Dazu betreiben wir eine Kommunikationsplattform mit Anbindungen an die Mobilfunkanbieter und verhelfen unseren Kunden ihre Geschäftsprozesse einfach und zuverlässig zu mobilisieren.

Bei unserem starken Wachstum in einem dynamischen Geschäftsumfeld sind die Rockefeller Habits ein wichtiger und stetiger Begleiter. Wir nutzen die Methoden als festen Bestandteil unseres täglichen Handelns. Wir schätzen dabei die Fokussierung und die direkte Kommunikation.

Es ist ein hervorragendes Instrument allen Mitarbeitern zu ermöglichen sich aktiv einzubringen und messbar die Ziele des Unternehmens zu unterstützen. Damit erhält die Arbeit einen Sinn und motiviert zu außerordentlichen Leistungen.

Nachfolgend einige Beispiele:

Zielpyramide:
Erarbeitung und unternehmensweite Einführung der Zielpyramide:
Vision → Mission → Strategie → Unternehmensziele → Bereichsziele → Mitarbeiterziele.

Definition von Top-Zielen:
Das Unternehmen, jeder Bereich und jeder Mitarbeiter hat 3–5 Top Quartalsziele.

Diese sind im Intranet einsehbar und in jedem Büro sind die Ziele auf einem Whiteboard für alle sichtbar, auf dem diese Ziele vermerkt sind.

Huddle:
Jeder Bereich führt jeden Morgen einen Huddle durch. Dabei wird zu jedem Fokusthema das entsprechende Bereichsziel kommuniziert (die Bereichsziele sind immer sichtbar auf dem Whiteboard an der Wand).

Der tägliche Huddle des Management-Teams ist öffentlich und wird von Mitarbeitern besucht.

Quartalsthema:
Unser aktuelles Quartalsthema ist »Ich habe mich bei Dir als König gefühlt«.

Hier geht es darum, dass JEDER Mitarbeiter Kunde ist und Kunden hat. Diese können intern und extern sein. In den Dokumenten für die Mitarbeiterziele ist dokumentiert, bei wem ich Kunde bin und wer meine Kunden sind. Hier entstehen sehr interessante und konstruktive Diskussionen.

Wir haben WM-Kronen drucken lassen, die von Mitarbeitern an andere Mitarbeiter/Teams/Bereiche werden können, wenn man als Kunde begeistert wurde. Dazu wird auf der Krone vermerkt wann, von wem, an wen und warum diese Krone vergeben wurde. Die Krone wird dann für alle sichtbar an von dem Kunden die Tür des jeweiligen Büros des Empfängers geheftet. Dadurch wird das Thema für alle aktuell präsent gehalten.

Anhang 2: Unterschiedliche Länder, unterschiedliche Reifephasen

Das integrale Wachstumsmodell kann helfen, um grundlegende Unterschiede zwischen Kulturen und Nationen zu beleuchten und zu verstehen. Ich habe lange gezögert, diesen Punkt mit aufzugreifen, aus der Sorge, er könnte viele abschrecken und den Vorwurf provozieren, hier würde eine übermäßige Simplifizierung bedient im Sinne von: Die Deutschen sind ..., die Schweizer sind ... und die Amerikaner sind .... Grundsätzlich maßen wir uns *nicht* an, Nationen, Kulturen oder Menschen »verstanden« zu haben – wir glauben das geht gar nicht.

Bevor Sie weiter lesen, bitten wir Sie also um eine Haltung der Offenheit und die Bereitschaft zu schauen, was passiert, wenn wir Nationen aus der integralen Perspektive betrachten.

Nach C. Graves und Beck/Cowan[53] vollzieht sich Wachstum als ein Pendeln zwischen Erfahrungen und Lernphasen, die das einmal das »Ich« betonen oder ein anders mal mehr das »Wir« betonen. Dies finden wir auch im integralen Wachstumsmodell wieder. Nach Graves wechseln sich die Phasen bezüglich ihrer Wir- oder Ich- Betonung alternierend ab. Dies ist ein zentrales Thema menschlicher Entwicklung: Ausbalancieren von zwei vermeintlich gegensätzlichen Polen. Vor allem in den früheren Phasen der Entwicklung erscheinen diese Themen oder Pole beinahe unvereinbar und gegensätzlich (Macher-Phase vs. Strukturphase). Je weiter die Entwicklung voran schreitet, steigt auch die Erkenntnis, dass sich diese beiden »Phasen Familien« gegenseitig bedingen und unterstützen. Küchler hat das in sehr einfache Worte gefasst: »Wer nur ›Ich-orientiert‹ ist, wird auf Dauer nicht gut für sich sorgen können, weil er keine Unterstützung von anderen Personen erfährt. Wer nur ›Wir-orientiert‹ ist, wird dazu tendieren sich selber auszubeuten und buchstäblich ausbluten; das nützt letztendlich auch dem ›Wir‹ nicht.«[54]

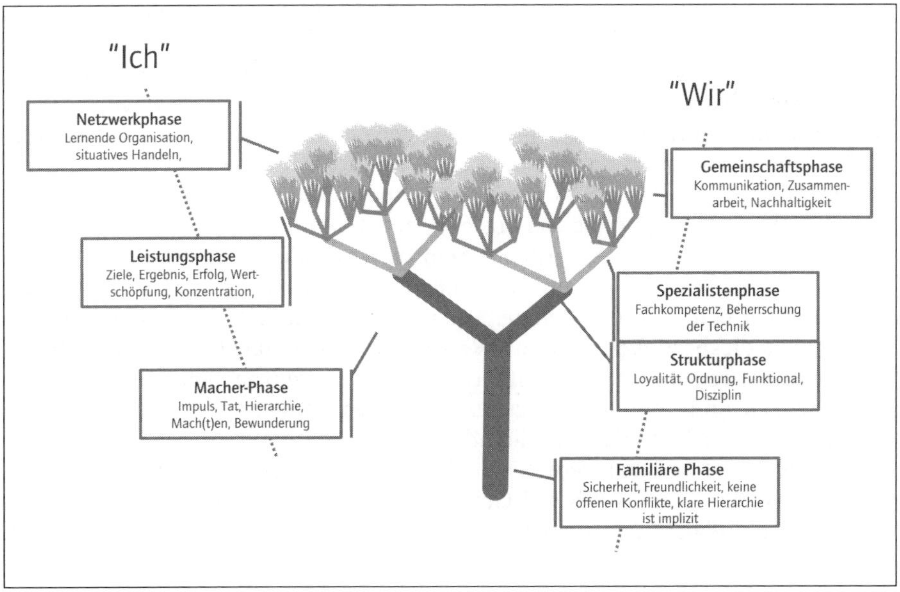

Abb. 1: Die Ich-Phasen und die Wir-Phasen

53 Beck, D. E. und Cowan, C. C. (2007). Spyral Dynamics. Leadership, Werte und Wandel, Bielefeld.
54 Quelle Küchler/Klein (2009). Unternehmensenergie ausrichten. Steckborn.

Aus unserer Arbeit mit internationalen Teams und im Ausland haben wir beobachtet, dass Vertreter bestimmter Nationen oder Kulturkreise sehr ähnliche Prägungen darin aufweisen, wie stark sie einzelne Reifephasen leben oder ablehnen. Genau diesem Sachverhalt gehen wir aktuell im Rahmen einer empirischen Dissertation nach.

Sehr anschaulich fällt uns dies beim Vergleich von USA zu Deutschland auf – und wir sind uns auch dessen klar bewusst, dass wir nachfolgend eine sehr grobe Verallgemeinerung betreiben. Wir laden Sie deshalb ein, das Folgende eher als Geschmacksnuancen, denn als faktische Tatbestände zu verstehen. Wir schmecken nach, ob dieses Gericht eher nach dem einen oder nach dem anderen Gewürz schmeckt – oder ob es gar zu viel von dem einen oder anderen hat:

Im Umgang mit Amerikanern in Teams fällt uns auf, dass diese mit einer größeren Selbstverständlichkeit für sich selber sorgen (»I want this and that«, »You must do that ...«). Wir stellen fest, dass in den USA die »Ich-orientierten« Reifephasen (Macher- und Leistungsphase) weitaus stärker gelebt werden als bei uns. Rollo May spricht von einer »individualistischen« Kultur [55]. Aus unserer bereits erwähnten europäischen Prägung heraus erscheint uns dieses Verhalten als übertrieben egozentrisch oder gar selbstsüchtig, da in unserem Raum sich die Struktur- und Gemeinschaftsphasen einer größeren Beliebtheit erfreuen.

Typische Folgen daraus: Wenn in der gleichen Firma Deutsche mit Kollegen aus den USA zusammenarbeiten, haben die amerikanischen Kollegen wesentlich größere Chancen sich durchzusetzen (Macher- und Leistungsphase vs. Struktur- und Gemeinschaftsphase). Wenn es um Durchsetzungskompetenzen geht, sind die »Ich-Phasen« den »Wir-Phasen« massiv überlegen. In Deutschland ist unser Weltbild stark auf dem Kooperationsprinzip aufgebaut. Oft wird wiederholt Kooperation angeboten in der Erwartung, dass unser Gegenüber mit Kooperation antwortet. Die Kollegen aus den USA finden das prima, sie nehmen das Kooperationsgeschenk an und verweigern die von uns erwartete Gegenleistung (Strukturphase vs. Macher-Phase). Deutsche hingegen setzen gerne Qualität mit Perfektion gleich. Die Kollegen jenseits des Atlantiks definieren Qualität hingegen mit: »Es funktioniert«. Mit Perfektion assoziieren die Amerikaner den Tod.[56] Deutsche und Amerikaner haben diesbezüglich oft große Verständnisschwierigkeiten. In Deutschland andererseits wird sehr viel Wert auf Ordnung, Kompetenzbereiche, fest definierte Kompetenzen und Verantwortungsbereiche gelegt. Die US-Organisationskultur lebt viel mehr im Moment und nach dem Motto: »Wir tun, was gerade funktioniert.« Wenn hier in Europa etwas schief läuft, bricht das Chaos aus. In den USA wird das gleiche Ereignis mit viel Gelassenheit bewältigt. Amerikaner lieben es, »Dinge unkompliziert in Ordnung zu bringen« (Strukturphase vs. Macher-Phase). Ein weiterer ganz wichtiger Unterschied ist die stärker gelebte Erfolgsorientiertheit der Amerikaner im Gegensatz zu den Deutschen und/oder Europäern. Die sprichwörtliche Tellerwäscherkarriere bedient den Archetyp der Leistungsphase. Den Amerikanern wird, bezogen auf diesen Persönlichkeitsaspekt, aus unserer Sicht

55 May, R. (1974). Quellen der Gewalt. Wien/München/Zürich.

56 Clotair Rapaille beschreibt in seinem Buch: »Der Kultur Code« (2006) auf sehr einleuchtende Weise unterschwellige kulturelle Prägungen und Codes.

Oberflächlichkeit, Verschwendungssucht und auch Rücksichtslosigkeit vorgeworfen (Struktur- und Gemeinschaftsphase vs. Leistungs-Phase).

Zu ähnlichen Ergebnissen kam auch Don Beck, der in seinen Forschungsarbeiten analysiert wie die einzelnen Reifephasen in dem jeweiligen nationalen Wertebewusstsein verankert sind.[57]

Wenn wir die zugegebenermaßen vereinfachte Gegenüberstellung der unterschiedlichen Reifephasen, die in US-Amerika und Deutschland gelebt werden, ansehen, so erkennen wir schnell, wie unterschiedlich die Wirklichkeitskonstruktionen sind, die dem jeweiligen Denken zu Grunde, liegen.

Dies ist deshalb höchst relevant, weil es gut dokumentiert, mit welchen eigentlichen Themenbereichen das Übertragen von Methoden aus dem einen in den andern Kulturkreis tatsächlich konfrontiert ist. Dies sind:

- **Kommunikation**
  Missverständnisse können schnell aufkommen, weil trotz formal richtiger Übersetzung, die Semantik und die Haltung, die das Wort beinhaltet unterschiedlich sein kann. Nach unserer Beobachtung können viele Missverständnisse und Konflikte in Unternehmen früh gebannt werden, wenn die Akteure ein Gefühl für unterschiedliche Reifephasen haben. (ein Beispiel sind die »Core Values«: im Englischen betrifft dieses Wort eher die familiäre Phase. Die deutsche Übersetzung in »Werte« vollzieht aber noch einen Phasen-Sprung hoch zur Gemeinschaftsphase, der sich nur dann erschließt, wenn wir überprüfen, aus welcher Haltung heraus das Wort in der einen Sprache gebraucht wurde und in welche Haltung es in die andere Sprache übersetzt wird: Ist es die gleiche Haltung, oder eine andere?
- **Best Practice Tools**
  Best Practice Tools greifen einerseits auf einen expliziten Informationsstamm zurück (sprich, das was wir sehen, lesen, worum es »objektiv« und »faktisch« geht), und anderseits auf einen impliziten Informationsstamm (sprich, was ist das Wissen, welches den Mitgliedern in einer Kultur durch Erziehung, Medien und Aufenthalt in der Kultur, unbewusst und selbstverständlich zur Verfügung steht und worauf diese permanent zurück greifen). Das explizite Wissen ist so etwas wie unsere App oder unser Software-Anwendungsprogramm. Das implizite Wissen ist so etwas wie unser Betriebssystem, und diese beiden »Wissens-Programme« können sich von Kultur zu Kultur unterscheiden, und wohl auch von Land zu Land. Die Perspektive aus dem integralen Wachstumsmodell, die es uns ermöglicht zu erkennen und in Worte zu fassen, ob und welche Phasen in den Kulturen und Ländern unterschiedlich gelebt werden, kann uns sehr helfen, bei der Übertragung von Best Practices aus einem Kulturkreis in einen anderen. Wenn eine Best-Practice-Erfahrung in einen anderen Kulturkreis (sprich, andere Reifephasen) übertragen wird, erfolgt in der Regel ausschließlich die Übertragung des expliziten Teils. Auf diese Weise können Best Practices ihre Wirkung kaum oder gar nicht entfalten. Im schlechtesten Fall wirken diese sogar kontraproduktiv zur ursprünglichen Absicht. Aus unserer Sicht können Best Practices

57 Quelle: Beck, Kursunterlagen

weitaus effektiver übertragen werden, wenn die **expliziten** und **impliziten** Inhalte klar und deutlich transportiert werden. So wird erkennbar welche impliziten Annahmen (Denkmodelle) im Empfängerland herrschen und was ggf. konkret angepasst werden muss, damit die Best-Practice-Anwendung auch im Empfängerland seine beabsichtigte Wirkung entfalten kann.

Bei der Übertragung der Rockefeller-Prinzipien haben wir besonderes Augenmerk darauf gerichtet, nicht nur das reine Werkzeug ins Deutsche zu übersetzen, sondern Hinweise zu geben, was es zusätzlich braucht, damit das Werkzeug anschlussfähig ist, bzw. welche speziellen Phasen ein Werkzeug zwingend als Voraussetzung benötigt, damit es hier seine Kraft entfalten kann.

Anhang 3: Nachbemerkungen zur Übersetzung

Core Values sind auch im deutschsprachigen Raum überfällig

Im deutschsprachigen (und durchaus auch im europäischen) Raum der Nachkriegszeit hatten alle Menschen ein ähnliches kulturelles Werteverständnis. Es war gar nicht notwendig, explizit zu sagen »wie wir ticken«. De facto ist Deutschland (und viele weitere Länder in Europa) aber im 21. Jahrhundert ein Einwanderungsland geworden, Wertschöpfungsketten sind international verstrickt und zusätzlich sind die Generationen untereinander so unterschiedlich, dass es immer schwieriger wird, sich zu verstehen. Umso wichtiger wird, dass die Führungskräfte klar mitteilen, wie ihre persönliche Grundhaltung, ihre Einstellungen und Prinzipien – ihre Core Values – sind. Doch genau das ist etwas, was in unserer Kultur noch recht ungewöhnlich ist. Viele Führungskräfte mögen an dieser Stelle vielleicht sagen: »Aber das wissen die doch ...«, oder »So denkt man doch ...«. Umso wichtiger ist es zu verstehen, aus welcher Quelle die Core-Value-Diskussion in den USA entstanden ist, um daraus zu erkennen, wie notwendig sie eigentlich auch hier bei uns wäre.

Alles hat seine Zeit

Hätten wir bereits vor mehreren Jahren das Wesen der Core Values aus einer Perspektive des integralen Wachstumsmodells untersucht, wäre uns bereits viel früher aufgefallen, dass es mehr um grundlegende, praktische und pragmatische Themen geht (sprich: um Themen, die den sehr frühen Phasen wie Sicherheit und Vertrauen zugeordnet sind) und weniger um ethische und sinnstiftende Themen, wie sie der »Werte«-Semantik innewohnen (die bezeichnenderweise nicht identisch ist mit der Semantik der »Core Values« im Englischen). Ethisch/sinnstiftende Themenbereiche sind weitaus späteren Phasen zugeordnet. Zuvor gibt es mehrere Wachstumsphasen, in denen ein Unternehmen eine Reihe von Phasen noch durchlaufen muss, bevor es überhaupt bereit ist, sich mit diesen Themen auseinander zu setzen: »Erst kommt das Fressen, dann die Moral«. Das integrale Wachstumsmodell kann als Analogie von Maslows Entwicklungspyramide auf den Unternehmenskontext gesehen werden.

Genau dies war unsere Vorgehensweise beim Übertragen der Rockefeller-Prinzipien in unseren Kulturkreis: Über das integrale Wachstumsmodell analysierten wir das Wesen, den Sinn und den Zweck des jeweiligen Werkzeugs. Wir betrachteten, welcher Reifephase das Werkzeug innerhalb seiner Entstehungskultur (des ursprünglichen Betriebssystems) entspricht. Dies gab uns Aufschlüsse darüber, welche Haltung und welche Semantik dem Werkzeug innewohnt.

Dann fragten wir uns, was diesem Werkzeug in einem anderen kulturellen Umfeld (Betriebssystem) entspräche und wie dieses Werkzeug angepasst werden müsste, damit es eine ähnliche Kraft, Sinn und Zweck entfalten kann wie im Herkunftsumfeld. Und wir haben gelernt: Oft spielt da bereits die Wahl des richtigen Wortes mit der richtigen Semantik die wichtigste Rolle.

Nikolai Ladanyi, im März 2012

Ausgewählte Literatur

Anderson, J. R. (2001). Kognitive Psychologie. Heidelberg: Spektrum Akad. Verlag.

Bär, M./Krumm, R./Wiehle, H. (2007). Unternehmen verstehen, gestalten, verändern: Das Graves-Value-System in der Praxis. Wiesbaden: Gabler.

Beck, D./Cowan C. (2007). Leadership, Werte und Wandel: Eine Landkarte für das Business, Politik und Gesellschaft im 21. Jahrhundert. Bielefeld: Kamphausen.

Beck, D./Cowan C. (2005). Spiral Dynamics: Mastering Values, Leadership and Change. Chichester: Blackwell Publishers.

Chernow, R. (2000). John D. Rockefeller – Die Karriere des Wirtschafts-Titanen. Upper Saddle River, NJ: Financial Times Prentice Hall.

Cook-Greuther, S. R. (2008). Selbst-Entwicklung: 9 Stufen zunehmenden Erfassens. Vorveröffentlichung, nicht zitierfähig ohne Genehmigung des Autors. www.cook-greuter.com.

Commons, M. L./F. A. Richards (1984). A general model of stage theory« – and – »Applying the general stage model. In: M. L. Commons/F. A. Richards/C. Armon (Hrsg.). Beyond formal operations, Vol.1: Late adolescent and adult cognitive development. New York: Praeger, S. 120–157.

Commons, M. L./F. A. Richards (2002). Organizing components into combinations: How stage transition works. In: Journal of Adult Development, 9(3), S. 159–177.

Commons, M. L./F. A. Richards (2003). Four postformal stages. In: J. Demick/C. Andreoletti (Hrsg.). Handbook of adult development. New York: Kluwer Academic/Plenum, S. 199–219.

Collins, J. (1996). Building your company's Vision. In: Harvard Business Review IX/X 1996. Download unter www.hbr.com oder www.jimcollins.com.

Collins J./Baltes, M. (2011). Der Weg zu den Besten: Die sieben Management-Prinzipien für dauerhaften Unternehmenserfolg. Frankfurt, M.: Campus.

Collins J./Hansen, M. T. (2012). Oben bleiben. Immer. Frankfurt, M.: Campus.

Covey, S. R. (2012). Die 7 Wege zur Effektivität. Prinzipien für persönlichen und beruflichen Erfolg. 24. Aufl., Offenbach: Gabal.

Drucker, F. (1999). Management im 21. Jahrhundert. Düsseldorf: Econ.

Fuller, R. B./Kuromiya, K. (1982). Critical Path. 2. Aufl., St. Martin's Press, NYC

Freiling, J./Gemünden, H. G. (Hrsg. 2007). Jahrbuch Strategisches Kompetenz-Management, Band 1: Dynamische Theorien der Kompetenzentstehung und Kompetenzverwertung im strategischen Kontext, München/Mering.

Gardner, H./Heim, M. (2005). Abschied vom IQ: Die Rahmen-Theorie der vielfachen Intelligenzen. Stuttgart: Klett-Cotta.

Garz, D. (2008). Sozialpsychologische Entwicklungstheorien: Von Mead, Piaget und Kohlberg bis zur Gegenwart. Wiesbaden: VS Verlag für Sozialwissenschaften.

Gebauer, A. (2007). Einführung von Corporate Universities: Rekonstruktion der Entwicklungsverläufe in Deutschland. Heidelberg: Carl Auer Verlag.

Goethe, J. W. v. (2006). Maximen und Reflexionen. Nachlass über Literatur und Leben. München: DTV
Glasl, F. (2008). Professionelle Prozessberatung: Das Trigon-Modell der sieben OE-Basisprozesse. Stuttgart: Freies Geistesleben.
Glasl, F. (2004). Dynamische Unternehmensentwicklung: Grundlagen für nachhaltiges Change Management. Stuttgart: Freies Geistesleben.
Gebser, J. (1999). Ursprung und Gegenwart. Mannheim: Novalis Verlag.
Glasl, F. (2008). Konfliktmanagement: Ein Handbuch für Führungskräfte, Beraterinnen und Berater. 9. Aufl., Bern: Haupt.
Glasl, F./Lievegoed, B. (2011). Dynamische Unternehmensentwicklung: Grundlagen für nachhaltiges Changemanagement. Stuttgart: Verlag Freies Geistesleben.
Goldsmith, M. (2009). Was Sie hierher gebracht hat, wird Sie nicht weiterbringen. München: Goldmann Verlag.
Graves, C. W. (1970). Levels of Existence: An Open System Theory of Values. In: Journal of Humanistic Psychology, November 1970, S. 131–155.
Graves, C. W. (1974). Human Nature Prepares for a Momentous Leap. In: The Futurist, April 1974, S. 72–87.
Hartmann, B. (2008). Einfluss materieller und immaterieller Anreize auf die Mitarbeiterbindung. München: Grin Verlag.
Hüther, G.(2010). Bedienungsanleitung für ein menschliches Gehirn oder Biologie der Angst. Wie aus Stress Gefühle werden. Göttingen: Vandenhoeck & Ruprecht.
Janssen, H. (2011). Die besten Mitarbeiter erfolgreich gewinnen, entwickeln und halten. Zürich-Wollishofen: Praximum Verlag.
Kaplan, R./Norton, D. (1997). Balanced Scorecard: Strategien erfolgreich umsetzen. Stuttgart: Schäffer-Poeschel Verlag.
Kegan, R. (2009). Immunity to Change: How to Overcome it and Unlock the Potential in Yourself and Your Organization (Leadership for the Common Good). Columbus, Ohio: McGraw-Hill.
Kegan, R. (2003). How the Way We Talk Can Change the Way We Work: Seven Languages for Transformation. Hoboken, New Jersey: Wiley & Sons.
Kegan, R. (1983). The Evolving Self: Problem and Process in Human Development. Harvard Univ. Press.
Knoblauch J./Kurz, J. (2009). Die Besten finden und halten. Frankfurt/M.: Campus.
Kohlberg, L. (1981). Essays on Moral Development, Vol. I: The Philosophy of Moral Development. San Francisco, Californien: Harper & Row.
Kohlberg, L./Levine C./Hewer A. (1983). Moral stages: a current formulation and a response to critics. Basel/New York: Karger.
Kouzes J. M./Posner, B (2008). The Leadership Challenge, Weinheim: Wiley-VCH Verlag.
Küchler B./Klein G. (2012). Internetveröffentlichung. www.org-entwicklung.integral-change.com; www.fuehrung.integral-change.com (Abruf 2.7.2012).
Küchler B./Klein G. (2009). Kursunterlagen Integral Change Practicioner, nicht zitierfähig ohne Genehmigung der Autoren.

Küchler B./Klein G. (2009). Kursunterlagen Unternehmensenergie ausrichten mit der Integral Change Beratungsmethodik. Nicht zitierfähig ohne Genehmigung der Autoren.
Lencioni, P. M. (2009), Tod durch Meeting. Weinheim: Wiley-VCH.
Logan, D./Fischer-Wright, H. D. (2011). Tribal Leadership. New York: HarperBusiness.
Maslow, A. H. (1981), Motivation und Persönlichkeit. 12. Aufl., Hamburg: rororo
May, R. (1974). Quellen der Gewalt. Wien/München/Zürich: Molden.
Mehn, J. (2009). Das Stufenmodell von Jean Piaget: Wichtige Erkenntnisse für die Erziehung. München: Grin Verlag.
Rapaille, C. (2006). Der Kultur-Code, München: Riemann Verlag.
Nagel, R./Wimmer, R. (2009). Systemische Strategieentwicklung. Stuttgart: Schäffer-Poeschel Verlag.
Piaget, J. (1995). Sociological Studies. London: Routledge.
Piaget, J. (1992). Das Weltbild des Kindes. München: dtv.
Piaget, J. (1967). Biology and Knowledge. Chicago: University Press.
Piaget, J. (1937/1954). La construction du réel chez l'enfant/The construction of reality in the child. New York: Basic Books.
Scharmer, C. O. (2008). Presence: Human Purpose and the Field of the Future. Broadway Business.
Scharmer, C. O. (2008). Theorie U. Heidelberg: Carl-Auer Verlag.
Seed, T./Maderner, M. (2008). Inner Flow Management: Eine revolutionäre Methode im ganzheitlichen Management. Norderstedt: Books on Demand.
Simon, F. (Hrsg.) (2002). Die Familie des Familienunternehmens. Heidelberg: Carl-Auer Verlag.
Simon, F. (2007). Einführung in Systemtheorie und Konstruktivismus. Heidelberg: Carl-Auer Verlag.
Simon, F. (2007). Einführung in die systemische Organisationstheorie. Heidelberg: Carl-Auer-Systeme Verlag.
Schlippe. v. A. (2008). Familienunternehmen verstehen. Gründer, Gesellschafter und Generationen. Göttingen: Vandenhoeck & Ruprecht.
Smart B.D (2012). Topgrading. 3. Aufl., Frankfurt, M.: Portfolio.
Smart B. D./Smart B. (1990). The Smart Interviewer: Tools and Techniques for Hiring the Best, Hoboken: John Wiley & Sons.
Solso, R. L. (2005). Kognitive Psychologie. Berlin: Springer.
Stack, J./Burlingham, B. (1994). The Great Game of Business, Curreny Doubleday.
Wilber, K. (2007). Die Integrale (R)evolution. Frankfurt: Info3.
Wilber, K. (2001). Theory of Everything: An Integral Vision for Business, Politics, Science and Spirituality: An Integral Vision for Business, Politics, Science, and Spirituality. Boston: Shambhala.
Wiseman, L./McKeown G. (2010). Multipliers: How the Best Leaders Make Everyone Smarter. New York: HarperBusiness.

Stichwortverzeichnis